福建梅花山国家级自然保护区
石松类和蕨类植物多样性

刘彬彬　李中阳　吴锦平｜主　编

卫然　李敏　王慧　彭慕菊｜副主编

中国科学院植物研究所

福建梅花山国家级自然保护区管理局

河南科学技术出版社

· 郑州 ·

图书在版编目（CIP）数据

福建梅花山国家级自然保护区石松类和蕨类植物多样性 / 刘彬彬，李中阳，吴锦平主编．-- 郑州：河南科学技术出版社，2024. 10. -- ISBN 978-7-5725-1748-8

Ⅰ. Q949.36

中国国家版本馆 CIP 数据核字第 20242SP026 号

出版发行：河南科学技术出版社
地址：郑州市郑东新区祥盛街 27 号　　邮编：450016
电话：（0371）65737028　65788631
网址：www.hnstp.cn
策划编辑：杨秀芳
责任编辑：杨秀芳
责任校对：耿宝文
封面设计：李　敏
版式设计：李　敏
责任印制：徐海东
印　　刷：河南瑞之光印刷股份有限公司
经　　销：全国新华书店
开　　本：210 mm × 272 mm　1/16　印张：20. 25　　字数：670 千字
版　　次：2024 年 10 月第 1 版　　2024 年 10 月第 1 次印刷
定　　价：398. 00 元

《福建梅花山国家级自然保护区石松类和蕨类植物多样性》

编 写 组

主　编：刘彬彬　李中阳　吴锦平

副主编：卫　然　李　敏　王　慧　彭慕菊

编　委：田黎雪　钟鸿辉　徐　超　马代锟　李福星
　　　　李小丫　解思宇　张　宇　林晓华　金则滔
　　　　郭　伟　嵇煜雯　蒋　妍　曹　蟒

梅花山国家级自然保护区核心区

梅花山国家级自然保护区晨雾

序 一

为刘彬彬主持的《福建梅花山国家级自然保护区石松类和蕨类植物多样性》一书作序，我感到非常高兴。我成长在皖南徽州山区，童年时，春天就采摘那卷成拳头样的蕨菜，秋冬采摘蕨根，淘洗后，既能充饥又很美味。我从小就深深地被植物世界的奇妙所吸引，尤其是石松类和蕨类植物。从复旦大学起，近七十年我一直在学习和研究分类学，探索植物世界的奥秘。这本书不仅是对福建梅花山国家级自然保护区石松类和蕨类植物的详细介绍，更是一次向公众展示这些美丽而人知不多的植物的机会。

梅花山国家级自然保护区坐落于美丽的福建西南部，是一个生物多样性极为丰富的地方，也有丰富的石松类和蕨类植物。它们是地球上一些非常古老的植物，存在已超过3亿年，比恐龙还要古老！与我们常见的花朵和果实不同，石松类和蕨类植物通过孢子来繁殖，这是一种非常独特的生命方式。在这本图鉴中，作者向我们展示了梅花山国家级自然保护区内石松类和蕨类植物的奇异世界。

近些年，中国科学院植物研究所刘彬彬牵头的PhyloAI研究团队，与同所的卫然副研究员及赣南师范大学的李中阳副教授合作，对福建梅花山国家级自然保护区进行了系统的野外调查。此次调查共采集了970号1 824份植物标本，涵盖了石松类和蕨类植物共13目27科86属，总计239个物种。所有标本均经过蕨类研究专家卫然团队的严格鉴定，确保了物种鉴定的准确性。此研究的一个显著特点在于，每一个记录的物种都有相应的、保存于中国国家植物标本馆（PE）的凭证标本。这就保证了该项研究的科学性和可靠性。这种做法在当前的图鉴、图谱类出版物中并不常见，凸显了中国科学院作为国家级科研机构在科学研究方面的严谨和专业。通过从实地考察到实验室分析的全面研究，这一项目不仅展现了科学探索的过程，还提供了大量翔实的数据和图像资料，为读者提供一个梅花山石松类和蕨类植物的生态图景。

该研究项目的成果超越了常规的野外生物调查和植物摄影的范畴。刘彬彬博士率领的梅花山蕨类研究团队采用先进的基因组学技术，对福建梅花山国家级自然保护区内的石松类与蕨类植物进行了深入的遗传分析。通过高通量测序和比较基因组学方法，成功构建了一个全面的石松类和蕨类植物生命之树，亦称谱系发生树。这不仅精确地刻画了各物种间的亲缘关系，还为理解物种的进化历程提供了重要线索。此外，该谱系发生树还显示出梅花山国家级自然保护区在生物地理学上的独特性，这一地区包罗了石松类与蕨类植物从古老至现代的各个分支。这一发现不仅体现了该区域在生物多样性保护上的科学价值，也为生态保护策略提供了重要的基础数据。此项工作在系统植物学和生物多样性领域具有重要的学术意义，并将对保护生物学的实践产生深远影响。

我相信这本图鉴能够吸引众多人的关注，无论是科学家、学生，还是对大自然充满好奇的普通读者，都能在这里找到乐趣并获得知识。梅花山的石松类和蕨类植物不仅是自然之美的代表，也是生物多样性和生态平衡的重要组成部分。让我们一起走进这个绿色的世界探索、学习，但最重要的是保护这一地区宝贵的自然资源。

洪德元

中国科学院院士

第三世界科学院院士

中国植物学会名誉理事长

2024年1月

梅花山国家级自然保护区生态环境

序　二

《福建梅花山国家级自然保护区石松类和蕨类植物多样性》基于3年多的野外调查和室内研究终于完成。该图鉴全面介绍了福建梅花山的石松类和蕨类概况，为保护区植物多样性的保护和监测奠定了分类学基础，也为福建省及邻近省份提供参考。

梅花山生物多样性一直极为丰富。它位于中亚热带南缘，为石松类和蕨类植物提供了理想的生存环境。这些植物群落属于地球上古老的植物种类，其历史悠久，远远早于恐龙时期。此地区丰富多样的植被类型和植物群落构建了一个复杂而独特的生态系统。

中国科学院植物研究所刘彬彬领导的PhyloAI研究团队，与卫然副研究员和赣南师范大学的李中阳副教授等合作，在梅花山开展了深入的调查和标本采集。他们采集了970号1 824份植物标本，鉴定出石松类和蕨类27科86属239种，基本查清了梅花山地区石松类和蕨类植物的多样性状况，为分类学和生态学研究提供了可靠的基础数据。

希望这本图鉴能够激起有关专业人员、学生和自然爱好者的兴趣，也希望梅花山受到公众更多的关注。梅花山的石松类和蕨类植物不仅是自然界中的一道美丽景观，更是生物多样性和生态平衡的关键要素。我期待本书能引导读者更深入地了解这些珍贵的自然资源，共同努力保护我们的绿色家园。

中国科学院植物研究所研究员
中国国家植物标本馆（PE）馆长（2011~2017年）
中国植物学会蕨类植物专业委员会主任
中国野生植物保护协会蕨类植物保育委员会名誉主任
中国花卉协会蕨类植物分会名誉主任

2024年1月

野外调查工作

前 言

我感到非常荣幸能向您介绍福建梅花山国家级自然保护区。这是一片具有显著科学价值和生态价值的区域。梅花山保护区成立于1985年4月，如同一棵生命之树在这片土地上璀璨绽放，1988年它正式跻身国家级森林和野生动物类型自然保护区，是大自然亲手为这里披上一袭荣耀的长袍。这片土地坐落在福建省西南部，方圆22 168.53 hm²，是一方拥有丰富多彩故事的生命之地。

梅花山国家级自然保护区因其独特的地理位置和丰富的生物多样性，以及其特殊的自然环境，成为生物科学研究的理想场所。我的心路历程与这片土地深厚的渊源，始于我攻读博士学位时期。为了收集博士论文所需的石楠属植物标本和材料，我两次踏足梅花山国家级自然保护区。在那段时间里，吴锦平科长（现为梅花山国家级自然保护区管理局副局长）和当地村民向导的热情帮助如同温暖的阳光，助我在山川间寻找目标物种。每一次的到访都像是融入了这片土地的怀抱，受到热情的客家村民的真诚款待，倾听着他们对梅花山独有物种的自豪介绍，让我心生对这片土地深深的敬意和热爱。梅花山独特的气候条件孕育出宝贵的植物生态，而这里未受旅游开发和人为破坏的影响，植被丰富，许多珍稀植物等待我们进行深入挖掘和科学研究，尤其是那些丰富多彩的石松类和蕨类植物，它们如同大自然的画笔，在我的心中绘就深刻的印象。

梅花山国家级自然保护区位于中亚热带的南缘，气候特征在中亚热带与南亚热带之间过渡。该区域的气候受东南海洋的暖湿气流影响，再加上武夷山脉和戴云山脉作为天然屏障，形成了冬暖夏凉的稳定气候环境。这种特殊的气候为石松类和蕨类植物等多种生物提供了理想的生长条件。梅花山国家级自然保护区内的植被类型丰富多样，包括针叶林、针阔混交林和常绿阔叶林等，构成了一个多元化的生态系统。

特别值得一提的是，石松类和蕨类植物是梅花山国家级自然保护区生物多样性的重要组成部分。这些植物自保护区成立以来就一直是研究的焦点。梅花山独特的地理和气候条件孕育了丰富多样的石松类和蕨类植物，吸引了许多植物学家和生态学家的目光。多年来，科研机构和学者通过实地考察、标本采集和分类鉴定等多种方式，对这些植物进行了深入的调查和研究。

在2022年至2023年期间，福建梅花山国家级自然保护区管理局与中国科学院植物研究所联合开展了一项关于石松类和蕨类植物资源和多样性的重要调查项目。该项目由中国科学院植物研究所刘彬彬领导的PhyloAI研究团队主导，并邀请该所的卫然副研究员和赣南师范大学的李中阳副教授等多位专家参与。多年过后，我有幸通过对梅花山国家级自然保护区石松类和蕨类植物的科学调研任务，再次踏足这片神秘的土地。这次调研是对梅花山国家级自然保护区植物宝库一次充满意义和价值的探索，让我更加深刻、更加科学地认识了保护区内的物种多样性。在整个项目进行的过程中，我怀着感恩之心，努力全面搜集每一个物种的蛛丝马迹。我通过采用当前最前沿的分子生物学手段对这些物种进行精准的分析和鉴定，努力确保科研工作的严谨性。

通过野外调查、标本鉴定和叶绿体基因的系统发育分析，我们在梅花山国家级自然保护区内发现了27科86属239种的石松类和蕨类植物。这一发现不仅为了解该区域石松类和蕨类植物的多样性和分布格局提供了宝贵的数据，也为保护区的生物资源管理和保护提供了科学依据。《福建梅花山国家级自然保护区石松类和蕨类植物多样性》汇集了这些重要的研究成果，旨在向读者展现梅花山国家级自然保护区石松类和蕨类植物的独特世界。希望这一调查研究成果能不负众望，为科学家、学生和自然爱好者提供宝贵的信息资源，激发公众对自然保护和生物多样性的关注，同时为今后的生物多样性保护管理和居民的日常生产活动提供更加科学合理的规划指导。让我们共同努力，珍惜并保护这片珍贵的自然遗产。

刘彬彬

2024年7月

林下凸轴蕨 *Metathelypteris hattorii* (H.Itô) Ching

目 录

I 总论

一、梅花山自然地理与蕨类研究概况……2

二、梅花山蕨类植物区系组成……5

II 各论

一、石松目 Lycopodiales……27

1. 扁枝石松 ***Diphasiastrum complanatum*** (L.) Holub……28
2. 长柄石杉 ***Huperzia javanica*** (Sw.) C.Y.Yang……29
3. 四川石杉 ***Huperzia sutchueniana*** (Herter) Ching……30
4. 藤石松 ***Lycopodiastrum casuarinoides*** (Spring) Holub ex R.D.Dixit……31
5. 石松 ***Lycopodium japonicum*** Thunb.……32
6. 垂穗石松 ***Palhinhaea cernua*** (L.) Franco & Vasc.……33
7. 华南马尾杉 ***Phlegmariurus austrosinicus*** (Ching) Li Bing Zhang……35
8. 福氏马尾杉 ***Phlegmariurus fordii*** (Baker) Ching……36
9. 闽浙马尾杉 ***Phlegmariurus mingcheensis*** Ching……37
10. 有柄马尾杉 ***Phlegmariurus petiolatus*** (C.B.Clarke) H.S.Kung & Li Bing Zhang……38
11. 拟小石松 ***Pseudolycopodiella caroliniana*** (L.) Holub……39

二、卷柏目 Selaginellales……41

12. 薄叶卷柏 ***Selaginella delicatula*** (Desv. ex Poir.) Alston……42
13. 深绿卷柏 ***Selaginella doederleinii*** Hieron.……43
14. 异穗卷柏 ***Selaginella heterostachys*** Baker……44
15. 兖州卷柏 ***Selaginella involvens*** (Sw.) Spring……45
16. 细叶卷柏 ***Selaginella labordei*** Hieron. ex Christ……46
17. 具边卷柏 ***Selaginella limbata*** Alston……47
18. 江南卷柏 ***Selaginella moellendorffii*** Hieron.……49
19. 伏地卷柏 ***Selaginella nipponica*** Franch. & Sav.……50

20. 疏叶卷柏 ***Selaginella remotifolia*** Spring ······ 51
21. 卷柏 ***Selaginella tamariscina*** (P.Beauv.) Spring ······ 52
22. 翠云草 ***Selaginella uncinata*** (Desv. ex Poir.) Spring ······ 53

三、木贼目 Equisetales ······ 55
23. 披散问荆 ***Equisetum diffusum*** D.Don ······ 56
24. 节节草 ***Equisetum ramosissimum*** Desf. ······ 57
25. 笔管草 ***Equisetum ramosissimum*** subsp. ***debile*** (Roxb. ex Vaucher) Hauke ······ 58

四、松叶蕨目 Psilotales ······ 59
26. 松叶蕨 ***Psilotum nudum*** (L.) P.Beauv. ······ 60

五、瓶尔小草目 Ophioglossales ······ 61
27. 瓶尔小草 ***Ophioglossum vulgatum*** L. ······ 62

六、合囊蕨目 Marattiales ······ 63
28. 福建观音座莲 ***Angiopteris fokiensis*** Hieron. ······ 64

七、紫萁目 Osmundales ······ 65
29. 紫萁 ***Osmunda japonica*** Thunb. ······ 66
30. 桂皮紫萁 ***Osmundastrum cinnamomeum*** (L.) C.Presl ······ 67
31. 羽节紫萁 ***Plenasium banksiifolium*** (C.Presl) C.Presl ······ 68
32. 华南羽节紫萁 ***Plenasium vachellii*** (Hook.) C.Presl ······ 69

八、膜蕨目 Hymenophyllales ······ 71
33. 翅柄假脉蕨 ***Crepidomanes latealatum*** (Bosch) Copel. ······ 72
34. 团扇蕨 ***Crepidomanes minutum*** (Blume) K.Iwats. ······ 73
35. 蕗蕨 ***Hymenophyllum badium*** Hook. & Grev. ······ 74
36. 华东膜蕨 ***Hymenophyllum barbatum*** (Bosch) Baker ······ 75
37. 长柄蕗蕨 ***Hymenophyllum polyanthos*** (Sw.) Sw. ······ 76
38. 瓶蕨 ***Vandenboschia auriculata*** (Blume) Copel. ······ 78
39. 南海瓶蕨 ***Vandenboschia striata*** (D.Don) Ebihara ······ 79

九、里白目 Gleicheniales ······ 81
40. 芒萁 ***Dicranopteris pedata*** (Houtt.) Nakaike ······ 82
41. 中华里白 ***Diplopterygium chinensis*** (Rosenst.) De Vol ······ 83
42. 里白 ***Diplopterygium glaucum*** (Thunb. ex Houtt.) Nakai ······ 86

43. 光里白 ***Diplopterygium laevissimum*** (Christ) Nakai ······ 87

十、莎草蕨目 Schizaeales ······ **88**

44. 海金沙 ***Lygodium japonicum*** (Thunb.) Sw. ······ 89

十一、槐叶蘋目 Salviniales ······ **90**

45. 蘋 ***Marsilea quadrifolia*** L. ······ 91

46. 满江红 ***Azolla pinnata*** subsp. ***asiatica*** R.M.K.Saunders & K.Fowler ······ 92

47. 槐叶蘋 ***Salvinia natans*** (L.) All. ······ 93

十二、桫椤目 Cyatheales ······ **95**

48. 瘤足蕨 ***Plagiogyria adnata*** (Blume) Bedd. ······ 96

49. 华中瘤足蕨 ***Plagiogyria euphlebia*** (Kunze) Mett. ······ 97

50. 镰羽瘤足蕨 ***Plagiogyria falcata*** Copel. ······ 98

51. 华东瘤足蕨 ***Plagiogyria japonica*** Nakai ······ 99

52. 桫椤 ***Alsophila spinulosa*** (Hook.) R.M.Tryon ······ 100

53. 粗齿黑桫椤 ***Gymnosphaera denticulata*** (Baker) Copel. ······ 101

54. 小黑桫椤 ***Gymnosphaera metteniana*** (Hance) Tagawa ······ 102

55. 金毛狗 ***Cibotium barometz*** (L.) J.Sm. ······ 103

十三、水龙骨目 Polypodiales ······ **105**

56. 钱氏鳞始蕨 ***Lindsaea chienii*** Ching ······ 106

57. 团叶鳞始蕨 ***Lindsaea orbiculata*** (Lam.) Mett. ex Kuhn ······ 107

58. 乌蕨 ***Odontosoria chinensis*** (L.) J.Sm. ······ 108

59. 香鳞始蕨 ***Osmolindsaea odorata*** (Roxb.) Lehtonen & Christenh. ······ 109

60. 长尾铁线蕨 ***Adiantum diaphanum*** Blume ······ 110

61. 扇叶铁线蕨 ***Adiantum flabellulatum*** L. ······ 111

62. 粉背蕨 ***Aleuritopteris anceps*** (Blanf.) Panigrahi ······ 112

63. 毛轴碎米蕨 ***Cheilanthes chusana*** Hook. ······ 113

64. 普通凤了蕨 ***Coniogramme intermedia*** Hieron. ······ 114

65. 无毛凤了蕨 ***Coniogramme intermedia*** var. ***glabra*** Ching ······ 115

66. 凤了蕨 ***Coniogramme japonica*** (Thunb.) Diels ······ 116

67. 书带蕨 ***Haplopteris flexuosa*** (Fée) E.H.Crane ······ 117

68. 野雉尾金粉蕨 ***Onychium japonicum*** (Thunb.) Kunze ······ 118

69. 条纹凤尾蕨 ***Pteris cadieri*** Christ ······ 119

70. 欧洲凤尾蕨 ***Pteris cretica*** L. ······ 120

金毛狗 *Cibotium barometz* (L.) J.Sm.

71. 刺齿半边旗 ***Pteris dispar*** Kunze …… 121
72. 剑叶凤尾蕨 ***Pteris ensiformis*** Burm.f. …… 122
73. 阔叶凤尾蕨 ***Pteris esquirolii*** Christ …… 123
74. 傅氏凤尾蕨 ***Pteris fauriei*** Hieron. …… 124
75. 全缘凤尾蕨 ***Pteris insignis*** Mett. ex Kuhn …… 125
76. 井栏边草 ***Pteris multifida*** Poir. …… 126
77. 斜羽凤尾蕨 ***Pteris oshimensis*** Hieron. …… 127
78. 半边旗 ***Pteris semipinnata*** L. …… 128
79. 溪边凤尾蕨 ***Pteris terminalis*** Wall. …… 129
80. 蜈蚣凤尾蕨 ***Pteris vittata*** L. …… 130
81. 西南凤尾蕨 ***Pteris wallichiana*** C.Presl …… 131
82. 碗蕨 ***Dennstaedtia scabra*** (Wall. ex Hook.) T.Moore …… 132
83. 栗蕨 ***Histiopteris incisa*** (Thunb.) J.Sm. …… 133
84. 姬蕨 ***Hypolepis punctata*** (Thunb.) Mett. ex Kuhn …… 134
85. 华南鳞盖蕨 ***Microlepia hancei*** Prantl …… 135
86. 虎克鳞盖蕨 ***Microlepia hookeriana*** (Wall. ex Hook.) C.Presl …… 136
87. 边缘鳞盖蕨 ***Microlepia marginata*** (Panz.) C.Chr. …… 137
88. 假粗毛鳞盖蕨 ***Microlepia pseudostrigosa*** Makino …… 138
89. 粗毛鳞盖蕨 ***Microlepia strigosa*** (Thunb.) C.Presl …… 139
90. 针毛鳞盖蕨 ***Microlepia trapeziformis*** (Roxb.) Kuhn …… 140
91. 蕨 ***Pteridium aquilinum*** var. ***latiusculum*** (Desv.) Underw. ex A.Heller …… 141
92. 亮毛蕨 ***Acystopteris japonica*** (Luerss.) Nakai …… 142
93. 毛轴铁角蕨 ***Asplenium crinicaule*** Hance …… 143
94. 厚叶铁角蕨 ***Asplenium griffithianum*** Hook. …… 144
95. 胎生铁角蕨 ***Asplenium indicum*** Sledge …… 145
96. 倒挂铁角蕨 ***Asplenium normale*** D.Don …… 146
97. 长叶巢蕨 ***Asplenium phyllitidis*** D.Don …… 147
98. 长叶铁角蕨 ***Asplenium prolongatum*** Hook. …… 148
99. 假大羽铁角蕨 ***Asplenium pseudolaserpitiifolium*** Ching …… 149
100. 华中铁角蕨 ***Asplenium sarelii*** Hook. …… 150
101. 铁角蕨 ***Asplenium trichomanes*** L. …… 151
102. 闽浙铁角蕨 ***Asplenium wilfordii*** Mett. ex Kuhn …… 152
103. 狭翅铁角蕨 ***Asplenium wrightii*** D.C.Eaton ex Hook. …… 153
104. 棕鳞铁角蕨 ***Asplenium yoshinagae*** Makino …… 154
105. 中华膜叶铁角蕨 ***Hymenasplenium sinense*** K.W.Xu, Li Bing Zhang & W.B.Liao …… 155

106. 钝角栗金星蕨 ***Coryphopteris angulariloba*** (Ching) L.J.He & X.C.Zhang········· 156
107. 光脚栗金星蕨 ***Coryphopteris japonica*** (Baker) L.J.He & X.C.Zhang················ 157
108. 狭基钩毛蕨 ***Cyclogramma leveillei*** (Christ) Ching ······································· 158
109. 渐尖毛蕨 ***Cyclosorus acuminatus*** (Houtt.) Nakai ··· 159
110. 齿牙毛蕨 ***Cyclosorus dentatus*** (Forssk.) Ching ·· 160
111. 福建毛蕨 ***Cyclosorus fukienensis*** Ching ·· 161
112. 闽台毛蕨 ***Cyclosorus jaculosus*** (Christ) H.Itô ·· 162
113. 红色新月蕨 ***Cyclosorus lakhimpurensis*** (Rosenst.) Copel. ······························ 163
114. 华南毛蕨 ***Cyclosorus parasiticus*** (L.) Farw. ··· 164
115. 台湾毛蕨 ***Cyclosorus taiwanensis*** (C.Chr.) H.Itô ··· 165
116. 峨眉茯蕨 ***Leptogramma scallanii*** (Christ) Ching··· 166
117. 小叶茯蕨 ***Leptogramma tottoides*** Hayata ex H.Itô·· 167
118. 针毛蕨 ***Macrothelypteris oligophlebia*** (Baker) Ching·· 168
119. 翠绿针毛蕨 ***Macrothelypteris viridifrons*** (Tagawa) Ching ································· 169
120. 微毛凸轴蕨 ***Metathelypteris adscendens*** (Ching) Ching······································ 170
121. 林下凸轴蕨 ***Metathelypteris hattorii*** (H.Itô) Ching ··· 171
122. 疏羽凸轴蕨 ***Metathelypteris laxa*** (Franch. & Savat.) Ching ································ 172
123. 金星蕨 ***Parathelypteris glanduligera*** (Kunze) Ching··· 173
124. 日本金星蕨 ***Parathelypteris japonica*** (Baker) Ching ··· 174
125. 延羽卵果蕨 ***Phegopteris decursive-pinnata*** (H.C.Hall) Fée·································· 175
126. 普通假毛蕨 ***Pseudocyclosorus subochthodes*** (Ching) Ching·································· 176
127. 景烈假毛蕨 ***Pseudocyclosorus tsoi*** Ching ·· 177
128. 耳状紫柄蕨 ***Pseudophegopteris aurita*** (Hook.) Ching ·· 178
129. 紫柄蕨 ***Pseudophegopteris pyrrhorhachis*** (Kunze) Ching····································· 179
130. 闽浙圣蕨 ***Stegnogramma mingchegensis*** (Ching) X.C.Zhang & L.J.He ··········· 180
131. 羽裂圣蕨 ***Stegnogramma wilfordii*** (Hook.) Seriz. ·· 181
132. 华东安蕨 ***Anisocampium sheareri*** (Baker) Ching ·· 182
133. 湿生蹄盖蕨 ***Athyrium devolii*** Ching ·· 183
134. 长江蹄盖蕨 ***Athyrium iseanum*** Rosenst. ·· 184
135. 光蹄盖蕨 ***Athyrium otophorum*** (Miq.) Koidz. ··· 185
136. 尖头蹄盖蕨 ***Athyrium vidalii*** (Franch. & Sav.) Nakai··· 186
137. 黑叶角蕨 ***Cornopteris opaca*** (D.Don) Tagawa··· 187
138. 假蹄盖蕨 ***Deparia japonica*** (Thunb.) M.Kato··· 188
139. 单叶双盖蕨 ***Deparia lancea*** (Thunb.) Fraser-Jenk. ··· 189
140. 华中介蕨 ***Deparia okuboana*** (Makino) M.Kato ·· 190

141. 毛轴假蹄盖蕨 ***Deparia petersenii*** (Kunze) M.Kato …… 191
142. 中华短肠蕨 ***Diplazium chinense*** (Baker) C.Chr. …… 192
143. 边生短肠蕨 ***Diplazium conterminum*** Christ …… 194
144. 厚叶双盖蕨 ***Diplazium crassiusculum*** Ching …… 195
145. 毛柄短肠蕨 ***Diplazium dilatatum*** Blume …… 196
146. 菜蕨 ***Diplazium esculentum*** (Retz.) Sw. …… 197
147. 薄盖短肠蕨 ***Diplazium hachijoense*** Nakai …… 198
148. 阔片短肠蕨 ***Diplazium matthewii*** (Copel.) C.Chr. …… 199
149. 大叶短肠蕨 ***Diplazium maximum*** (D.Don) C.Chr. …… 200
150. 江南短肠蕨 ***Diplazium mettenianum*** (Miq.) C.Chr. …… 201
151. 薄叶双盖蕨 ***Diplazium pin-faense*** Ching …… 202
152. 毛轴线盖蕨 ***Diplazium pullingeri*** (Baker) J.Sm. …… 203
153. 淡绿短肠蕨 ***Diplazium virescens*** Kunze …… 204
154. 假江南短肠蕨 ***Diplazium yaoshanense*** (Y.C.Wu) Tardieu …… 205
155. 乌毛蕨 ***Blechnopsis orientalis*** (L.) C.Presl …… 206
156. 崇澍蕨 ***Woodwardia harlandii*** Hook. …… 207
157. 狗脊 ***Woodwardia japonica*** (L.f.) Sm. …… 208
158. 裂羽崇澍蕨 ***Woodwardia kempii*** Copel. …… 209
159. 珠芽狗脊 ***Woodwardia prolifera*** Hook. & Arn. …… 210
160. 斜方复叶耳蕨 ***Arachniodes amabilis*** (Blume) Tindale …… 211
161. 多羽复叶耳蕨 ***Arachniodes amoena*** (Ching) Ching …… 212
162. 大片复叶耳蕨 ***Arachniodes cavalerii*** (Christ) Ohwi …… 213
163. 中华复叶耳蕨 ***Arachniodes chinensis*** (Rosenst.) Ching …… 214
164. 华南复叶耳蕨 ***Arachniodes festina*** (Hance) Ching …… 215
165. 假斜方复叶耳蕨 ***Arachniodes hekiana*** Sa.Kurata …… 216
166. 长尾复叶耳蕨 ***Arachniodes simplicior*** (Makino) Ohwi …… 217
167. 美丽复叶耳蕨 ***Arachniodes speciosa*** (D.Don) Ching …… 218
168. 华南实蕨 ***Bolbitis subcordata*** (Copel.) Ching …… 219
169. 二型肋毛蕨 ***Ctenitis dingnanensis*** Ching …… 220
170. 直鳞肋毛蕨 ***Ctenitis eatonii*** (Baker) Ching …… 221
171. 三相蕨 ***Ctenitis sinii*** (Ching) Ohwi …… 222
172. 贯众 ***Cyrtomium fortunei*** J.Sm. …… 223
173. 阔鳞鳞毛蕨 ***Dryopteris championii*** (Benth.) C.Chr. …… 224
174. 桫椤鳞毛蕨 ***Dryopteris cycadina*** (Franch. & Sav.) C.Chr. …… 225
175. 迷人鳞毛蕨 ***Dryopteris decipiens*** (Hook.) Kuntze …… 226

176. 深裂迷人鳞毛蕨 ***Dryopteris decipiens*** var. ***diplazioides*** (Christ) Ching ………… 227
177. 德化鳞毛蕨 ***Dryopteris dehuaensis*** Ching & K.H.Shing ………… 228
178. 红盖鳞毛蕨 ***Dryopteris erythrosora*** (D.C.Eaton) Kuntze ………… 229
179. 黑足鳞毛蕨 ***Dryopteris fuscipes*** C.Chr. ………… 230
180. 裸果鳞毛蕨 ***Dryopteris gymnosora*** (Makino) C.Chr. ………… 231
181. 假异鳞毛蕨 ***Dryopteris immixta*** Ching ………… 232
182. 平行鳞毛蕨 ***Dryopteris indusiata*** (Makino) Makino & Yamam. ………… 233
183. 京鹤鳞毛蕨 ***Dryopteris kinkiensis*** Koidz. ex Tagawa ………… 234
184. 齿头鳞毛蕨 ***Dryopteris labordei*** (Christ) C.Chr. ………… 235
185. 轴鳞鳞毛蕨 ***Dryopteris lepidorachis*** C.Chr. ………… 236
186. 太平鳞毛蕨 ***Dryopteris pacifica*** (Nakai) Tagawa ………… 237
187. 鱼鳞蕨 ***Dryopteris paleolata*** (Pic.Serm.) Li Bing Zhang ………… 238
188. 无盖鳞毛蕨 ***Dryopteris scottii*** (Bedd.) Ching ………… 239
189. 奇羽鳞毛蕨 ***Dryopteris sieboldii*** (van Houtte ex Mett.) Kuntze ………… 240
190. 稀羽鳞毛蕨 ***Dryopteris sparsa*** (D.Don) Kuntze ………… 241
191. 无柄鳞毛蕨 ***Dryopteris submarginata*** Rosenst. ………… 242
192. 变异鳞毛蕨 ***Dryopteris varia*** (L.) Kuntze ………… 243
193. 舌蕨 ***Elaphoglossum marginatum*** (Wall. ex Fée) T.Moore ………… 244
194. 华南舌蕨 ***Elaphoglossum yoshinagae*** (Yatabe) Makino ………… 245
195. 镰羽耳蕨 ***Polystichum balansae*** Christ ………… 246
196. 鞭叶耳蕨 ***Polystichum craspedosorum*** (Maxim.) Diels ………… 247
197. 草叶耳蕨 ***Polystichum herbaceum*** Ching & Z.Y.Liu ………… 248
198. 假黑鳞耳蕨 ***Polystichum pseudomakinoi*** Tagawa ………… 249
199. 灰绿耳蕨 ***Polystichum scariosum*** (Roxb.) C.V.Morton ………… 250
200. 肾蕨 ***Nephrolepis cordifolia*** (L.) C.Presl ………… 251
201. 大叶骨碎补 ***Davallia divaricata*** Blume ………… 252
202. 鳞轴小膜盖蕨 ***Davallia perdurans*** Christ ………… 253
203. 阴石蕨 ***Davallia repens*** (L.f.) Kuhn ………… 254
204. 膜叶星蕨 ***Bosmania membranacea*** (D.Don) Testo ………… 255
205. 槲蕨 ***Drynaria roosii*** Nakaike ………… 256
206. 友水龙骨 ***Goniophlebium amoenum*** (Wall. ex Mett.) Bedd. ………… 257
207. 日本水龙骨 ***Goniophlebium niponicum*** (Mett.) Bedd. ex Rödl-Linder ………… 258
208. 抱石莲 ***Lemmaphyllum carnosum*** var. ***drymoglossoides*** (Baker) X.P.Wei ………… 259
209. 骨牌蕨 ***Lemmaphyllum rostratum*** (Bedd.) Tagawa ………… 260
210. 鳞果星蕨 ***Lepisorus buergerianus*** (Miq.) C.F.Zhao, R.Wei & X.C.Zhang ………… 261

211. 扭瓦韦 ***Lepisorus contortus*** (Christ) Ching ························· 262
212. 江南星蕨 ***Lepisorus fortunei*** (T.Moore) C.M.Kuo ························· 263
213. 丝带蕨 ***Lepisorus miyoshianus*** (Makino) Fraser-Jenk. & Subh.Chandra ············ 264
214. 粤瓦韦 ***Lepisorus obscurevenulosus*** (Hayata) Ching ························· 265
215. 盾蕨 ***Lepisorus ovatus*** (C.Presl) C.F.Zhao, R.Wei & X.C.Zhang ························· 266
216. 表面星蕨 ***Lepisorus superficialis*** (Blume) C.F.Zhao, R.Wei & X.C.Zhang ········· 267
217. 瓦韦 ***Lepisorus thunbergianus*** (Kaulf.) Ching ························· 268
218. 阔叶瓦韦 ***Lepisorus tosaensis*** (Makino) H.Itô ························· 269
219. 线蕨 ***Leptochilus ellipticus*** (Thunb. ex Murray) Noot. ························· 270
220. 断线蕨 ***Leptochilus hemionitideus*** (C.Presl) Noot. ························· 271
221. 胄叶线蕨 ***Leptochilus* × *hemitomus*** (Hance) Noot. ························· 272
222. 绿叶线蕨 ***Leptochilus leveillei*** (Christ) X.C.Zhang & Noot. ························· 273
223. 宽羽线蕨 ***Leptochilus pothifolius*** (D.Don) Fraser-Jenk. ························· 274
224. 褐叶线蕨 ***Leptochilus wrightii*** (Hook. & Baker) X.C.Zhang ························· 275
225. 匙叶剑蕨 ***Loxogramme grammitoides*** (Baker) C.Chr. ························· 276
226. 柳叶剑蕨 ***Loxogramme salicifolia*** (Makino) Makino ························· 277
227. 锯蕨 ***Micropolypodium okuboi*** (Yatabe) Hayata ························· 279
228. 短柄滨禾蕨 ***Oreogrammitis dorsipila*** (Christ) Parris ························· 280
229. 贴生石韦 ***Pyrrosia adnascens*** (Sw.) Ching ························· 281
230. 光石韦 ***Pyrrosia calvata*** (Baker) Ching ························· 282
231. 石韦 ***Pyrrosia lingua*** (Thunb.) Farw. ························· 283
232. 庐山石韦 ***Pyrrosia sheareri*** (Baker) Ching ························· 286
233. 灰鳞假瘤蕨 ***Selliguea albipes*** (C.Chr. & Ching) ························· 287
234. 金鸡脚假瘤蕨 ***Selliguea hastata*** (Thunb.) Fraser-Jenk. ························· 288
235. 龙头节肢蕨 ***Selliguea lungtauensis*** (Ching) Christenh. ························· 289
236. 喙叶假瘤蕨 ***Selliguea rhynchophylla*** (Hook.) Fraser-Jenk. ························· 291
237. 屋久假瘤蕨 ***Selliguea yakushimensis*** (Makino) Fraser-Jenk. ························· 292
238. 裂禾蕨 ***Tomophyllum donianum*** (Spreng.) Fraser-Jenk. & Parris ························· 293
239. 剑羽蕨 ***Xiphopterella devolii*** S.J.Moore, Parris & W.L.Chiou ························· 294

中文名索引 ························· 295

拉丁名索引 ························· 299

梅花山国家级自然保护区常绿阔叶林

I 总 论

一、梅花山自然地理与蕨类研究概况

1. 梅花山保护区自然概况

福建梅花山保护区成立于1985年4月，由福建省人民政府批准，并于1988年5月被国务院列为国家级森林和野生动物类型自然保护区。该保护区位于福建西南部，是武夷山脉南段与博平岭之间玳瑁山的主体部分，地处上杭、连城、新罗三县（区）交界地带，俗称“梅花十八洞”。保护区的范围为东经116°45′25″~116°57′33″，北纬25°15′14″~25°35′44″，东起新罗区江山镇背洋村，西至连城县庙前镇岩背村，南始新罗区江山镇福坑村，北达连城县曲溪乡罗胜村，土地总面积为22 168.53 hm²。该保护区由三大块组成，其中北面一块以将军山为中心，面积为754.33 hm²；中间一块以狗子脑为中心，面积为20 861.47 hm²；南面一块以笔架山北坡为主，面积为552.73 hm²。

梅花山国家级自然保护区地处中亚热带南缘，气候具有从中亚热带向南亚热带过渡的特点。由于靠近海洋，经常受到东南海洋暖湿气流的影响。加上西北的武夷山脉和东南的戴云山脉构成了天然屏障，对南下的寒流和海洋暖湿气流的侵袭起到了阻挡和截留作用，使得这一地区呈现出冬季温暖、夏季凉爽的气候特点，气温和湿度相对稳定。该保护区的年均气温在13~18℃，最高月均温为22.9~23.8℃，最低月均温为7.5~8.3℃，极端最高气温为35℃，极端最低气温为-5.5℃。月均温大于10℃的年活动积温为4 500~5 100℃，年日照时数约为1 920h。梅花山是福建省暴雨中心之一，降雨期长，雨量充沛，降雨强度大。该地区的年均降雨量为1 700~2 200 mm，相对湿度介于70%~96%。霜期为75天，结霜期为15~25天。以上气候条件为蕨类植物提供了适宜的生存环境。

梅花山地理位置独特，组成了典型的亚热带森林植被，植被类型有针叶林、针阔叶混交林、常绿阔叶林、落叶阔叶林、常绿落叶阔叶林、竹林、灌丛、草丛等8个。植物群系有63个，其中针叶林8个、针阔叶混交林6个、常绿阔叶林18个、落叶阔叶林3个、常绿落叶阔叶林2个、竹林12个、灌丛10个、草丛4个。

梅花山的地理位置、森林生态、自然环境具有相对独立性，其大面积的森林资源是各种生物的保护伞、避难所，区内生物资源丰富奇特，是天然的基因库和生物科学研究的理想基地。

梅花山全景

2. 梅花山保护区蕨类植物研究历史

福建梅花山国家级自然保护区作为福建省的重要自然保护区之一，其蕨类植物资源备受关注。其蕨类植物研究历史可以追溯到建立保护区的早期。由于梅花山地理位置独特，气候条件适宜，蕨类植物资源丰富，吸引了许多植物学家和生态学家的关注。自保护区成立以来，不少科研机构和学者先后展开了对梅花山保护区蕨类植物的系统研究。他们通过实地考察、标本采集、分类鉴定等，对保护区内的蕨类植物进行了详尽的调查和研究。在1991年梅花山自然保护区建立初期的综合科考中，报道有蕨类植物30科62属107种。之后研究人员对该地区蕨类植物进行了持续的深入研究。2019年，陈开森和吴锦平报道了梅花山保护区蕨类植物12科21属82种（包括亚种和变种），使蕨类植物总数达到42科83属189种[1]。

福建梅花山国家级自然保护区管理局非常重视植物资源的调查和应用，2022年与中国科学院植物研究所，就梅花山保护区的蕨类植物调查达成了合作协议。在梅花山自然保护区蕨类植物资源和多样性调查项目的资助下，中国科学院植物研究所的刘彬彬副研究员主持该项目，并邀请了中国科学院植物研究所卫然副研究员、赣南师范大学的李中阳副教授、浙江农林大学王慧硕士和中国科学院植物研究所田黎雪硕士参与其中。在2022~2023年期间，进行了多次实地调查，通过野外考察、标本鉴定以及叶绿体基因的系统发育分析等方法，根据目前国际通用的PPG I（Pteridophyte Phylogeny Group I）分类系统，统计出梅花山保护区内的石松类和蕨类植物共27科86属239种（根据秦仁昌分类系统统计共有39科100属239种）。这项调查为了解梅花山保护区内蕨类植物的多样性和分布格局提供了重要的数据，也为保护区的植物资源管理和保护提供了科学依据。

福建梅花山国家级自然保护区功能区划图

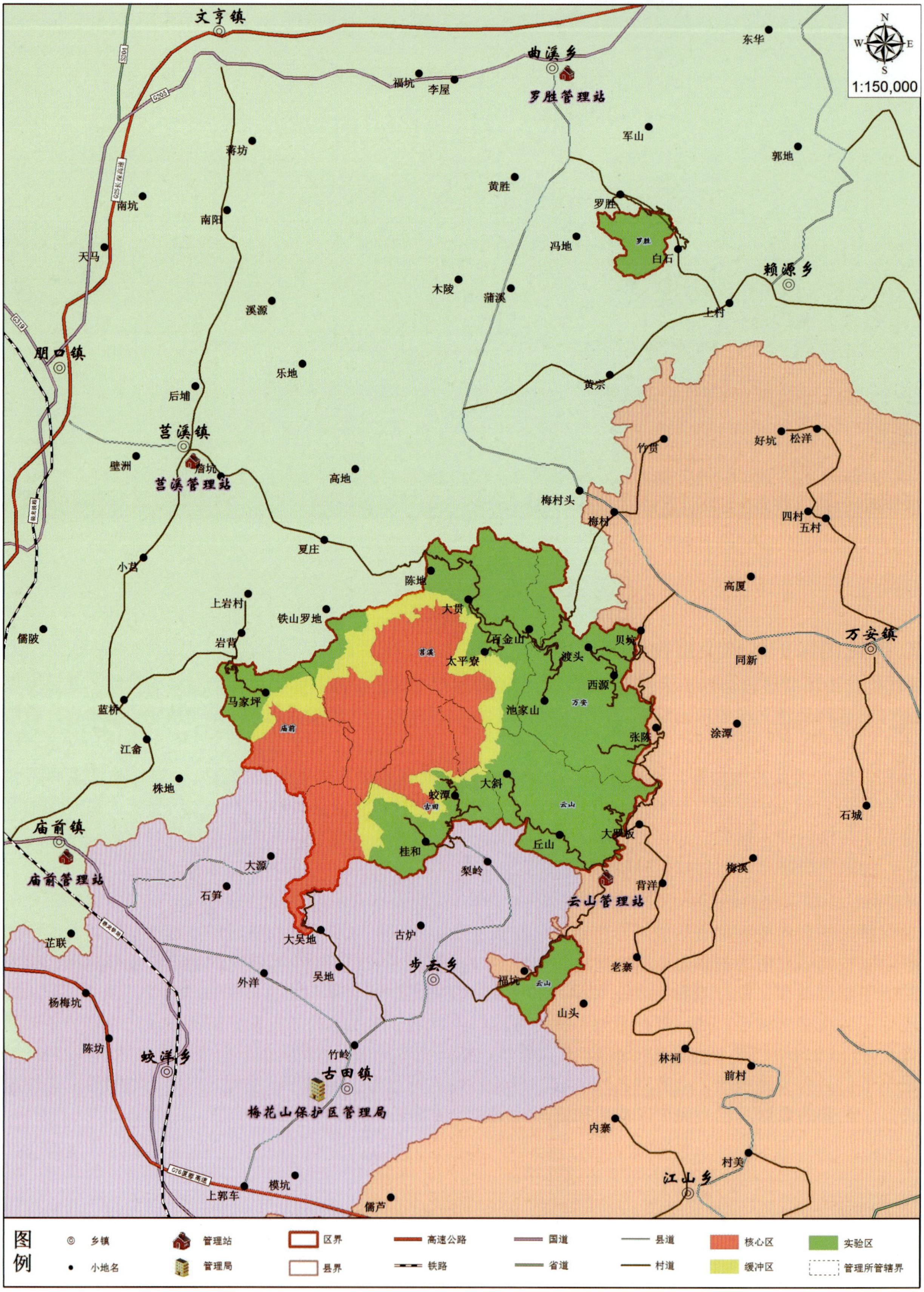

二、梅花山蕨类植物区系组成

1. 区系组成

（1）蕨类植物区系组成

根据全面的调查、鉴定和统计，依据目前国际通用的PPG I分类系统，福建梅花山国家级自然保护区共有蕨类植物27科86属239种（表1）。为便于统计分析，我们将保护区内的蕨类植物按照各科所含种数的多少划分为5个等级：超过30种的为大科，20~30种的为较大科，10~19种的为中等科，2~9种的为寡种科，只有1种的为单种科。福建梅花山保护区蕨类植物科数统计详见图1及表2。

表1 福建梅花山国家级自然保护区蕨类植物区系组成

中文名	拉丁名	属数	种数
松叶蕨科	Psilotaceae	1	1
合囊蕨科	Marattiaceae	1	1
海金沙科	Lygodiaceae	1	1
蘋科	Marsileaceae	1	1
金毛狗科	Cibotiaceae	1	1
冷蕨科	Cystopteridaceae	1	1
肾蕨科	Nephrolepidaceae	1	1
瓶尔小草科	Ophioglossaceae	1	1
槐叶蘋科	Salviniaceae	2	2
木贼科	Equisetaceae	1	3
骨碎补科	Davalliaceae	1	3
桫椤科	Cyatheaceae	2	3
瘤足蕨科	Plagiogyriaceae	1	4
里白科	Gleicheniaceae	2	4
紫萁科	Osmundaceae	3	4
鳞始蕨科	Lindsaeaceae	3	4
乌毛蕨科	Blechnaceae	2	5
膜蕨科	Hymenophyllaceae	3	7
碗蕨科	Dennstaedtiaceae	5	10
卷柏科	Selaginellaceae	1	11
石松科	Lycopodiaceae	7	11
铁角蕨科	Aspleniaceae	2	13
凤尾蕨科	Pteridaceae	7	22
蹄盖蕨科	Athyriaceae	5	23
金星蕨科	Thelypteridaceae	11	26
水龙骨科	Polypodiaceae	13	36
鳞毛蕨科	Dryopteridaceae	7	40

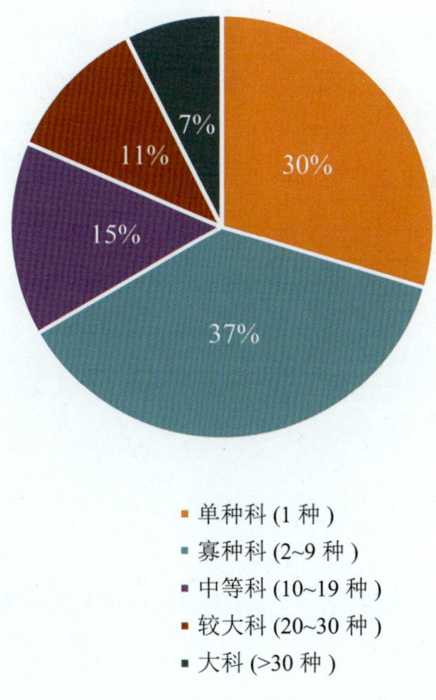

图 1 福建梅花山国家级自然保护区蕨类植物区系组成

石松 *Lycopodium japonicum* Thunb.

（2）科的组成特点

如表2所示，福建梅花山国家级自然保护区蕨类植物大科有2科，含20个属76个种，分别占总科数的7%、总属数的23%、总种数的32%，包括水龙骨科Polypodiaceae和鳞毛蕨科Dryopteridaceae。较大科有3科，含23个属71个种，分别占总科数的11%、总属数的27%、总种数的30%，包括凤尾蕨科Pteridaceae、蹄盖蕨科Athyriaceae和金星蕨科Thelypteridaceae。中等科有4科，含15个属45个种，分别占总科数的15%、总属数的18%、总种数的19%，包括碗蕨科Dennstaedtiaceae、卷柏科Selaginellaceae、石松科Lycopodiaceae和铁角蕨科Aspleniaceae。寡种科有10科，含20个属39个种，分别占总科数的37%、总属数的23%、总种数的16%，包括槐叶蘋科Salviniaceae、木贼科Equisetaceae、骨碎补科 Davalliaceae、桫椤科Cyatheaceae、瘤足蕨科Plagiogyriaceae、里白科Gleicheniaceae、紫萁科Osmundaceae、鳞始蕨科Lindsaeaceae、乌毛蕨科Blechnaceae和膜蕨科Hymenophyllaceae。单种科有8科，含8个属8个种，分别占总科数的30%、总属数的9%、总种数的3%，包括松叶蕨科Psilotaceae、合囊蕨科Marattiaceae、海金沙科Lygodiaceae、蘋科Marsileaceae、金毛狗科Cibotiaceae、冷蕨科Cystopteridaceae、肾蕨科Nephrolepidaceae和瓶尔小草科 Ophioglossaceae。

表2 福建梅花山国家级自然保护区蕨类植物科数统计

等级	划分标准	科数	占总科数的比例/%	属数	占总属数的比例/%	种数	占总种数的比例/%
单种科	1种	8	30	8	9	8	3
寡种科	2~9种	10	37	20	23	39	16
中等科	10~19种	4	15	15	18	45	19
较大科	20~30种	3	11	23	27	71	30
大科	>30种	2	7	20	23	76	32
合计		27	100	86	100	239	100

（3）优势科

根据《中国蕨类植物多样性与地理分布》[2]，将蕨类植物每个科中所含种数从多到少排序，并参照《罗霄山脉生物多样性综合科学考察》[3]对优势科进行划分。将种数超过梅花山国家级自然保护区各科平均种数的科定义为优势科。经过计算，梅花山国家级自然保护区蕨类植物的各科平均种数为9种。因此，包括10种及以上的科即被定义为梅花山国家级自然保护区蕨类植物的优势科（表3）。共有9个优势科，包含58个属192个种，占梅花山国家级自然保护区总属数的67%、总种数的80%。

表3 梅花山国家级自然保护区蕨类植物区系的优势科

中文名	拉丁名	属数	种数
碗蕨科	Dennstaedtiaceae	5	10
卷柏科	Selaginellaceae	1	11
石松科	Lycopodiaceae	7	11
铁角蕨科	Aspleniaceae	2	13
凤尾蕨科	Pteridaceae	7	22
蹄盖蕨科	Athyriaceae	5	23
金星蕨科	Thelypteridaceae	11	26
水龙骨科	Polypodiaceae	13	36
鳞毛蕨科	Dryopteridaceae	7	40
合计		58	192

注：各科平均种数=239/27=8.85

（4）属的组成特点

按照上述划分标准，将保护区内蕨类植物的属划分为4个等级。如表4所示，福建梅花山国家级自然保护区蕨类植物较大属有1属，含20个种，占总属数的1%、总种数的8%，包括鳞毛蕨属*Dryopteris*。中等属有5属，含59个种，占总属数的6%、总种数的25%，包括卷柏属*Selaginella*、凤尾蕨属*Pteris*、铁角蕨属*Asplenium*、双盖蕨属*Diplazium*和瓦韦属*Lepisorus*。寡种属有36属，含116个种，占总属数的42%、总种数的49%，包括针毛蕨属*Macrothelypteris*、棱脉蕨属*Goniophlebium*、羽节紫萁属*Plenasium*、假脉蕨属*Crepidomanes*、瓶蕨属*Vandenboschia*、黑桫椤属*Gymnosphaera*、鳞始蕨属*Lindsaea*、铁线蕨属*Adiantum*、凤了蕨属*Coniogramme*、栗金星蕨属*Coryphopteris*、茯蕨属*Leptogramma*、凸轴蕨属*Metathelypteris*、金星蕨属*Parathelypteris*、假毛蕨属*Pseudocyclosorus*、紫柄蕨属*Pseudophegopteris*、溪边蕨属*Stegnogramma*、舌蕨属*Elaphoglossum*、剑蕨属*Loxogramme*、石杉属*Huperzia*、木贼属*Equisetum*、膜蕨属*Hymenophyllum*、里白属*Diplopterygium*、肋毛蕨属*Ctenitis*、骨碎补属*Davallia*、马尾杉属*Phlegmariurus*、瘤足蕨属*Plagiogyria*、蹄盖蕨属*Athyrium*、对囊蕨属*Deparia*、狗脊属*Woodwardia*、石韦属*Pyrrosia*、耳蕨属*Polystichum*、薄唇蕨属*Leptochilus*、修蕨属*Selliguea*、鳞盖蕨属*Microlepia*、毛蕨属*Cyclosorus*和复叶耳蕨属*Arachniodes*。单种属有44属，含44个种，占总属数的51%、总种数的18%，包括槐叶蘋属*Salvinia*、满江红属*Azolla*、瓶尔小草属*Ophioglossum*、扁枝石松属*Diphasiastrum*、藤石松属*Lycopodiastrum*、石松属*Lycopodium*、垂穗石松属*Palhinhaea*、拟小石松属*Pseudolycopodiella*、松叶蕨属*Psilotum*、观音座莲属*Angiopteris*、紫萁属*Osmunda*、桂皮紫萁属*Osmundastrum*、芒萁属*Dicranopteris*、海金沙属*Lygodium*、蘋属*Marsilea*、桫椤属*Alsophila*、金毛狗属*Cibotium*、乌蕨属*Odontosoria*、香鳞始蕨属*Osmolindsaea*、粉背蕨属*Aleuritopteris*、碎米蕨属*Cheilanthes*、书带蕨属*Haplopteris*、金粉蕨属*Onychium*、碗蕨属*Dennstaedtia*、栗蕨属*Histiopteris*、姬蕨属*Hypolepis*、蕨属*Pteridium*、亮毛蕨属*Acystopteris*、膜叶铁角蕨属*Hymenasplenium*、钩毛蕨属*Cyclogramma*、卵果蕨属*Phegopteris*、安蕨属*Anisocampium*、角蕨属*Cornopteris*、乌毛蕨属*Blechnopsis*、实蕨属*Bolbitis*、贯众属*Cyrtomium*、肾蕨属*Nephrolepis*、伏石蕨属*Lemmaphyllum*、膜叶星蕨属*Bosmania*、槲蕨属*Drynaria*、滨禾蕨属*Oreogrammitis*、锯蕨属*Micropolypodium*、裂禾蕨属*Tomophyllum*、剑羽蕨属*Xiphopterella*。

表4 福建梅花山国家级自然保护区蕨类植物属数统计

等级	划分标准	属数	占总属数的比例/%	种数	占总种数的比例/%
单种属	1种	44	51	44	18
寡种属	2~9种	36	42	116	49
中等属	10~19种	5	6	59	25
较大属	20~30种	1	1	20	8
合计		86	100	239	100

（5）优势属

根据优势科的划分标准，将各属中种数超过梅花山国家级自然保护区各属平均种数的属定义为优势属。经过计算，梅花山国家级自然保护区蕨类植物的每个属平均种数为3种。因此，包括3种及3种以上的属即被定义为梅花山国家级自然保护区蕨类植物的优势属（表5）。共有25个这样的属，含有161种，占梅花山国家级自然保护区总种数的67%。

2. 地理成分

对蕨类植物的地理成分进行分析有助于加深我们对该植物群体的了解，更好地理解和保护自然界的生物多样性，促进生态平衡和可持续发展。参照吴征镒关于种子植物属的分布区类型所界定的范围[4]以及《蕨类植物学》[5]中国蕨类植物的地理分布，可将梅花山保护区蕨类植物划分为15个分布区类型（表6）。

具边卷柏 *Selaginella limbata* Alston

表5 梅花山国家级自然保护区蕨类植物区系的优势属

中文名	拉丁名	种数	中文名	拉丁名	种数
膜蕨属	*Hymenophyllum*	3	耳蕨属	*Polystichum*	5
木贼属	*Equisetum*	3	修蕨属	*Selliguea*	5
凤了蕨属	*Coniogramme*	3	鳞盖蕨属	*Microlepia*	6
凸轴蕨属	*Metathelypteris*	3	薄唇蕨属	*Leptochilus*	6
里白属	*Diplopterygium*	3	毛蕨属	*Cyclosorus*	7
肋毛蕨属	*Ctenitis*	3	复叶耳蕨属	*Arachniodes*	8
骨碎补属	*Davallia*	3	瓦韦属	*Lepisorus*	10
马尾杉属	*Phlegmariurus*	4	卷柏属	*Selaginella*	11
瘤足蕨属	*Plagiogyria*	4	铁角蕨属	*Asplenium*	12
蹄盖蕨属	*Athyrium*	4	凤尾蕨属	*Pteris*	13
对囊蕨属	*Deparia*	4	双盖蕨属	*Diplazium*	13
狗脊属	*Woodwardia*	4	鳞毛蕨属	*Dryopteris*	20
石韦属	*Pyrrosia*	4			
			合计		161

注：各属平均种数=239/86=2.78

表6 梅花山国家级自然保护区蕨类植物科属种的分布区类型

序号	分布区类型	科数	占非世界科总数比例/%	属数	占非世界属总数比例/%	种数	占非世界种总数比例/%
T1	世界分布	9	—	22	—	4	—
T2	泛热带分布	12	67	30	47	8	3.4
T3	热带亚洲和热带美洲间断分布	1	5.5	1	2	1	0.4
T4	旧世界热带分布	1	5.5	5	8	8	3.4
T5	热带亚洲至热带大洋洲分布	0	0	2	3	8	3.4
T6	热带亚洲至热带非洲分布	0	0	5	8	1	0.4
T7-1	热带亚洲分布	0	0	9	14	76	32
T7-2	中国—马来西亚分布	0	0	0	0	2	0.85
T8	北温带分布	1	5.5	3	4	2	0.85
T9	东亚和北美间断分布	0	0	0	0	0	0
T10	旧世界温带分布	1	5.5	0	0	1	0.4
T11	温带亚洲分布	0	0	0	0	4	1.7
T14	东亚分布	0	0	9	14	33	14
T14-1	中国—喜马拉雅分布	0	0	0	0	9	3.8
T14-2	中国—日本分布	0	0	0	0	58	25
T15	中国特有分布	2	11	0	0	23	10
T16	热带亚洲和热带美洲间断分布&热带亚洲至热带非洲分布	0	0	0	0	1	0.4
合计		27	100	86	100	239	100

注：占非世界科/属/种总数比例=特定分布区类型的数量/除世界分布之外的所有分布区类型的总数×100%。

（1）科的地理成分

根据科的分布区类型可知（表7），梅花山国家级自然保护区蕨类植物27个科中，世界分布的共9个科，包括瓶尔小草科Ophioglossaceae、紫萁科Osmundaceae、卷柏科Selaginellaceae、石松科Lycopodiaceae、铁角蕨科Aspleniaceae、蹄盖蕨科Athyriaceae、水龙骨科Polypodiaceae、蘋科Marsileaceae、槐叶蘋科Salviniaceae；泛热带分布的共12个科，包括松叶蕨科Psilotaceae、海金沙科Lygodiaceae、金毛狗科Cibotiaceae、里白科Gleicheniaceae、乌毛蕨科Blechnaceae、膜蕨科Hymenophyllaceae、碗蕨科Dennstaedtiaceae、凤尾蕨科Pteridaceae、桫椤科Cyatheaceae、肾蕨科Nephrolepidaceae、鳞始蕨科Lindsaeaceae、合囊蕨科Marattiaceae，占非世界科总数的67%；热带亚洲和热带美洲间断分布的共1个科，包括瘤足蕨科Plagiogyriaceae，占非世界科总数的5.5%；北温带分布的共1个科，包括木贼科Equisetaceae，占非世界科总数的5.5%；旧世界热带分布的共1个科，包括骨碎补科Davalliaceae，占非世界科总数的5.5%；旧世界温带分布的共1个科，包括冷蕨科Cystopteridaceae，占非世界科总数的5.5%；中国特有分布的共2个科，包括金星蕨科Thelypteridaceae、鳞毛蕨科Dryopteridaceae，占非世界科总数的11%。除世界分布外，科的分布区类型以泛热带分布为主。

表7 梅花山国家级自然保护区蕨类植物科的分布区类型

中文名	拉丁名	分布区类型
木贼科	Equisetaceae	北温带分布
松叶蕨科	Psilotaceae	泛热带分布
海金沙科	Lygodiaceae	泛热带分布
金毛狗科	Cibotiaceae	泛热带分布
里白科	Gleicheniaceae	泛热带分布
乌毛蕨科	Blechnaceae	泛热带分布
膜蕨科	Hymenophyllaceae	泛热带分布
碗蕨科	Dennstaedtiaceae	泛热带分布
凤尾蕨科	Pteridaceae	泛热带分布
桫椤科	Cyatheaceae	泛热带分布
肾蕨科	Nephrolepidaceae	泛热带分布
鳞始蕨科	Lindsaeaceae	泛热带分布
合囊蕨科	Marattiaceae	泛热带分布
骨碎补科	Davalliaceae	旧世界热带分布
冷蕨科	Cystopteridaceae	旧世界温带分布
瘤足蕨科	Plagiogyriaceae	热带亚洲和热带美洲间断分布
紫萁科	Osmundaceae	世界分布
卷柏科	Selaginellaceae	世界分布
石松科	Lycopodiaceae	世界分布
铁角蕨科	Aspleniaceae	世界分布
蹄盖蕨科	Athyriaceae	世界分布
水龙骨科	Polypodiaceae	世界分布
蘋科	Marsileaceae	世界分布
瓶尔小草科	Ophioglossaceae	世界分布
槐叶蘋科	Salviniaceae	世界分布
金星蕨科	Thelypteridaceae	中国特有分布
鳞毛蕨科	Dryopteridaceae	中国特有分布

（2）属的地理成分

根据属的分布区类型可知（表8），梅花山国家级自然保护区蕨类植物86个属中，世界分布的共22个属，包括扁枝石松属*Diphasiastrum*、石松属*Lycopodium*、蘋属*Marsilea*、粉背蕨属*Aleuritopteris*、蕨属*Pteridium*、铁线蕨属*Adiantum*、舌蕨属*Elaphoglossum*、剑蕨属*Loxogramme*、石杉属*Huperzia*、木贼属*Equisetum*、膜蕨属*Hymenophyllum*、骨碎补属*Davallia*、蹄盖蕨属*Athyrium*、狗脊属*Woodwardia*、石韦属*Pyrrosia*、耳蕨属*Polystichum*、卷柏属*Selaginella*、铁角蕨属*Asplenium*、槐叶蘋属*Salvinia*、满江红属*Azolla*、瓶尔小草属*Ophioglossum*、鳞毛蕨属*Dryopteris*；泛热带分布的共30个属，包括垂穗石松属*Palhinhaea*、松叶蕨属*Psilotum*、海金沙属*Lygodium*、桫椤属*Alsophila*、乌蕨属*Odontosoria*、碎米蕨属*Cheilanthes*、书带蕨属*Haplopteris*、金粉蕨属*Onychium*、碗蕨属*Dennstaedtia*、栗蕨属*Histiopteris*、姬蕨属*Hypolepis*、乌毛蕨属*Blechnopsis*、实蕨属*Bolbitis*、肾蕨属*Nephrolepis*、瓶蕨属*Vandenboschia*、鳞始蕨属*Lindsaea*、凤了蕨属*Coniogramme*、金星蕨属*Parathelypteris*、假毛蕨属*Pseudocyclosorus*、溪边蕨属*Stegnogramma*、里白属*Diplopterygium*、肋毛蕨属*Ctenitis*、马尾杉属*Phlegmariurus*、瘤足蕨属*Plagiogyria*、对囊蕨属*Deparia*、毛蕨属*Cyclosorus*、复叶耳蕨属*Arachniodes*、凤尾蕨属*Pteris*、膜叶铁角蕨属*Hymenasplenium*、拟小石松属*Pseudolycopodiella*，占非世界属总数的47%；热带亚洲和热带美洲间断分布的共1个属，包括双盖蕨属*Diplazium*，占非世界属总数的2%；旧世界热带分布的共5个属，包括观音座莲属*Angiopteris*、芒萁属*Dicranopteris*、假脉蕨属*Crepidomanes*、修蕨属*Selliguea*、鳞盖蕨属*Microlepia*，占非世界属总数的8%；热带亚洲至热带大洋洲分布的共2个属，包括针毛蕨属*Macrothelypteris*、槲蕨属*Drynaria*，占非世界属总数的3%；热带亚洲至热带非洲分布的共5个属，包括角蕨属*Cornopteris*、贯众属*Cyrtomium*、茯蕨属*Leptogramma*、瓦韦属*Lepisorus*、香鳞始蕨属*Osmolindsaea*，占非世界属总数的8%；热带亚洲分布的共9个属，包括亮毛蕨属*Acystopteris*、金毛狗属*Cibotium*、安蕨属*Anisocampium*、棱脉蕨属*Goniophlebium*、黑桫椤属*Gymnosphaera*、薄唇蕨属*Leptochilus*、藤石松属*Lycopodiastrum*、剑羽蕨属*Xiphopterella*、羽节紫萁属*Plenasium*，占非世界属总数的14%；北温带分布的共3个属，包括紫萁属*Osmunda*、卵果蕨属*Phegopteris*、桂皮紫萁属*Osmundastrum*，占非世界属总数的4%；东亚分布的共9个属，包括钩毛蕨属*Cyclogramma*、凸轴蕨属*Metathelypteris*、紫柄蕨属*Pseudophegopteris*、伏石蕨属*Lemmaphyllum*、锯蕨属*Micropolypodium*、膜叶星蕨属*Bosmania*、滨禾蕨属*Oreogrammitis*、裂禾蕨属*Tomophyllum*、栗金星蕨属*Coryphopteris*，占非世界属总数的14%。除世界分布外，属的分布区类型以泛热带分布为主。

表8 梅花山国家级自然保护区蕨类植物属的分布区类型

中文名	拉丁名	分布区类型	中文名	拉丁名	分布区类型
紫萁属	*Osmunda*	北温带分布	乌蕨属	*Odontosoria*	泛热带分布
卵果蕨属	*Phegopteris*	北温带分布	碎米蕨属	*Cheilanthes*	泛热带分布
桂皮紫萁属	*Osmundastrum*	北温带分布	书带蕨属	*Haplopteris*	泛热带分布
钩毛蕨属	*Cyclogramma*	东亚分布	金粉蕨属	*Onychium*	泛热带分布
凸轴蕨属	*Metathelypteris*	东亚分布	碗蕨属	*Dennstaedtia*	泛热带分布
紫柄蕨属	*Pseudophegopteris*	东亚分布	栗蕨属	*Histiopteris*	泛热带分布
伏石蕨属	*Lemmaphyllum*	东亚分布	姬蕨属	*Hypolepis*	泛热带分布
锯蕨属	*Micropolypodium*	东亚分布	乌毛蕨属	*Blechnopsis*	泛热带分布
膜叶星蕨属	*Bosmania*	东亚分布	实蕨属	*Bolbitis*	泛热带分布
滨禾蕨属	*Oreogrammitis*	东亚分布	肾蕨属	*Nephrolepis*	泛热带分布
裂禾蕨属	*Tomophyllum*	东亚分布	瓶蕨属	*Vandenboschia*	泛热带分布
栗金星蕨属	*Coryphopteris*	东亚分布	鳞始蕨属	*Lindsaea*	泛热带分布
垂穗石松属	*Palhinhaea*	泛热带分布	凤了蕨属	*Coniogramme*	泛热带分布
松叶蕨属	*Psilotum*	泛热带分布	金星蕨属	*Parathelypteris*	泛热带分布
海金沙属	*Lygodium*	泛热带分布	假毛蕨属	*Pseudocyclosorus*	泛热带分布
桫椤属	*Alsophila*	泛热带分布	溪边蕨属	*Stegnogramma*	泛热带分布

粗毛鳞盖蕨 *Microlepia strigosa* (Thunb.) C.Presl

续表

中文名	拉丁名	分布区类型	中文名	拉丁名	分布区类型
里白属	*Diplopterygium*	泛热带分布	贯众属	*Cyrtomium*	热带亚洲至热带非洲分布
肋毛蕨属	*Ctenitis*	泛热带分布	茯蕨属	*Leptogramma*	热带亚洲至热带非洲分布
马尾杉属	*Phlegmariurus*	泛热带分布	瓦韦属	*Lepisorus*	热带亚洲至热带非洲分布
瘤足蕨属	*Plagiogyria*	泛热带分布	香鳞始蕨属	*Osmolindsaea*	热带亚洲至热带非洲分布
对囊蕨属	*Deparia*	泛热带分布	扁枝石松属	*Diphasiastrum*	世界分布
毛蕨属	*Cyclosorus*	泛热带分布	石松属	*Lycopodium*	世界分布
复叶耳蕨属	*Arachniodes*	泛热带分布	蘋属	*Marsilea*	世界分布
凤尾蕨属	*Pteris*	泛热带分布	粉背蕨属	*Aleuritopteris*	世界分布
膜叶铁角蕨属	*Hymenasplenium*	泛热带分布	蕨属	*Pteridium*	世界分布
拟小石松属	*Pseudolycopodiella*	泛热带分布	铁线蕨属	*Adiantum*	世界分布
观音座莲属	*Angiopteris*	旧世界热带分布	舌蕨属	*Elaphoglossum*	世界分布
芒萁属	*Dicranopteris*	旧世界热带分布	剑蕨属	*Loxogramme*	世界分布
假脉蕨属	*Crepidomanes*	旧世界热带分布	石杉属	*Huperzia*	世界分布
修蕨属	*Selliguea*	旧世界热带分布	木贼属	*Equisetum*	世界分布
鳞盖蕨属	*Microlepia*	旧世界热带分布	膜蕨属	*Hymenophyllum*	世界分布
亮毛蕨属	*Acystopteris*	热带亚洲分布	骨碎补属	*Davallia*	世界分布
金毛狗属	*Cibotium*	热带亚洲分布	蹄盖蕨属	*Athyrium*	世界分布
安蕨属	*Anisocampium*	热带亚洲分布	狗脊属	*Woodwardia*	世界分布
棱脉蕨属	*Goniophlebium*	热带亚洲分布	石韦属	*Pyrrosia*	世界分布
黑桫椤属	*Gymnosphaera*	热带亚洲分布	耳蕨属	*Polystichum*	世界分布
薄唇蕨属	*Leptochilus*	热带亚洲分布	卷柏属	*Selaginella*	世界分布
藤石松属	*Lycopodiastrum*	热带亚洲分布	铁角蕨属	*Asplenium*	世界分布
剑羽蕨属	*Xiphopterella*	热带亚洲分布	槐叶蘋属	*Salvinia*	世界分布
羽节紫萁属	*Plenasium*	热带亚洲分布	满江红属	*Azolla*	世界分布
双盖蕨属	*Diplazium*	热带亚洲和热带美洲间断分布	瓶尔小草属	*Ophioglossum*	世界分布
针毛蕨属	*Macrothelypteris*	热带亚洲至热带大洋洲分布	鳞毛蕨属	*Dryopteris*	世界分布
槲蕨属	*Drynaria*	热带亚洲至热带大洋洲分布			
角蕨属	*Cornopteris*	热带亚洲至热带非洲分布			

（3）种的地理成分

根据种的分布区类型可知（表9），梅花山国家级自然保护区蕨类植物239个物种中，世界分布的共4个物种，包括扁枝石松 *Diphasiastrum complanatum*、蘋 *Marsilea quadrifolia*、瓶尔小草*Ophioglossum vulgatum*、蕨 *Pteridium aquilinum* var. *latiusculum*；泛热带分布的共8个物种，包括垂穗石松 *Palhinhaea cernua*、松叶蕨 *Psilotum nudum*、长柄蕗蕨 *Hymenophyllum polyanthos*、海金沙 *Lygodium japonicum*、栗蕨 *Histiopteris incisa*、姬蕨 *Hypolepis punctata*、齿牙毛蕨 *Cyclosorus dentatus*、肾蕨 *Nephrolepis cordifolia*，占非世界种总数的3.4%；热带亚洲和热带美洲间断分布的共1个物种，包括稀羽鳞毛蕨 *Dryopteris sparsa*，占非世界种总数的0.4%；旧世界热带分布的共8个物种，包括舌蕨 *Elaphoglossum marginatum*、有柄马尾杉 *Phlegmariurus petiolatus*、笔管草 *Equisetum ramosissimum* subsp. *debile*、团扇蕨 *Crepidomanes minutum*、南海瓶蕨 *Vandenboschia striata*、乌蕨 *Odontosoria chinensis*、蜈蚣凤尾蕨 *Pteris vittata*、倒挂铁角蕨 *Asplenium normale*，占非世界种总数的3.4%；热带亚洲至热带大洋洲分布的共8个物种，包括菜蕨 *Diplazium esculentum*、乌毛蕨*Blechnopsis orientalis*、长尾铁线蕨 *Adiantum diaphanum*、粗毛鳞盖蕨 *Microlepia strigosa*、剑叶凤尾蕨 *Pteris ensiformis*、毛轴铁角蕨 *Asplenium crinicaule*、阴石蕨 *Davallia repens*、毛柄短肠蕨*Diplazium dilatatum*，占非世界种总数的3.4%；热带亚洲至热带非洲分布的共1个物种，包

括欧洲凤尾蕨 *Pteris cretica*，占非世界种总数的0.4%；热带亚洲分布的共76个物种，包括毛轴假蹄盖蕨 *Deparia petersenii*、长柄石杉 *Huperzia javanica*、藤石松 *Lycopodiastrum casuarinoides*、石松 *Lycopodium japonicum*、福氏马尾杉 *Phlegmariurus fordii*、薄叶卷柏 *Selaginella delicatula*、深绿卷柏 *Selaginella doederleinii*、异穗卷柏 *Selaginella heterostachys*、兖州卷柏 *Selaginella involvens*、江南卷柏 *Selaginella moellendorffii*、疏叶卷柏 *Selaginella remotifolia*、羽节紫萁 *Plenasium banksiifolium*、华南羽节紫萁 *Plenasium vachellii*、蕗蕨 *Hymenophyllum badium*、瓶蕨 *Vandenboschia auriculata*、芒萁 *Dicranopteris pedata*、中华里白 *Diplopterygium chinense*、里白 *Diplopterygium glaucum*、光里白 *Diplopterygium laevissimum*、瘤足蕨 *Plagiogyria adnata*、华中瘤足蕨 *Plagiogyria euphlebia*、金毛狗 *Cibotium barometz*、团叶鳞始蕨 *Lindsaea orbiculata*、香鳞始蕨 *Osmolindsaea odorata*、扇叶铁线蕨 *Adiantum flabellulatum*、毛轴碎米蕨 *Cheilanthes chusana*、野雉尾金粉蕨 *Onychium japonicum*、条纹凤尾蕨 *Pteris cadieri*、刺齿半边旗 *Pteris dispar*、斜羽凤尾蕨 *Pteris oshimensis*、溪边凤尾蕨*Pteris terminalis*、西南凤尾蕨*Pteris wallichiana*、华南鳞盖蕨 *Microlepia hancei*、虎克鳞盖蕨 *Microlepia hookeriana*、边缘鳞盖蕨 *Microlepia marginata*、针毛鳞盖蕨 *Microlepia trapeziformis*、厚叶铁角蕨 *Asplenium griffithianum*、胎生铁角蕨 *Asplenium indicum*、长叶铁角蕨 *Asplenium prolongatum*、假大羽铁角蕨 *Asplenium pseudolaserpitiifolium*、棕鳞铁角蕨 *Asplenium yoshinagae*、华南毛蕨 *Cyclosorus parasiticus*、羽裂圣蕨 *Stegnogramma wilfordii*、边生短肠蕨 *Diplazium conterminum*、阔片短肠蕨 *Diplazium matthewii*、大叶短肠蕨 *Diplazium maximum*、江南短肠蕨 *Diplazium mettenianum*、淡绿短肠蕨 *Diplazium virescens*、假江南短肠蕨 *Diplazium yaoshanense*、鱼鳞蕨 *Dryopteris paleolata*、灰绿耳蕨 *Polystichum scariosum*、槲蕨 *Drynaria roosii*、日本水龙骨 *Goniophlebium niponicum*、短柄滨禾蕨 *Oreogrammitis dorsipila*、江南星蕨 *Lepisorus fortunei*、表面星蕨 *Lepisorus superficialis*、线蕨 *Leptochilus ellipticus*、胄叶线蕨 *Leptochilus* × *hemitomus*、断线蕨 *Leptochilus hemionitideus*、褐叶线蕨 *Leptochilus wrightii*、石韦 *Pyrrosia lingua*、龙头节肢蕨 *Selliguea lungtauensis*、喙叶假瘤蕨 *Selliguea rhynchophylla*、金星蕨 *Parathelypteris glanduligera*、红色新月蕨 *Cyclosorus lakhimpurensis*、耳状紫柄蕨 *Pseudophegopteris aurita*、紫柄蕨 *Pseudophegopteris pyrrhorhachis*、单叶双盖蕨 *Deparia lancea*、华南复叶耳蕨 *Arachniodes festina*、华南实蕨 *Bolbitis subcordata*、裸果鳞毛蕨 *Dryopteris gymnosora*、贴生石韦 *Pyrrosia adnascens*、宽羽线蕨 *Leptochilus pothifolius*、三相蕨 *Ctenitis sinii*、剑羽蕨 *Xiphopterella devolii*、碗蕨 *Dennstaedtia scabra*，占非世界种总数的32%；中国—马来西亚分布的共2个物种，包括全缘凤尾蕨 *Pteris insignis*、半边旗 *Pteris semipinnata*，占非世界种总数的0.85%；北温带分布的共2个物种，包括节节草 *Equisetum ramosissimum*、铁角蕨 *Asplenium trichomanes*，占非世界种总数的0.85%；旧世界温带分布的共1个物种，包括槐叶蘋 *Salvinia natans*，占非世界种总数的0.4%；温带亚洲分布的共4个物种，包括金鸡脚假瘤蕨*Selliguea hastata*、紫萁*Osmunda japonica*、桂皮紫萁*Osmundastrum cinnamomeum*、华中铁角蕨 *Asplenium sarelii*，占非世界种总数的1.7%；东亚分布的共33个物种，包括细叶卷柏 *Selaginella labordei*、伏地卷柏*Selaginella nipponica*、卷柏 *Selaginella tamariscina*、披散问荆*Equisetum diffusum*、华东膜蕨 *Hymenophyllum barbatum*、无毛凤了蕨*Coniogramme intermedia* var. *glabra*、普通凤了蕨*Coniogramme intermedia* var. *intermedia*、书带蕨 *Haplopteris flexuosa*、阔叶凤尾蕨 *Pteris esquirolii*、傅氏凤尾蕨 *Pteris fauriei*、狭翅铁角蕨 *Asplenium wrightii*、峨眉茯蕨 *Leptogramma scallanii*、假蹄盖蕨 *Deparia japonica*、中华短肠蕨 *Diplazium chinense*、崇澍蕨 *Woodwardia harlandii*、大片复叶耳蕨 *Arachniodes cavaleriei*、美丽复叶耳蕨 *Arachniodes speciosa*、柳叶剑蕨 *Loxogramme salicifolia*、延羽卵果蕨 *Phegopteris decursive-pinnata*、斜方复叶耳蕨 *Arachniodes amabilis*、贯众 *Cyrtomium fortunei*、闽台毛蕨 *Cyclosorus jaculosus*、变异鳞毛蕨 *Dryopteris varia*、鞭叶耳蕨 *Polystichum craspedosorum*、华中介蕨 *Deparia okuboana*、黑足鳞毛蕨 *Dryopteris fuscipes*、无盖鳞毛蕨 *Dryopteris scottii*、无柄鳞毛蕨 *Dryopteris submarginata*、镰羽耳蕨 *Polystichum balansae*、大叶骨碎补 *Davallia divaricata*、膜叶星蕨 *Bosmania membranacea*、绿叶线蕨 *Leptochilus leveillei*、裂禾蕨 *Tomophyllum donianum*，占非世界种总数的14%；中国—喜马拉雅分布的共9个物种，包括友水龙骨 *Goniophlebium amoenum*、扭瓦韦 *Lepisorus contortus*、丝带蕨 *Lepisorus miyoshianus*、湿生蹄盖蕨 *Athyrium devolii*、鳞轴小膜盖蕨 *Davallia perdurans*、翅柄假脉蕨 *Crepidomanes latealatum*、桫椤 *Alsophila spinulosa*、长叶巢蕨 *Asplenium phyllitidis*、粉背蕨 *Aleuritopteris anceps*，占非世界种总数的3.8%；中国—日本分布的共58个物种，包括毛轴线盖蕨 *Diplazium pullingeri*、裂羽崇澍蕨 *Woodwardia kempii*、草叶耳蕨 *Polystichum herbaceum*、狭基钩毛蕨 *Cyclogramma leveillei*、渐尖毛蕨 *Cyclosorus acuminatus*、针

毛蕨*Macrothelypteris oligophlebia*、翠绿针毛蕨 *Macrothelypteris viridifrons*、林下凸轴蕨 *Metathelypteris hattorii*、疏羽凸轴蕨*Metathelypteris laxa*、日本金星蕨 *Parathelypteris japonica*、景烈假毛蕨 *Pseudocyclosorus tsoi*、长江蹄盖蕨 *Athyrium iseanum*、尖头蹄盖蕨 *Athyrium vidalii*、薄盖短肠蕨 *Diplazium hachijoense*、满江红*Azolla pinnata* subsp. *asiatica*、狗脊 *Woodwardia japonica*、珠芽狗脊 *Woodwardia prolifera*、假斜方复叶耳蕨 *Arachniodes hekiana*、长尾复叶耳蕨 *Arachniodes simplicior*、桫椤鳞毛蕨 *Dryopteris cycadina*、德化鳞毛蕨 *Dryopteris dehuaensis*、红盖鳞毛蕨 *Dryopteris erythrosora*、平行鳞毛蕨 *Dryopteris indusiata*、京鹤鳞毛蕨 *Dryopteris kinkiensis*、齿头鳞毛蕨 *Dryopteris labordei*、太平鳞毛蕨 *Dryopteris pacifica*、奇羽鳞毛蕨 *Dryopteris sieboldii*、鳞果星蕨 *Lepisorus buergerianus*、粤瓦韦 *Lepisorus obscurevenulosus*、瓦韦 *Lepisorus thunbergianus*、阔叶瓦韦 *Lepisorus tosaensis*、钝角栗金星蕨 *Coryphopteris angulariloba*、光脚栗金星蕨 *Coryphopteris japonica*、普通假毛蕨 *Pseudocyclosorus subochthodes*、华东安蕨 *Anisocampium sheareri*、光蹄盖蕨 *Athyrium otophorum*、厚叶双盖蕨 *Diplazium crassiusculum*、薄叶双盖蕨 *Diplazium pinfaense*、直鳞肋毛蕨*Ctenitis eatonii*、阔鳞鳞毛蕨 *Dryopteris championii*、迷人鳞毛蕨 *Dryopteris decipiens*、华南舌蕨 *Elaphoglossum yoshinagae*、假黑鳞耳蕨 *Polystichum pseudomakinoi*、匙叶剑蕨 *Loxogramme grammitoides*、锯蕨 *Micropolypodium okuboi*、屋久假瘤蕨 *Selliguea yakushimensis*、深裂迷人鳞毛蕨 *Dryopteris decipiens* var. *diplazioides*、具边卷柏 *Selaginella limbata*、福建观音座莲 *Angiopteris fokiensis*、镰羽瘤足蕨 *Plagiogyria falcata*、华东瘤足蕨 *Plagiogyria japonica*、粗齿黑桫椤 *Gymnosphaera denticulata*、小黑桫椤 *Gymnosphaera metteniana*、钱氏鳞始蕨 *Lindsaea chienii*、凤了蕨 *Coniogramme japonica*、井栏边草 *Pteris multifida*、亮毛蕨 *Acystopteris japonica*、闽浙铁角蕨 *Asplenium wilfordii*，占非世界种总数的25%；中国特有分布的共23个物种，包括四川石杉 *Huperzia sutchueniana*、华南马尾杉 *Phlegmariurus austrosinicus*、闽浙马尾杉 *Phlegmariurus mingcheensis*、翠云草 *Selaginella uncinata*、假粗毛鳞盖蕨 *Microlepia pseudostrigosa*、黑叶角蕨 *Cornopteris opaca*、多羽复叶耳蕨 *Arachniodes amoena*、中华复叶耳蕨 *Arachniodes chinensis*、盾蕨 *Lepisorus ovatus*、光石韦 *Pyrrosia calvata*、庐山石韦 *Pyrrosia sheareri*、小叶茯蕨 *Leptogramma tottoides*、微毛凸轴蕨 *Metathelypteris adscendens*、二型肋毛蕨 *Ctenitis dingnanensis*、假异鳞毛蕨 *Dryopteris immixta*、轴鳞鳞毛蕨 *Dryopteris lepidorachis*、骨牌蕨 *Lemmaphyllum rostratum*、抱石莲 *Lemmaphyllum carnosum* var. *drymoglossoides*、灰鳞假瘤蕨 *Selliguea albipes*、闽浙圣蕨 *Stegnogramma mingchegensis*、福建毛蕨 *Cyclosorus fukienensis*、台湾毛蕨 *Cyclosorus taiwanensis*、中华膜叶铁角蕨 *Hymenasplenium sinense*，占非世界种总数的10%；热带亚洲和热带美洲间断分布&热带亚洲至热带非洲分布的共1个物种，包括拟小石松 *Pseudolycopodiella caroliniana*，占非世界种总数的0.4%。除世界分布外，种的分布区类型以热带亚洲分布为主。

表9 梅花山国家级自然保护区蕨类植物种的分布区类型

中文名	拉丁名	分布区类型
节节草	*Equisetum ramosissimum*	北温带分布
铁角蕨	*Asplenium trichomanes*	北温带分布
细叶卷柏	*Selaginella labordei*	东亚分布
伏地卷柏	*Selaginella nipponica*	东亚分布
卷柏	*Selaginella tamariscina*	东亚分布
披散问荆	*Equisetum diffusum*	东亚分布
华东膜蕨	*Hymenophyllum barbatum*	东亚分布
无毛凤了蕨	*Coniogramme intermedia* var. *glabra*	东亚分布
普通凤了蕨	*Coniogramme intermedia* var. *intermedia*	东亚分布
书带蕨	*Haplopteris flexuosa*	东亚分布
阔叶凤尾蕨	*Pteris esquirolii*	东亚分布
傅氏凤尾蕨	*Pteris fauriei*	东亚分布
狭翅铁角蕨	*Asplenium wrightii*	东亚分布
峨眉茯蕨	*Leptogramma scallanii*	东亚分布
假蹄盖蕨	*Deparia japonica*	东亚分布

锯蕨 *Micropolypodium okuboi* (Yatabe) Hayata

中文名	拉丁名	分布区类型
中华短肠蕨	*Diplazium chinense*	东亚分布
崇澍蕨	*Woodwardia harlandii*	东亚分布
大片复叶耳蕨	*Arachniodes cavaleriei*	东亚分布
美丽复叶耳蕨	*Arachniodes speciosa*	东亚分布
柳叶剑蕨	*Loxogramme salicifolia*	东亚分布
延羽卵果蕨	*Phegopteris decursive-pinnata*	东亚分布
斜方复叶耳蕨	*Arachniodes amabilis*	东亚分布
贯众	*Cyrtomium fortunei*	东亚分布
闽台毛蕨	*Cyclosorus jaculosus*	东亚分布
变异鳞毛蕨	*Dryopteris varia*	东亚分布
鞭叶耳蕨	*Polystichum craspedosorum*	东亚分布
华中介蕨	*Deparia okuboana*	东亚分布
黑足鳞毛蕨	*Dryopteris fuscipes*	东亚分布
无盖鳞毛蕨	*Dryopteris scottii*	东亚分布
无柄鳞毛蕨	*Dryopteris submarginata*	东亚分布
镰羽耳蕨	*Polystichum balansae*	东亚分布
大叶骨碎补	*Davallia divaricata*	东亚分布
膜叶星蕨	*Bosmania membranacea*	东亚分布
绿叶线蕨	*Leptochilus leveillei*	东亚分布
裂禾蕨	*Tomophyllum donianum*	东亚分布
垂穗石松	*Palhinhaea cernua*	泛热带分布
松叶蕨	*Psilotum nudum*	泛热带分布
长柄蕗蕨	*Hymenophyllum polyanthos*	泛热带分布
海金沙	*Lygodium japonicum*	泛热带分布
栗蕨	*Histiopteris incisa*	泛热带分布
姬蕨	*Hypolepis punctata*	泛热带分布
齿牙毛蕨	*Cyclosorus dentatus*	泛热带分布
肾蕨	*Nephrolepis cordifolia*	泛热带分布
舌蕨	*Elaphoglossum marginatum*	旧世界热带分布
有柄马尾杉	*Phlegmariurus petiolatus*	旧世界热带分布
笔管草	*Equisetum ramosissimum* subsp. *debile*	旧世界热带分布
团扇蕨	*Crepidomanes minutum*	旧世界热带分布
南海瓶蕨	*Vandenboschia striata*	旧世界热带分布
乌蕨	*Odontosoria chinensis*	旧世界热带分布
蜈蚣凤尾蕨	*Pteris vittata*	旧世界热带分布
倒挂铁角蕨	*Asplenium normale*	旧世界热带分布
槐叶蘋	*Salvinia natans*	旧世界温带分布
毛轴假蹄盖蕨	*Deparia petersenii*	热带亚洲分布
长柄石杉	*Huperzia javanica*	热带亚洲分布
藤石松	*Lycopodiastrum casuarinoides*	热带亚洲分布
石松	*Lycopodium japonicum*	热带亚洲分布
福氏马尾杉	*Phlegmariurus fordii*	热带亚洲分布
薄叶卷柏	*Selaginella delicatula*	热带亚洲分布
深绿卷柏	*Selaginella doederleinii*	热带亚洲分布
异穗卷柏	*Selaginella heterostachys*	热带亚洲分布

续表

中文名	拉丁名	分布区类型
兖州卷柏	*Selaginella involvens*	热带亚洲分布
江南卷柏	*Selaginella moellendorffii*	热带亚洲分布
疏叶卷柏	*Selaginella remotifolia*	热带亚洲分布
羽节紫萁	*Plenasium banksiifolium*	热带亚洲分布
华南羽节紫萁	*Plenasium vachellii*	热带亚洲分布
蕗蕨	*Hymenophyllum badium*	热带亚洲分布
瓶蕨	*Vandenboschia auriculata*	热带亚洲分布
芒萁	*Dicranopteris pedata*	热带亚洲分布
中华里白	*Diplopterygium chinense*	热带亚洲分布
里白	*Diplopterygium glaucum*	热带亚洲分布
光里白	*Diplopterygium laevissimum*	热带亚洲分布
瘤足蕨	*Plagiogyria adnata*	热带亚洲分布
华中瘤足蕨	*Plagiogyria euphlebia*	热带亚洲分布
金毛狗	*Cibotium barometz*	热带亚洲分布
团叶鳞始蕨	*Lindsaea orbiculata*	热带亚洲分布
香鳞始蕨	*Osmolindsaea odorata*	热带亚洲分布
扇叶铁线蕨	*Adiantum flabellulatum*	热带亚洲分布
毛轴碎米蕨	*Cheilanthes chusana*	热带亚洲分布
野雉尾金粉蕨	*Onychium japonicum*	热带亚洲分布
条纹凤尾蕨	*Pteris cadieri*	热带亚洲分布
刺齿半边旗	*Pteris dispar*	热带亚洲分布
斜羽凤尾蕨	*Pteris oshimensis*	热带亚洲分布
溪边凤尾蕨	*Pteris terminalis*	热带亚洲分布
西南凤尾蕨	*Pteris wallichiana*	热带亚洲分布
华南鳞盖蕨	*Microlepia hancei*	热带亚洲分布
虎克鳞盖蕨	*Microlepia hookeriana*	热带亚洲分布
边缘鳞盖蕨	*Microlepia marginata*	热带亚洲分布
针毛鳞盖蕨	*Microlepia trapeziformis*	热带亚洲分布
厚叶铁角蕨	*Asplenium griffithianum*	热带亚洲分布
胎生铁角蕨	*Asplenium indicum*	热带亚洲分布
长叶铁角蕨	*Asplenium prolongatum*	热带亚洲分布
假大羽铁角蕨	*Asplenium pseudolaserpitiifolium*	热带亚洲分布
棕鳞铁角蕨	*Asplenium yoshinagae*	热带亚洲分布
华南毛蕨	*Cyclosorus parasiticus*	热带亚洲分布
羽裂圣蕨	*Stegnogramma wilfordii*	热带亚洲分布
边生短肠蕨	*Diplazium conterminum*	热带亚洲分布
阔片短肠蕨	*Diplazium matthewii*	热带亚洲分布
大叶短肠蕨	*Diplazium maximum*	热带亚洲分布
江南短肠蕨	*Diplazium mettenianum*	热带亚洲分布
淡绿短肠蕨	*Diplazium virescens*	热带亚洲分布
假江南短肠蕨	*Diplazium yaoshanense*	热带亚洲分布
鱼鳞蕨	*Dryopteris paleolata*	热带亚洲分布
灰绿耳蕨	*Polystichum scariosum*	热带亚洲分布
槲蕨	*Drynaria roosii*	热带亚洲分布
日本水龙骨	*Goniophlebium niponicum*	热带亚洲分布

中文名	拉丁名	分布区类型
短柄滨禾蕨	*Oreogrammitis dorsipila*	热带亚洲分布
江南星蕨	*Lepisorus fortunei*	热带亚洲分布
表面星蕨	*Lepisorus superficialis*	热带亚洲分布
线蕨	*Leptochilus ellipticus*	热带亚洲分布
胄叶线蕨	*Leptochilus* × *hemitomus*	热带亚洲分布
断线蕨	*Leptochilus hemionitideus*	热带亚洲分布
褐叶线蕨	*Leptochilus wrightii*	热带亚洲分布
石韦	*Pyrrosia lingua*	热带亚洲分布
龙头节肢蕨	*Selliguea lungtauensis*	热带亚洲分布
喙叶假瘤蕨	*Selliguea rhynchophylla*	热带亚洲分布
金星蕨	*Parathelypteris glanduligera*	热带亚洲分布
红色新月蕨	*Cyclosorus lakhimpurensis*	热带亚洲分布
耳状紫柄蕨	*Pseudophegopteris aurita*	热带亚洲分布
紫柄蕨	*Pseudophegopteris pyrrhorhachis*	热带亚洲分布
单叶双盖蕨	*Deparia lancea*	热带亚洲分布
华南复叶耳蕨	*Arachniodes festina*	热带亚洲分布
华南实蕨	*Bolbitis subcordata*	热带亚洲分布
裸果鳞毛蕨	*Dryopteris gymnosora*	热带亚洲分布
贴生石韦	*Pyrrosia adnascens*	热带亚洲分布
宽羽线蕨	*Leptochilus pothifolius*	热带亚洲分布
三相蕨	*Ctenitis sinii*	热带亚洲分布
剑羽蕨	*Xiphopterella devolii*	热带亚洲分布
碗蕨	*Dennstaedtia scabra*	热带亚洲分布
菜蕨	*Diplazium esculentum*	热带亚洲至热带大洋洲分布
乌毛蕨	*Blechnopsis orientalis*	热带亚洲至热带大洋洲分布
长尾铁线蕨	*Adiantum diaphanum*	热带亚洲至热带大洋洲分布
粗毛鳞盖蕨	*Microlepia strigosa*	热带亚洲至热带大洋洲分布
剑叶凤尾蕨	*Pteris ensiformis*	热带亚洲至热带大洋洲分布
毛轴铁角蕨	*Asplenium crinicaule*	热带亚洲至热带大洋洲分布
阴石蕨	*Davallia repens*	热带亚洲至热带大洋洲分布
毛柄短肠蕨	*Diplazium dilatatum*	热带亚洲至热带大洋洲分布
欧洲凤尾蕨	*Pteris cretica*	热带亚洲至热带非洲分布
稀羽鳞毛蕨	*Dryopteris sparsa*	热带亚洲和热带美洲间断分布
扁枝石松	*Diphasiastrum complanatum*	世界分布
蘋	*Marsilea quadrifolia*	世界分布
瓶尔小草	*Ophioglossum vulgatum*	世界分布
蕨	*Pteridium aquilinum* var. *latiusculum*	世界分布
金鸡脚假瘤蕨	*Selliguea hastata*	温带亚洲分布
紫萁	*Osmunda japonica*	温带亚洲分布
桂皮紫萁	*Osmundastrum cinnamomeum*	温带亚洲分布
华中铁角蕨	*Asplenium sarelii*	温带亚洲分布
全缘凤尾蕨	*Pteris insignis*	中国—马来西亚分布
半边旗	*Pteris semipinnata*	中国—马来西亚分布
毛轴线盖蕨	*Diplazium pullingeri*	中国—日本分布
裂羽崇澍蕨	*Woodwardia kempii*	中国—日本分布

续表

中文名	拉丁名	分布区类型
草叶耳蕨	*Polystichum herbaceum*	中国—日本分布
狭基钩毛蕨	*Cyclogramma leveillei*	中国—日本分布
渐尖毛蕨	*Cyclosorus acuminatus*	中国—日本分布
翠绿针毛蕨	*Macrothelypteris viridifrons*	中国—日本分布
针毛蕨	*Macrothelypteris oligophlebia*	中国—日本分布
林下凸轴蕨	*Metathelypteris hattorii*	中国—日本分布
疏羽凸轴蕨	*Metathelypteris laxa*	中国—日本分布
日本金星蕨	*Parathelypteris japonica*	中国—日本分布
景烈假毛蕨	*Pseudocyclosorus tsoi*	中国—日本分布
长江蹄盖蕨	*Athyrium iseanum*	中国—日本分布
尖头蹄盖蕨	*Athyrium vidalii*	中国—日本分布
满江红	*Azolla pinnata* subsp. *asiatica*	中国—日本分布
薄盖短肠蕨	*Diplazium hachijoense*	中国—日本分布
狗脊	*Woodwardia japonica*	中国—日本分布
珠芽狗脊	*Woodwardia prolifera*	中国—日本分布
假斜方复叶耳蕨	*Arachniodes hekiana*	中国—日本分布
长尾复叶耳蕨	*Arachniodes simplicior*	中国—日本分布
桫椤鳞毛蕨	*Dryopteris cycadina*	中国—日本分布
德化鳞毛蕨	*Dryopteris dehuaensis*	中国—日本分布
红盖鳞毛蕨	*Dryopteris erythrosora*	中国—日本分布
平行鳞毛蕨	*Dryopteris indusiata*	中国—日本分布
京鹤鳞毛蕨	*Dryopteris kinkiensis*	中国—日本分布
齿头鳞毛蕨	*Dryopteris labordei*	中国—日本分布
太平鳞毛蕨	*Dryopteris pacifica*	中国—日本分布
奇羽鳞毛蕨	*Dryopteris sieboldii*	中国—日本分布
鳞果星蕨	*Lepisorus buergerianus*	中国—日本分布
粤瓦韦	*Lepisorus obscurevenulosus*	中国—日本分布
瓦韦	*Lepisorus thunbergianus*	中国—日本分布
阔叶瓦韦	*Lepisorus tosaensis*	中国—日本分布
钝角栗金星蕨	*Coryphopteris angulariloba*	中国—日本分布
光脚栗金星蕨	*Coryphopteris japonica*	中国—日本分布
普通假毛蕨	*Pseudocyclosorus subochthodes*	中国—日本分布
华东安蕨	*Anisocampium sheareri*	中国—日本分布
光蹄盖蕨	*Athyrium otophorum*	中国—日本分布
厚叶双盖蕨	*Diplazium crassiusculum*	中国—日本分布
薄叶双盖蕨	*Diplazium pinfaense*	中国—日本分布
直鳞肋毛蕨	*Ctenitis eatonii*	中国—日本分布
阔鳞鳞毛蕨	*Dryopteris championii*	中国—日本分布
迷人鳞毛蕨	*Dryopteris decipiens*	中国—日本分布
华南舌蕨	*Elaphoglossum yoshinagae*	中国—日本分布
假黑鳞耳蕨	*Polystichum pseudomakinoi*	中国—日本分布
匙叶剑蕨	*Loxogramme grammitoides*	中国—日本分布
锯蕨	*Micropolypodium okuboi*	中国—日本分布
屋久假瘤蕨	*Selliguea yakushimensis*	中国—日本分布

中文名	拉丁名	分布区类型
深裂迷人鳞毛蕨	*Dryopteris decipiens* var. *diplazioides*	中国—日本分布
具边卷柏	*Selaginella limbata*	中国—日本分布
福建观音座莲	*Angiopteris fokiensis*	中国—日本分布
镰羽瘤足蕨	*Plagiogyria falcata*	中国—日本分布
华东瘤足蕨	*Plagiogyria japonica*	中国—日本分布
粗齿黑桫椤	*Gymnosphaera denticulata*	中国—日本分布
小黑桫椤	*Gymnosphaera metteniana*	中国—日本分布
钱氏鳞始蕨	*Lindsaea chienii*	中国—日本分布
凤了蕨	*Coniogramme japonica*	中国—日本分布
井栏边草	*Pteris multifida*	中国—日本分布
亮毛蕨	*Acystopteris japonica*	中国—日本分布
闽浙铁角蕨	*Asplenium wilfordii*	中国—日本分布
四川石杉	*Huperzia sutchueniana*	中国特有分布
华南马尾杉	*Phlegmariurus austrosinicus*	中国特有分布
闽浙马尾杉	*Phlegmariurus mingcheensis*	中国特有分布
翠云草	*Selaginella uncinata*	中国特有分布
假粗毛鳞盖蕨	*Microlepia pseudostrigosa*	中国特有分布
黑叶角蕨	*Cornopteris opaca*	中国特有分布
多羽复叶耳蕨	*Arachniodes amoena*	中国特有分布
中华复叶耳蕨	*Arachniodes chinensis*	中国特有分布
盾蕨	*Lepisorus ovatus*	中国特有分布
光石韦	*Pyrrosia calvata*	中国特有分布
庐山石韦	*Pyrrosia sheareri*	中国特有分布
小叶茯蕨	*Leptogramma tottoides*	中国特有分布
微毛凸轴蕨	*Metathelypteris adscendens*	中国特有分布
二型肋毛蕨	*Ctenitis dingnanensis*	中国特有分布
假异鳞毛蕨	*Dryopteris immixta*	中国特有分布
轴鳞鳞毛蕨	*Dryopteris lepidorachis*	中国特有分布
骨牌蕨	*Lemmaphyllum rostratum*	中国特有分布
抱石莲	*Lemmaphyllum carnosum* var. *drymoglossoides*	中国特有分布
灰鳞假瘤蕨	*Selliguea albipes*	中国特有分布
闽浙圣蕨	*Stegnogramma mingchegensis*	中国特有分布
福建毛蕨	*Cyclosorus fukienensis*	中国特有分布
台湾毛蕨	*Cyclosorus taiwanensis*	中国特有分布
中华膜叶铁角蕨	*Hymenasplenium sinense*	中国特有分布
扭瓦韦	*Lepisorus contortus*	中国—喜马拉雅分布
丝带蕨	*Lepisorus miyoshianus*	中国—喜马拉雅分布
湿生蹄盖蕨	*Athyrium devolii*	中国—喜马拉雅分布
鳞轴小膜盖蕨	*Davallia perdurans*	中国—喜马拉雅分布
友水龙骨	*Goniophlebium amoenum*	中国—喜马拉雅分布
翅柄假脉蕨	*Crepidomanes latealatum*	中国—喜马拉雅分布
桫椤	*Alsophila spinulosa*	中国—喜马拉雅分布
长叶巢蕨	*Asplenium phyllitidis*	中国—喜马拉雅分布
粉背蕨	*Aleuritopteris anceps*	中国—喜马拉雅分布
拟小石松	*Pseudolycopodiella caroliniana*	热带亚洲和热带美洲间断分布&热带亚洲至热带非洲分布

参考文献

[1]陈开森,吴锦平.福建梅花山自然保护区蕨类植物区系研究[J].西北植物学报, 2019,39(6):1121-1126.

[2]严岳鸿,张宪春,马克平.中国蕨类植物多样性与地理分布[M]. 北京: 科学出版社,2013.

[3]廖文波,王英永,贾凤龙,等.罗霄山脉生物多样性综合科学考察[M]. 北京: 科学出版社,2022.

[4]吴征镒.中国种子植物属的分布区类型[J].Plant Diversity,1991,13(S4): 1.

[5]陆树刚.蕨类植物学[M]. 北京: 高等教育出版社, 2007.

江南卷柏 *Selaginella moellendorffii* Hieron.

II 各 论

藤石松

Lycopodiastrum casuarinoides (Spring) Holub ex R.D.Dixit

一、石松目 Lycopodiales

石松科 Lycopodiaceae

扁枝石松属 *Diphasiastrum* Holub

1. 扁枝石松

Diphasiastrum complanatum (L.) Holub

【形态】主茎匍匐状，长可达数米。侧枝近直立，高 10~20 cm，多回不等位二叉分枝，小枝扁平状，背面灰绿色或绿色。匍匐茎上的叶匙形或卵形，膜质，棕色；侧枝上叶排列成 4 行，三角形，基部贴生在枝上，无柄，先端尖锐，略内弯，边缘全缘，草质，中脉不明显。孢子囊穗生于孢子枝顶端，圆柱形，淡黄色；孢子叶宽卵形，覆瓦状排列，先端急尖，尾状，边缘具不规则锯齿。孢子囊生于孢子叶腋，内藏，圆肾形，黄色。

【分布】在福建梅花山国家级自然保护区内分布于上杭县。生于海拔 700~2 900 m 的林下、灌丛下或山坡草地。在中国分布于内蒙古自治区、辽宁省、吉林省、黑龙江省、江苏省、浙江省、安徽省、福建省、江西省、河南省、湖北省、湖南省、广东省、广西壮族自治区、海南省、重庆市、四川省、贵州省、云南省、西藏自治区、新疆维吾尔自治区、台湾省；广布于全球温带及亚热带。

【凭证】福建省龙岩市上杭县，19580801，复旦大学 #51686（FJFC 0003766）、51704（FJFC 0003767）。

石杉属 ***Huperzia*** Bernh.

2. 长柄石杉

Huperzia javanica (Sw.) C.Y.Yang

【形态】植株高 10~30 cm。茎直立或斜升，二至四回二叉分枝，枝上部常有芽胞。叶螺旋状排列，疏生，狭椭圆形至倒披针形，向基部明显变狭，基部楔形，下延，有柄，先端急尖或渐尖，边缘具不规则的尖齿，中脉不明显。孢子叶与不育叶同形。孢子囊生于孢子叶的叶腋，两端露出，肾形，黄色。

【分布】在福建梅花山国家级自然保护区内分布于上杭县古田镇桂和上村、油婆髻；连城县庙前镇马家坪。生于海拔 300~1 200 m 的林下或路边。在中国分布于浙江省、福建省、湖北省、湖南省、广东省、广西壮族自治区、海南省、重庆市、四川省、贵州省、云南省、西藏自治区、陕西省、甘肃省、青海省、宁夏回族自治区、新疆维吾尔自治区、香港特别行政区、澳门特别行政区、台湾省；广布于亚洲热带和亚热带。

【凭证】福建省龙岩市上杭县，19870911，厦大梅花山采集队 #401（AU AU050648）；采集地同前（后文类似情况不再标注）19321023，王大顺 #s.n.（PE 01455766）；福建省龙岩市上杭县古田镇桂和村，19870810，陈恒彬 #s.n.（FJSI 017909）；福建省龙岩市连城县马家坪，19431015，王大顺 #1063（PE 01455757）；福建梅花山国家级自然保护区，20140407，商辉、顾钰峰 #SG052（CSH CSH0098565）；福建省龙岩市上杭县古田镇桂和上村，20221117，刘彬彬、王慧、李中阳、吴锦平 #POC590302；福建省龙岩市上杭县古田镇桂和村油婆髻，20230802，李中阳、卫然、孙久琼、何丽娟 #POC589668。

3. 四川石杉

Huperzia sutchueniana (Herter) Ching

【形态】植株高 8~15 cm。茎直立或斜升，二至三回二叉分枝，枝上部常有芽胞。叶螺旋状排列，密生，披针形，向基部不明显变狭，基部楔形或近截形，下延，无柄，先端渐尖，边缘疏生小尖齿，革质，两面光滑，无光泽，中脉不明显。孢子叶与不育叶同形。孢子囊生于孢子叶的叶腋，两端露出，肾形，黄色。

【分布】在福建梅花山国家级自然保护区内分布于上杭县狗子脑。生于海拔 800~2 000 m 的林下、灌丛下湿地、草地或岩石上。在中国分布于浙江省、安徽省、福建省、江西省、湖北省、湖南省、广东省、广西壮族自治区、重庆市、四川省、贵州省，是我国特有种。

【凭证】福建省龙岩市上杭县狗子脑，20180401，何强#11449（PE 02234504、PE 02234237）。

藤石松属 *Lycopodiastrum* Holub ex R.D.Dixit

4. 藤石松

Lycopodiastrum casuarinoides (Spring) Holub ex R.D.Dixit

【形态】地下茎长而匍匐。地上主茎木质藤状，伸长攀缘达数米；叶螺旋状排列，稀疏，贴生，卵状披针形至钻形，基部突起，无柄，先端渐尖，具 1 个膜质长芒，有时脱落。不育枝柔软，黄绿色，圆柱状，多回不等位二叉分枝；叶螺旋状排列，叶基扭曲使小枝呈扁平状，密生，钻形，无柄，边缘全缘，先端渐尖，具长芒，草质，无光泽。能育枝柔软，红棕色，扁平，多回二叉分枝；叶螺旋状排列，稀疏，贴生，鳞片状，无柄，边缘全缘，先端渐尖，具芒。孢子囊穗着生于孢子枝顶端，排列成圆锥形，弯曲，红棕色；孢子叶阔卵形，覆瓦状排列，边缘具不规则钝齿，先端急尖，具长芒，厚膜质。孢子囊生于孢子叶腋，内藏，圆肾形，黄色。

【分布】在福建梅花山国家级自然保护区内分布于上杭县古田镇丘山村、桂和上村、631 县道李下坑、桂和村到狗子脑沿途、三坑口、大斜村、永安亭到油婆髻、桂和到蛟潭、桂和村油婆髻；连城县庙前镇马家坪、莒溪镇铁山罗地—赤家坪—王母点兵，以及铁山罗地—青石坑—柳杉王。生于海拔 100~3 100 m 的林下、林缘、灌丛下或沟边。在中国分布于浙江省、福建省、江西省、湖北省、湖南省、广东省、广西壮族自治区、海南省、重庆市、四川省、贵州省、云南省、西藏自治区、香港特别行政区、台湾省；广布于亚洲其他热带及亚热带地区。

【凭证】福建省龙岩市上杭县古田镇丘山村，19870806，陈恒彬 #s.n.（FJSI 017957）；福建省龙岩市上杭县古田镇桂和上村，20221117，刘彬彬、王慧、李中阳、吴锦平 #POC590295、POC590296；19870812，陈恒彬 #1675（FJSI 017948）；福建省龙岩市上杭县古田镇 631 县道李下坑，20220903，刘彬彬、徐超、李福星、王慧 #POC588938；福建省龙岩市上杭县古田镇桂和村到狗子脑沿途，20220906，刘彬彬、徐超、李福星，王慧 #POC589201；福建省龙岩市上杭县三坑口，20221118，刘彬彬、王慧、吴锦平 #POC590361；福建省龙岩市上杭县古田镇大斜村，20230506，刘彬彬、李福星、王慧、李小丫 #POC590408；福建省龙岩市上杭县古田镇永安亭到油婆髻，20230508，刘彬彬、李福星、王慧、李小丫 #POC590706；福建省龙岩市上杭县古田镇桂和到蛟潭，20230509，刘彬彬、李福星、王慧、李小丫 #POC590832；福建省龙岩市上杭县古田镇桂和村油婆髻，20230802，李中阳、卫然、孙久琼、何丽娟 #POC589388；福建省龙岩市连城县，19881104，厦大梅花山采集队 #1187（AU AU050667）；福建省龙岩市连城县庙前镇马家坪，20230510，刘彬彬、李福星、王慧、李小丫 #POC 593323；福建省龙岩市连城县莒溪镇铁山罗地—赤家坪—王母点兵，20230511，刘彬彬、卫然、王慧、李小丫 #POC593412；福建省龙岩市连城县莒溪镇铁山罗地—青石坑—柳杉王，20230511，李中阳、李福星、张斌 #POC591634。

石松属 *Lycopodium* L.

5. 石松

Lycopodium japonicum Thunb.

【形态】匍匐茎细长横走，绿色，二至三回分叉，叶稀疏。侧枝直立，高可达 40 cm，多回二叉分枝，呈压扁状，幼枝圆柱状；叶螺旋状排列，密集，披针形或线状披针形，基部楔形，无柄，边缘全缘，先端渐尖，具透明发丝，草质，中脉不明显。孢子囊穗 3~8 个集生于孢子枝上；孢子囊穗小柄不等长，直立，圆柱形；孢子叶阔卵形，先端急尖，具芒，边缘啮蚀状，纸质。孢子囊生于孢子叶腋，略外露，圆肾形，黄色。

【分布】在福建梅花山国家级自然保护区内分布于上杭县古田镇永安亭到油婆髻；连城县莒溪镇铁山罗地—赤家坪—王母点兵，以及铁山罗地—青石坑—柳杉王。生于海拔 100~3 300 m 的林下、灌丛下、草坡、路边或岩石上。在中国分布于内蒙古自治区、上海市、江苏省、浙江省、安徽省、福建省、江西省、河南省、湖北省、湖南省、广东省、广西壮族自治区、海南省、重庆市、四川省、贵州省、云南省、西藏自治区、陕西省、甘肃省、青海省、香港特别行政区、澳门特别行政区、台湾省；日本、印度、缅甸、不丹、尼泊尔、越南、老挝、柬埔寨也有分布。

【凭证】福建省龙岩市上杭县，19870910，厦大梅花山采集队 #310（AU AU050685）；福建省龙岩市上杭县古田镇永安亭到油婆髻，20230508，刘彬彬、李福星、王慧、李小丫 #POC590717；福建省龙岩市上杭县古田镇桂和村油婆髻，20230802，李中阳、卫然、孙久琼、何丽娟 #POC589389；福建省龙岩市连城县莒溪镇铁山罗地—赤家坪—王母点兵，20230511，刘彬彬、卫然、王慧、李小丫 #POC593428；福建省龙岩市连城县莒溪镇铁山罗地—青石坑—柳杉王，20230511，李中阳、李福星、张斌 #POC591655。

垂穗石松属 *Palhinhaea* Franco & Vasc.

6. 垂穗石松

Palhinhaea cernua (L.) Franco & Vasc.

【形态】植株高可达 60 cm。主茎直立，多回不等位二叉分枝；侧枝上斜，多回不等位二叉分枝。主茎上的叶螺旋状排列，稀疏，钻形至线形；侧枝及小枝上的叶螺旋状排列，密集，基部圆形，无柄，边缘全缘，先端渐尖，表面有纵沟，光滑，中脉不明显，纸质。孢子囊穗单生于小枝顶端，短圆柱形，成熟时下垂，无柄；孢子叶卵状菱形，覆瓦状排列，先端急尖，尾状，边缘膜质，具不规则锯齿。孢子囊生于孢子叶腋，内藏，圆肾形，黄色。

【分布】在福建梅花山国家级自然保护区内分布于新罗区江山镇 634 县道福坑村、梯子岭、蔡宝渡；上杭县古田镇丘山村、龙龟、大斜村、永安亭到油婆髻；连城县莒溪镇太平僚村、铁山罗地—赤家坪—王母点兵，以及太平僚风水林。生于海拔 100~1 800 m 的林下、林缘及灌丛下荫处或岩石上。在中国分布于浙江省、福建省、江西省、湖北省、湖南省、广东省、广西壮族自治区、海南省、重庆市、四川省、贵州省、云南省、西藏自治区、香港特别行政区、澳门特别行政区、台湾省；亚洲其他热带地区及亚热带地区、大洋洲、中南美洲有分布。

【凭证】福建省龙岩市新罗区江山镇 634 县道福坑村，20220902，刘彬彬、徐超、李福星、王慧 #POC588814；福建省龙岩市新罗区梅花山国家级自然保护区梯子岭，20221104，刘彬彬、王慧、吴锦平 #POC590173；福建省龙岩市新罗区梅花山国家级自然保护区蔡宝渡，20221105，刘彬彬、王慧、吴锦平 #POC590199；福建省龙岩市上杭县丘山村，19870805，陈恒彬 #1432（FJSI 017931）；福建省龙岩市上杭县梅花山国家级自然保护区龙龟，20221116，刘彬彬、王慧、李中阳、吴锦平 #POC590273；福建省龙岩市上杭县古田镇大斜村，20230506，刘彬彬、李福星、王慧、李小丫 #POC590448；福建省龙岩市上杭县古田镇永安亭到油婆髻，20230508，刘彬彬、李福星、王慧、李小丫 #POC590606；福建省连城县，19881104，厦大梅花山采集队 #1150（AU AU050724）；福建省连城县莒溪镇太平僚村，20230512，刘彬彬、李福星、王慧、李小丫、张斌 #POC593511；福建省连城县莒溪镇铁山罗地—赤家坪—王母点兵，20230511，刘彬彬、卫然、王慧、李小丫 #POC593429；福建省连城县莒溪镇太平僚风水林，20230513，刘彬彬、卫然、李福星、王慧、李小丫 #POC593576。

垂穗石松

Palhinhaea cernua (L.) Franco & Vasc.

马尾杉属 *Phlegmariurus* (Herter) Holub

7. 华南马尾杉

Phlegmariurus austrosinicus (Ching) Li Bing Zhang

【形态】植株高 20~70 cm，附生。茎簇生，二至多回二叉分枝，老枝下垂。叶螺旋状排列，平展或斜向上开展，椭圆形，中部叶片宽 2.5~4 mm，基部楔形，有明显的柄，边缘全缘，顶端圆钝，中脉明显，革质，有光泽。孢子叶椭圆状披针形，排列稀疏。孢子囊生于孢子叶腋，肾形，2 瓣开裂，黄色。

【分布】生于海拔 700~2 000 m 的林下岩石上。在中国分布于福建省、江西省、湖南省、广东省、广西壮族自治区、重庆市、四川省、贵州省、云南省、香港特别行政区，是我国特有种。

8. 福氏马尾杉

Phlegmariurus fordii (Baker) Ching

【形态】植株高 20~30 cm，附生。茎簇生，一至多回二叉分枝，老枝下垂。叶螺旋状排列，因基部扭曲呈二列状，椭圆披针形，基部圆楔形，无柄，边缘全缘，先端渐尖，中脉明显，革质，无光泽，靠近茎基部的叶片抱茎。孢子叶披针形或椭圆形，全缘。孢子囊生于孢子叶腋，肾形，2 瓣开裂，黄色。

【分布】在福建梅花山国家级自然保护区内分布于上杭县古田镇桂和村；连城县莒溪镇太平僚七仙女瀑布及瀑布河谷。生于海拔 100~1 700 m 的竹林下阴处、山沟阴岩壁、灌木林下岩石上。在中国分布于浙江省、福建省、江西省、湖南省、广东省、广西壮族自治区、海南省、重庆市、四川省、贵州省、云南省、香港特别行政区、台湾省；日本、印度（东喜马拉雅）也有分布。

【凭证】福建省龙岩市上杭县桂和村，19870811，陈恒彬 #1657（FJSI 17920）；福建省龙岩市连城县莒溪镇太平僚七仙女瀑布河谷，20230204，李中阳、邱相东、张富帅 #POC591573；福建省连城县莒溪镇太平僚七仙女瀑布，20230514，刘彬彬、卫然、李福星、王慧、李小丫 #POC593585。

9. 闽浙马尾杉

Phlegmariurus mingcheensis Ching

【形态】植株高 15~35 cm，附生。茎簇生，一至多回二叉分枝，老枝直立或略下垂。叶螺旋状排列，披针形，疏生，基部楔形，无柄，边缘全缘，顶端尖锐，中脉不明显，草质，有光泽。孢子叶披针形，中脉不明显，全缘。孢子囊生于孢子叶腋，肾形，2 瓣开裂，黄色。

【分布】在福建梅花山国家级自然保护区内分布于上杭县古田镇大吴地袁梦村、桂和村油婆髻；连城县莒溪镇池家山，铁山罗地—青石坑—柳杉王，以及庙前镇马家坪。生于海拔 700~1 600 m 的林下石壁、树干或土生。在中国分布于浙江省、安徽省、福建省、江西省、湖南省、广东省、广西壮族自治区、海南省、重庆市、四川省、台湾省，是我国特有种。

【凭证】福建梅花山国家级自然保护区，20140407，商辉、顾钰峰 #SG051（CSH CSH0018410）、SG070（CSH CSH0018409）；福建省龙岩市上杭县，19321025，林镕 #s.n.（AU AU052165）；福建省龙岩市上杭县古田镇，20001123，何国生 #10290（PE 01563463）；福建省龙岩市上杭县古田镇大吴地袁梦村，20230514，李中阳、何丽娟 #POC591716、POC591720；福建省龙岩市上杭县古田镇桂和村油婆髻，20230802，李中阳、卫然、孙久琼、何丽娟 #POC589659；福建省龙岩市连城县莒溪镇池家山，20230205，李中阳、邱相东、张富帅 #POC591592；福建省龙岩市连城县莒溪镇铁山罗地—青石坑—柳杉王，20230511，李中阳、李福星、张斌 #POC591640、POC591644；福建省龙岩市连城县庙前镇马家坪，20230803，李中阳、卫然、孙久琼、何丽娟 #POC589395。

10. 有柄马尾杉

Phlegmariurus petiolatus (C.B.Clarke) H.S.Kung & Li Bing Zhang

【形态】植株高 20~75 cm，附生。茎簇生，二至多回二叉分枝，老枝下垂。叶螺旋状排列，平展或斜向上开展，椭圆状披针形，中部叶片宽小于 2 mm，基部楔形，有明显的柄，边缘全缘，先端渐尖，中脉明显，革质，有光泽。孢子叶椭圆状披针形，排列稀疏。孢子囊生于孢子叶腋，肾形，2 瓣开裂，黄色。

【分布】在福建梅花山国家级自然保护区内分布于龙岩市等地。生于海拔 600~2 500 m 的溪旁、路边、林下的树干或岩石上或土生。在中国分布于福建省、湖南省、广东省、广西壮族自治区、海南省、重庆市、四川省、贵州省、云南省；印度也有分布。

【凭证】福建梅花山国家级自然保护区，20140407，商辉、顾钰峰 #SG200（CSH CSH0034724）。

拟小石松属 *Pseudolycopodiella* Holub

11. 拟小石松

Pseudolycopodiella caroliniana (L.) Holub

【形态】主茎长 10~30 cm，匍匐状，二叉分枝。叶螺旋状排列，偏向地面一侧，匍匐面叶片较少，披针形，基部略弯曲，无柄，边缘全缘，先端渐尖，中脉不明显，两面略皱缩，纸质，无光泽，黄绿色。苞片疏生，钻形至披针形，明显小于匍匐茎上的叶；孢子囊穗单生于孢子枝顶端，圆柱形，黄色；孢子叶阔卵形，覆瓦状排列，顶端急尖，尾状，边缘膜质，具不规则钝齿，革质。孢子囊生于孢子叶腋，内藏，圆肾形，黄色。

【分布】在福建梅花山国家级自然保护区内分布于上杭县。生于海拔 1 000~1 500 m 的山顶、山坡湿地。在中国分布于福建省、湖南省、广东省、香港特别行政区；日本、印度、斯里兰卡，以及非洲、美洲也有分布。

【凭证】福建省龙岩市上杭县，19321025，林镕 #4112（AU AU052161、KUN 0800605）。

深绿卷柏
Selaginella doederleinii Hieron.

二、卷柏目 Selaginellales

卷柏科 Selaginellaceae

卷柏属 *Selaginella* P.Beauv.

12. 薄叶卷柏

Selaginella delicatula (Desv. ex Poir.) Alston

【形态】植株高 35~50 cm。茎直立或斜升，主茎自中下部一回或二回羽状分枝，根托着生于主茎分叉处。主茎上的叶排列疏散，卵形，先端渐尖，基部近心形；分枝上的叶排列紧密，二型，边缘全缘，具狭窄的白边；侧叶开展，卵状长圆形，先端短尖，具微齿，基部圆形，略不对称；中叶镰形，先端渐尖且明显内弯，呈交叉状，基部斜。孢子囊穗顶生，四棱柱形，单生于小枝顶端；孢子叶宽卵形，先端渐尖，全缘。孢子囊圆形，大孢子白色，小孢子橘黄色。

【分布】在福建梅花山国家级自然保护区内分布于上杭县古田镇丘山村；新罗区江山镇大罗坂；连城县莒溪镇太平僚七仙女瀑布河谷、太平僚村以及太平僚七仙女瀑布。生于海拔 100~1 000 m 的林下土中或生阴处岩石上。在中国分布于浙江省、安徽省、福建省、江西省、湖北省、湖南省、广东省、广西壮族自治区、海南省、重庆市、四川省、贵州省、云南省、香港特别行政区、澳门特别行政区、台湾省；不丹、尼泊尔、印度、斯里兰卡、越南、老挝、柬埔寨、缅甸、泰国、马来西亚、菲律宾、印度尼西亚也有分布。

【凭证】福建省龙岩市上杭县丘山村，19820807，陈恒彬 #1492（FJSI 017985）；福建省龙岩市新罗区江山镇大罗坂，20230507，刘彬彬、李福星、王慧、李小丫 #POC590484、POC590486、POC590487、POC590591；福建省龙岩市连城县莒溪镇太平僚七仙女瀑布河谷，20230204，李中阳、邱相东、张富帅 #POC591569；福建省龙岩市连城县莒溪镇太平僚村，20230512，刘彬彬、李福星、王慧、李小丫、张斌 #POC593496；福建省龙岩市连城县莒溪镇太平僚村七仙女瀑布，20230514，刘彬彬、卫然、李福星、王慧、李小丫 #POC593609。

13. 深绿卷柏

Selaginella doederleinii Hieron.

【形态】植株高 25~45 cm。主茎直立，主茎自下部二至三回羽状分枝，分枝处常有长短不一的根托。叶二型，侧叶长圆形，基部不对称，上侧基部扩大，边缘具细齿，下侧基部具细齿；中叶卵状长圆形，背部龙骨状隆起，先端渐尖，具短芒，边缘有细齿；叶正面深绿色，背面灰绿色。孢子囊穗单个或成对生于小枝顶端，四棱柱形；孢子叶卵状三角形，顶端渐尖，边缘有细齿。大孢子白色，小孢子橘黄色。

【分布】在福建梅花山国家级自然保护区内分布于新罗区江山镇福坑村、梯子岭、蔡宝渡；上杭县丘山背坑、古田镇桂和上村、三坑口、大斜村、桂和到蛟潭；连城县庙前镇马家坪、莒溪镇陈地检查站附近、池家山、太平僚村以及池家山风水林。生于海拔 200~1 000 m 的林下土中。在中国分布于浙江省、安徽省、福建省、江西省、湖北省、湖南省、广东省、广西壮族自治区、海南省、重庆市、四川省、贵州省、云南省、香港特别行政区、澳门特别行政区、台湾省；日本、印度、越南、泰国、马来西亚也有分布。

【凭证】福建省龙岩市新罗区福坑村，19870802，陈恒彬 #1304（FJSI 017994）；福建省龙岩市新罗区梯子岭，20221114，刘彬彬、王慧、吴锦平 #POC590108；福建省龙岩市新罗区蔡宝渡，20221115，刘彬彬、王慧、吴锦平 #POC590204、POC590216；福建省龙岩市上杭县，19580829，复旦闽西队 #91165（PE00175571）；19870910，厦大梅花山采集队 #304（AU AU050741）；19870916，厦大梅花山采集队 #783 （AU AU050757）；福建省龙岩市上杭县丘山背坑，20221116，刘彬彬、王慧、李中阳、吴锦平 #POC590241、POC590242；福建省龙岩市上杭县桂和上村，20221117，刘彬彬、王慧、李中阳、吴锦平 #POC590290；福建省龙岩市上杭县三坑口，20221118，刘彬彬、王慧、吴锦平 #POC590340；福建省龙岩市上杭县古田镇大斜村，20230506，刘彬彬、李福星、王慧、李小丫 #POC590419、POC590463、POC590464；福建省龙岩市上杭县古田镇桂和到蛟潭，20230509，刘彬彬、李福星、王慧、李小丫 #POC590786、POC590793；福建省龙岩市连城县，19881004，厦大梅花山采集队 #1094（AU AU050743）；福建省龙岩市连城县庙前镇马家坪，19431016，林镕 #4011（PE 00175600）；20230510，刘彬彬、李福星、王慧、李小丫 #POC593361、POC593372；福建省龙岩市连城县莒溪镇陈地检查站附近，20230202，李中阳、邱相东、张富帅 #POC591515；福建省龙岩市连城县莒溪镇池家山，20230205，李中阳、邱相东、张富帅 #POC591586；福建省龙岩市连城县莒溪镇太平僚村，20230512，刘彬彬、李福星、王慧、李小丫、张斌 #POC593463、POC593500；福建省龙岩市连城县莒溪镇池家山风水林，20230513，刘彬彬、卫然、李福星、王慧、李小丫 #POC593525。

14. 异穗卷柏

Selaginella heterostachys Baker

【形态】植株高 10~20 cm。主茎直立，具匍匐茎，茎羽状分枝，根托着生于主茎分叉处。茎生叶二列疏生，卵形，顶端尖，基部圆形，边缘有微齿；分枝上的叶二型，侧叶卵形或长圆卵形，顶端钝尖，边缘具微齿；中叶不对称，卵形或卵状披针形，具尖头或短芒，基部楔形，边缘具微齿。孢子囊穗单生于小枝顶端；孢子叶二型，倒置，与营养叶近似。大、小孢子囊均为圆肾形，大孢子白色，小孢子橘黄色。

【分布】在福建梅花山国家级自然保护区内分布于连城县莒溪镇太平僚村、太平僚村陈斜坑；上杭县古田镇桂和村油婆髻。生于海拔 130~1 300 m 的林下岩石上。在中国分布于浙江省、安徽省、福建省、江西省、河南省、湖南省、广东省、广西壮族自治区、海南省、重庆市、四川省、贵州省、云南省、甘肃省、香港特别行政区、澳门特别行政区、台湾省。

【凭证】福建省龙岩市连城县莒溪镇太平僚村，20230512，刘彬彬、李福星、王慧、李小丫、张斌 #POC593491；福建省龙岩市连城县莒溪镇太平僚村陈斜坑，20230514，刘彬彬、卫然、李福星、王慧、李小丫 #POC593648；福建省龙岩市上杭县古田镇桂和村油婆髻，20230802，李中阳、卫然、孙久琼、何丽娟 #POC589390。

15. 兖州卷柏

Selaginella involvens (Sw.) Spring

【形态】植株高 15~65 cm。主茎直立，具横走的地下根状茎和游走茎，其上有根托，主茎自中上部羽状分枝。游走茎上叶鳞片状，淡黄色；主茎上的叶阔卵形，密集；分枝上的叶二型，侧叶不对称，斜卵状披针形，基部上侧扩大，具细齿，基部下侧圆形，全缘，先端稍尖；中叶卵状三角形，背部略呈龙骨状，基部楔形，先端具短芒，边缘具细齿。孢子囊穗单生于小枝顶端，四棱柱形；孢子叶一型，卵状三角形，先端渐尖，边缘具细齿。大孢子白色，小孢子橘黄色。

【分布】在福建梅花山国家级自然保护区内分布于连城县莒溪镇太平僚村七仙女瀑布。生于海拔 450~3 100 m 的岩石上，或偶在林中附生于树干上。在中国分布于浙江省、安徽省、福建省、江西省、河南省、湖北省、湖南省、广东省、广西壮族自治区、海南省、重庆市、四川省、贵州省、云南省、西藏自治区、陕西省、甘肃省、香港特别行政区、台湾省；朝鲜、韩国、日本、印度、斯里兰卡、越南、老挝、柬埔寨、缅甸、泰国、马来西亚也有分布。

【凭证】福建省龙岩市连城县莒溪镇太平僚村七仙女瀑布，20230514，刘彬彬、卫然、李福星、王慧、李小丫 #POC593583。

16. 细叶卷柏

Selaginella labordei Hieron. ex Christ

【形态】植株高 5~30 cm。主茎直立或斜升，具横走的根状茎和游走茎，其上有根托，主茎自中下部羽状分枝。游走茎上的叶褐色；主茎上的叶二型，疏生；分枝上的叶二型，紧密，侧叶不对称，卵状披针形，基部上侧扩大，下侧圆形，边缘具细齿，先端钝尖；中叶卵状披针形，基部近心形，先端具芒，边缘具细齿。孢子囊穗单生于枝顶，扁长圆形；孢子叶二型，中叶卵状三角形，呈龙骨状突起。大孢子浅黄色，小孢子橘红色。

【分布】在福建梅花山国家级自然保护区内分布于新罗区江山镇福坑村。生于海拔 250~4 025 m 的林下或岩石上。在中国分布于浙江省、安徽省、福建省、江西省、河南省、湖北省、湖南省、广西壮族自治区、重庆市、四川省、贵州省、云南省、西藏自治区、陕西省、甘肃省、青海省、香港特别行政区、台湾省；缅甸也有分布。

【凭证】福建省龙岩市新罗区江山镇福坑村，20230515，李中阳 #POC591742。

17. 具边卷柏

Selaginella limbata Alston

【形态】植株长 50~100 cm。主茎匍匐，淡黄绿色，分枝二至四回羽状分叉，根托自主茎分叉处下方生出。主茎上的叶二列疏生，卵状长圆形，顶端短尖，绿色或黄色，基部外侧耳状，全缘；分枝上的叶二型，具白边，全缘；侧叶长圆形，基部圆形，顶端短尖；中叶不对称，卵状椭圆形，顶端长渐尖，基部一侧呈明显耳形。孢子囊穗单生于枝顶，四棱柱形；孢子叶一型，呈龙骨状突起；大、小孢子叶在孢子囊穗上相间排列。大孢子深褐色，小孢子浅黄色。

【分布】在福建梅花山国家级自然保护区内分布于上杭县古田镇桂和到蛟潭；连城县莒溪镇铁山罗地—赤家坪—王母点兵。生于海拔 50~950 m 的林下或山坡阳面，在中国分布于浙江省、福建省、江西省、湖南省、广东省、广西壮族自治区、香港特别行政区；日本南部也有分布。

【凭证】福建省龙岩市上杭县古田镇桂和到蛟潭，20230509，刘彬彬、李福星、王慧、李小丫 #POC590802；福建省龙岩市连城县莒溪镇铁山罗地—赤家坪—王母点兵，20230511，刘彬彬、卫然、王慧、李小丫 #POC593425。

江南卷柏

Selaginella moellendorffii Hieron.

18. 江南卷柏

Selaginella moellendorffii Hieron.

【形态】植株高 20~55 cm。主茎直立，具横走地下根状茎和游走茎，主茎中上部羽状分枝，根托着生于茎的基部。游走茎上叶鳞片状，淡绿色；不分枝的主茎上的叶排列较疏松，卵状三角形；分枝上的叶二型，具白边，有细齿；侧叶不对称，卵状三角形，先端尖，上侧边缘基部宽，下侧边缘基部略膨大；中叶不对称，卵圆形，覆瓦状排列，基部近心形。孢子囊穗单生于枝顶，四棱柱形；孢子叶一型，呈龙骨状突起。大、小孢子囊圆肾形。大孢子淡黄色，小孢子橙黄色。

【分布】在福建梅花山国家级自然保护区内分布于新罗区梯子岭、结缘山、江山镇大罗坂；上杭县古田镇龙龟、桂和上村、大斜村、永安亭到油婆髻、桂和到蛟潭、大吴地袁梦村；连城县莒溪镇陈地检查站附近、池家山、铁山罗地—赤家坪—王母点兵、太平僚村、太平僚七仙女瀑布以及庙前镇马家坪。生于海拔 100~1 500 m 的岩石缝中。在中国分布于江苏省、浙江省、安徽省、福建省、江西省、河南省、湖北省、湖南省、广东省、广西壮族自治区、海南省、重庆市、四川省、贵州省、云南省、陕西省、甘肃省、香港特别行政区、台湾省；越南、柬埔寨、菲律宾也有分布。

【凭证】福建梅花山国家级自然保护区，20140407，商辉、顾钰峰 #SG039（CSH CSH0018464）；福建省龙岩市新罗区梯子岭，20221114，刘彬彬、王慧、吴锦平 #POC590106；福建省龙岩市新罗区结缘山，20221114，刘彬彬、王慧、吴锦平 #POC590184；福建省龙岩市新罗区江山镇大罗坂，20230507，刘彬彬、李福星、王慧、李小丫 #POC590507、POC590593；福建省龙岩市上杭县，19580827，复旦大学 #81954（FJFC FJFC0001181）；19580828，复旦大学 #90657（FJFC FJFC0001180）；19580829，复旦大学 #90683（FJFC FJFC0001185）；福建省龙岩市上杭县龙龟，20221116，刘彬彬、王慧、李中阳、吴锦平 #POC590278、POC590279；福建省龙岩市上杭县桂和上村，20221117，刘彬彬、王慧、李中阳、吴锦平 #POC590310；19870812，陈恒彬 #1693（FJSI 018019）；福建省龙岩市上杭县古田镇大斜村，20230506，刘彬彬、李福星、王慧、李小丫 #POC590433、POC590443；福建省龙岩市上杭县永安亭到油婆髻，20230508，刘彬彬、李福星、王慧、李小丫 #POC590732；福建省龙岩市上杭县桂和到蛟潭，20230509，刘彬彬、李福星、王慧、李小丫 #POC590803；福建省龙岩市上杭县大吴地袁梦村，20230514，李中阳、何丽娟 #POC591726；福建省龙岩市连城县，林镕 #s.n.（PE 00244825）、3510（AU AU050776）；福建省龙岩市连城县莒溪镇陈地检查站附近，20230202，李中阳、邱相东、张富帅 #POC591514；福建省龙岩市连城县莒溪镇池家山，20230205，李中阳、邱相东、张富帅 #POC591587；福建省龙岩市连城县莒溪镇铁山罗地—赤家坪—王母点兵，20230511，刘彬彬、卫然、王慧、李小丫 #POC593421；福建省龙岩市连城县莒溪镇太平僚村，20230512，刘彬彬、李福星、王慧、李小丫、张斌 #POC593475、POC593493；福建省龙岩市连城县莒溪镇太平僚七仙女瀑布，20230514，刘彬彬、卫然、李福星、王慧、李小丫 #POC593587、POC593588；福建省龙岩市连城县庙前镇马家坪，20230510，刘彬彬、李福星、王慧、李小丫 #POC593363。

19. 伏地卷柏

Selaginella nipponica Franch. & Sav.

【形态】植株高 5~12 cm，主茎近基部开始分枝，茎枝细弱，伏地蔓生，茎分叉处常有纤细不定根。分枝上的叶二型，具微齿，不具白边；侧叶阔卵形，常反折，向两侧平展，顶端尖，基部近心形；中叶狭卵形，先端渐尖，基部钝。孢子枝直立，孢子囊单生于能育叶的叶腋，不明显成穗；孢子叶二型，与营养叶相似；大孢子叶分布于孢子叶穗下部的下侧。大孢子柠檬黄色，小孢子橘红色。

【分布】在福建梅花山国家级自然保护区内分布于连城县莒溪镇太平僚七仙女瀑布；上杭县古田镇桂和村。生于海拔 80~1 300 m 的草地或岩石上。在中国分布于山西省、上海市、江苏省、浙江省、安徽省、福建省、江西省、山东省、河南省、湖北省、湖南省、广东省、广西壮族自治区、重庆市、四川省、贵州省、云南省、西藏自治区、陕西省、甘肃省、青海省、香港特别行政区、台湾省；日本也有分布。

【凭证】福建省龙岩市连城县莒溪镇太平僚七仙女瀑布，20230514，刘彬彬、卫然、李福星、王慧、李小丫 #POC593594；福建省龙岩市上杭县桂和村，19870811，陈恒彬 #1658（FJSI 18036）。

20. 疏叶卷柏

Selaginella remotifolia Spring

【形态】植株高 20~50 cm。主茎直立或斜升，自近基部开始分枝，根托自分叉处生出，纤细。叶二型，边缘近全缘，不具白边；侧叶卵状披针形，基部圆形，先端急尖，外展，排列稀疏或紧密；中叶不对称，卵状披针形，基部一侧明显呈耳状，先端具长尖头。孢子囊穗单生于枝顶，少有双生，四棱柱形；孢子叶一型，卵状披针形，背部龙骨状突起；大孢子叶位于孢子囊穗下侧，仅 1 个，其余均为小孢子叶。大孢子灰白色，小孢子淡黄色。

【分布】在福建梅花山国家级自然保护区内分布于上杭县古田镇桂和村。生于海拔 150~3 000 m 的林下土中。在中国分布于江苏省、浙江省、福建省、江西省、湖北省、湖南省、广东省、广西壮族自治区、重庆市、四川省、贵州省、云南省、西藏自治区、香港特别行政区、台湾省；日本、尼泊尔、印度东部和北部、菲律宾、印度尼西亚（苏门答腊岛）也有分布。

【凭证】福建省龙岩市上杭县桂和村，19870811，陈恒彬 #1603（FJSI 018040）。

21. 卷柏

Selaginella tamariscina (P.Beauv.) Spring

【形态】植株高 5~20 cm。主茎直立，顶端丛生小枝，各枝扇形分叉，全株呈莲座状，干后内卷如拳；根仅着生于茎基部，密被毛。叶二型，侧叶长卵状圆形，斜展，相互重叠，先端具长芒，外缘具狭白边和细齿，基部上侧扩大；中叶椭圆形，覆瓦状排列，顶端具向外的长芒，基部偏斜，两侧不等，边缘有细齿。孢子囊穗单生于小枝顶端，四棱柱形；孢子叶一型，卵状三角形，具龙骨状突起；孢子叶在孢子囊穗不规则排列。大孢子浅黄色，小孢子橘黄色。

【分布】在福建梅花山国家级自然保护区内分布于连城县莒溪镇太平僚七仙女瀑布。生于海拔 60~2 100 m 的石灰岩上。在中国分布于北京市、河北省、山西省、内蒙古自治区、辽宁省、吉林省、江苏省、浙江省、安徽省、福建省、江西省、山东省、河南省、湖北省、湖南省、广东省、广西壮族自治区、海南省、重庆市、四川省、贵州省、云南省、陕西省、青海省、香港特别行政区、台湾省；俄罗斯（西伯利亚）、朝鲜、韩国、日本、印度和菲律宾也有分布。

【凭证】福建省龙岩市连城县莒溪镇太平僚七仙女瀑布，20230514，刘彬彬、卫然、李福星、王慧、李小丫 #POC593625。

22. 翠云草

Selaginella uncinata (Desv. ex Poir.) Spring

【形态】植株高 50~100 cm。主茎先直立而后攀缘状，自近基部羽状分枝，根托自下部主茎分叉处生出。叶边缘具白边，全缘；主茎上的叶排列较疏，卵状椭圆形，顶端短尖，基部近心形；分枝上的叶二型，侧叶长圆形，外展，紧接；中叶长卵形，覆瓦状排列，先端长渐尖，常向后弯。叶薄草质，正面碧绿色，具虹彩，背面淡绿色。孢子囊穗单生于小枝顶端，四棱柱形；孢子叶一型，密集，卵状三角形，具龙骨状突起。大孢子灰白色，小孢子淡黄色。

【分布】在福建梅花山国家级自然保护区内分布于上杭县古田镇桂和村。生于海拔 50~1 200 m 的林下。在中国分布于浙江省、安徽省、福建省、江西省、湖北省、湖南省、广东省、广西壮族自治区、重庆市、四川省、贵州省、云南省、陕西省、香港特别行政区、澳门特别行政区、台湾省，是我国特有种。

【凭证】福建省龙岩市上杭县桂和村，19870813，陈恒彬 #s.n.（FJSI 018053）。

披散问荆

Equisetum diffusum D.Don

三、木贼目 Equisetales

木贼科 Equisetaceae

木贼属 *Equisetum* L.

23. 披散问荆

Equisetum diffusum D.Don

【形态】植株高 10~70 cm。地上枝一型，一年生；植株中部分枝较多，节间长 1.5~6 cm，绿色，下部 1~3 节为黑棕色。主茎有脊 4~10 条，脊的两侧隆起成棱，每棱各有一行小瘤伸达鞘齿，鞘筒狭长，下部灰绿色，上部黑棕色；鞘齿披针形，先端尾状，革质，黑棕色，宿存。侧枝纤细，有脊 4~8 条，脊的两侧有棱及小瘤，鞘齿三角形，革质，灰绿色，宿存。孢子囊穗圆柱状，顶端钝，成熟时柄伸长。

【分布】在福建梅花山国家级自然保护区内分布于新罗区梯子岭；上杭县古田镇龙龟。生于海拔 0~3 400 m。在中国分布于上海市、江苏省、福建省、湖北省、湖南省、广西壮族自治区、重庆市、四川省、贵州省、云南省、西藏自治区、甘肃省；日本、印度、尼泊尔、不丹、缅甸、越南也有分布。

【凭证】福建省龙岩市新罗区梯子岭，20221114，刘彬彬、王慧、吴锦平 #POC590176；福建省龙岩市上杭县龙龟，20221116，刘彬彬、王慧、李中阳、吴锦平 #POC590271。

24. 节节草

Equisetum ramosissimum Desf.

【形态】植株高 20~60 cm。地上枝一型，多年生；植株下部分枝多，簇生状，节间长 2~6 cm，绿色。主枝有脊 5~14 条，脊的背部弧形，生一行小瘤或有浅色小横纹；鞘筒狭长，下部灰绿色，上部灰棕色；鞘齿三角形，灰白色或少数中央为黑棕色，宿存，齿上气孔带明显。侧枝有脊 5~8 条，脊上平滑或有小瘤或横纹；鞘齿披针形，革质但边缘膜质，上部棕色，宿存。孢子囊穗短棒状或椭圆形，顶端有小尖突，无柄。

【分布】在福建梅花山国家级自然保护区内分布于上杭县古田镇丘山村。生于海拔 100~3 300 m。在中国分布于北京市、天津市、河北省、山西省、内蒙古自治区、辽宁省、吉林省、黑龙江省、上海市、江苏省、浙江省、安徽省、福建省、江西省、山东省、河南省、湖北省、湖南省、广东省、广西壮族自治区、海南省、重庆市、四川省、贵州省、云南省、西藏自治区、陕西省、甘肃省、青海省、宁夏回族自治区、新疆维吾尔自治区、台湾省；日本、朝鲜、韩国、印度（喜马拉雅等山区）、蒙古、俄罗斯，以及非洲、欧洲、北美洲也有分布。

【凭证】福建省龙岩市上杭县丘山村，19870804，陈恒彬 #1404（FJSI 007739）、71404（FJSI 018061）。

25. 笔管草

Equisetum ramosissimum subsp. ***debile*** (Roxb. ex Vaucher) Hauke

【形态】植株高可达 60 cm。地上枝一型，多年生；植株分枝较少，节间长 3~10 cm，绿色，主茎有脊 10~20 条，脊背面弧形，生一行小瘤状物或淡棕色横纹；鞘筒短，下部绿色，上部略显黑棕色；鞘齿狭三角形，上部淡棕色膜质，早落或有时宿存，下部黑棕色革质，扁平，两侧有明显棱角，齿上气孔带明显或不明显。侧枝有脊 8~12 条，脊上有小瘤或横纹；鞘齿披针形，较短，膜质，淡棕色。孢子囊穗短棒状或椭圆形，顶端有小尖突，无柄。

【分布】在福建梅花山国家级自然保护区内分布于上杭县古田镇 115 乡道；新罗区江山镇大罗坂。生于海拔 0~3 200 m。在中国分布于上海市、江苏省、浙江省、安徽省、福建省、江西省、山东省、河南省、湖北省、湖南省、广东省、广西壮族自治区、海南省、重庆市、四川省、贵州省、云南省、西藏自治区、澳门特别行政区、香港特别行政区、甘肃省、陕西省、台湾省；日本、印度、尼泊尔、缅甸、泰国、菲律宾、马来西亚、印度尼西亚、新加坡、瓦努阿图、新喀里多尼亚、斐济，以及新几内亚岛也有分布。

【凭证】福建省龙岩市上杭县古田镇 115 乡道，20220901，刘彬彬、徐超、李福星、王慧 #POC588746；福建省龙岩市新罗区江山镇大罗坂，20230507，刘彬彬、李福星、王慧、李小丫 #POC590539。

四、松叶蕨目 Psilotales

松叶蕨
Psilotum nudum (L.) P.Beauv.

松叶蕨科 Psilotaceae

松叶蕨属 *Psilotum* Sw.

26. 松叶蕨

Psilotum nudum (L.) P.Beauv.

【形态】植株高 15~60 cm，附生。根状茎横走，圆柱形，褐色，密生假根。地上茎直立，绿色，密生白色气孔，下部不分枝，上部多回二叉分枝，三棱形。营养叶钻形、三角形，先端尖，草质。孢子叶深裂，裂片狭钻形。孢子囊球形，黄褐色，直径 3~4 mm，3 裂。

【分布】在中国分布于江苏省、浙江省、安徽省、福建省、江西省、湖北省、湖南省、广东省、广西壮族自治区、海南省、重庆市、四川省、贵州省、云南省、西藏自治区、陕西省、澳门特别行政区、香港特别行政区、台湾省；广布于热带和亚热带。

五、瓶尔小草目 Ophioglossales

瓶尔小草
Ophioglossum vulgatum L.

瓶尔小草科 Ophioglossaceae

瓶尔小草属 *Ophioglossum* L.

27. 瓶尔小草

Ophioglossum vulgatum L.

【形态】植株高 10~30 cm。根状茎短而直立，具一簇肉质粗根；根匍匐茎状向四周横走。叶通常单生，总叶柄长 6~9 cm，下半部为灰白色，较粗大。不育叶卵状长圆形或狭卵形，先端钝圆或急尖，基部急剧变狭并稍下延；微肉质到草质，叶脉网状；能育叶长 9~18 cm，自不育叶基部生出。孢子囊穗先端尖，远超出营养叶之上。

【分布】广泛分布于福建梅花山国家级自然保护区。在中国分布于长江下游各省份；欧洲、亚洲、美洲等地广布。

六、合囊蕨目 Marattiales

福建观音座莲
Angiopteris fokiensis Hieron.

合囊蕨科 Marattiaceae

观音座莲属 *Angiopteris* Hoffm.

28. 福建观音座莲

Angiopteris fokiensis Hieron.

【形态】植株高 1.5 m 以上。根状茎呈块状，直立，簇生圆柱状粗根。叶柄粗壮，具瘤；叶片二回羽状，宽卵形；羽片 5~7 对，互生，狭长圆形，基部不变狭，羽柄长 2~4 cm，奇数羽状；小羽片披针形，基部近截形或几圆形，具短柄，下部小羽片稍短，叶缘具规则锯齿；叶脉下面明显，无倒行假脉。叶草质，正面绿色，背面淡绿色，两面光滑。孢子囊群长圆形，距叶边 0.5~1 mm，长约 1 mm，由 8~10 个孢子囊构成。

【分布】在福建梅花山国家级自然保护区内分布于新罗区江山镇福坑村、梯子岭、蔡宝渡、大罗坂；连城县莒溪镇太平僚风水林下游、太平僚村、百金山；上杭县。生于海拔约 400 m 的林下溪沟边。在中国分布于浙江省、福建省、江西省、湖北省、湖南省、广东省、广西壮族自治区、海南省、重庆市、四川省、贵州省、云南省、香港特别行政区，是我国特有种。

【凭证】福建省龙岩市新罗区福坑村，19870802，陈恒彬 #1312，（FJSI 018072）；福建省龙岩市新罗区梯子岭，20221114，刘彬彬、王慧、吴锦平 #POC590119；福建省龙岩市新罗区蔡宝渡，20221115，刘彬彬、王慧、吴锦平 #POC590194；福建省龙岩市新罗区江山镇大罗坂，20230507，刘彬彬、李福星、王慧、李小丫 #POC590533；福建省龙岩市连城县，19881124，厦大梅花山采集队 #1100（AU AU050820）；福建省龙岩市连城县莒溪镇太平僚风水林下游，20230203，李中阳、邱相东、张富帅 #POC591542；福建省龙岩市连城县莒溪镇百金山，20230206，李中阳、邱相东、张富帅 #POC591598；福建省龙岩市连城县莒溪镇太平僚村，20230515，刘彬彬、李福星、王慧、李小丫、张斌 #POC593487；福建省龙岩市上杭县，厦大梅花山采集队 #581（AU AU050821）。

七、紫萁目 Osmundales

紫萁
Osmunda japonica Thunb.

紫萁科 Osmundaceae

紫萁属 *Osmunda* L.

29. 紫萁

Osmunda japonica Thunb.

【形态】植株高 50~80 cm。根状茎短粗，直立。叶片二回羽状，二型，偶见营养叶顶部羽片能育，幼叶密被红棕色长茸毛，成熟后脱落；营养叶三角状阔卵形；羽片 3~5 对，长圆形，有柄，基部 1 对稍大，奇数羽状；小羽片 5~9 对，无柄，长圆形或长圆状披针形，基部不对称，顶生羽片同形，有柄，基部往往有 1~2 圆裂片，叶缘有细锯齿；叶脉二叉，小脉平行，伸达锯齿；叶纸质，干后为棕绿色。孢子叶与营养叶等高或稍高，小羽片线形，沿中肋两侧背面密生孢子囊。

【分布】生于林下或溪边酸性土中。在中国分布于上海市、江苏省、浙江省、安徽省、福建省、江西省、山东省、河南省、湖北省、湖南省、广东省、广西壮族自治区、重庆市、四川省、贵州省、云南省、西藏自治区、香港特别行政区、陕西省、甘肃省、台湾省；日本、朝鲜、印度北部（喜马拉雅山地）也有分布。

桂皮紫萁属 *Osmundastrum* C.Presl

30. 桂皮紫萁

Osmundastrum cinnamomeum (L.) C.Presl

【形态】根状茎匍匐或上升，短。叶片二回羽状深裂，二型，幼叶密被灰棕色长茸毛，成熟后脱落；营养叶卵状披针形，渐尖头；羽片20对或更多，披针形，渐尖头，基部截形，无柄，羽状深裂几达羽轴；裂片长圆形，全缘；侧脉二叉，两面可见；叶薄纸质，干后为黄绿色。孢子叶强烈紧缩，裂片缩成线形，遍体密被灰棕色茸毛，背面满布孢子囊。

【分布】在福建梅花山国家级自然保护区内分布于龙岩市连城县莒溪镇铁山罗地—赤家坪—王母点兵。生于沼泽地带。在中国分布于辽宁省、吉林省、黑龙江省、浙江省、安徽省、福建省、江西省、湖南省、广东省、广西壮族自治区、重庆市、四川省、贵州省、云南省、台湾省；俄罗斯远东地区、日本、朝鲜、印度北部、越南也有分布。

【凭证】福建省龙岩市连城县莒溪镇铁山罗地—赤家坪—王母点兵，20230511，刘彬彬、卫然、王慧、李小丫 #POC593437。

羽节紫萁属 *Plenasium* C. Presl

31. 羽节紫萁

Plenasium banksiifolium (C.Presl) C.Presl

【形态】植株高可达 1.5 m。根状茎上升或直立，块状。叶片一回羽状，一型，羽片二型，叶片中下部有 3~5 对可育羽片；不育羽片长披针形，顶端渐尖，基部楔形，有短柄，以关节着生于叶轴上，边缘有粗大的三角形尖锯齿。叶脉 3~4 回分叉，小脉平行，伸达叶边。叶坚革质或厚纸质，两面光滑，边缘加厚；可育羽片强度紧缩，中肋两侧的裂片为长圆形，背面满布孢子囊，孢子脱落后变为褐色。

【分布】在福建梅花山国家级自然保护区内分布于新罗区梯子岭、江山镇大罗坂、福坑村；上杭县古田镇丘山到龙龟、桂和到蛟潭以及丘山村。生于溪沟边。在中国分布于浙江省、福建省、江西省、广东省、台湾省、香港特别行政区；菲律宾、摩洛哥、日本也有分布。

【凭证】福建梅花山国家级自然保护区，20140408，商辉、顾钰峰 #SG092（CSH CSH0018447）；福建省龙岩市新罗区梯子岭，20221114，刘彬彬、王慧、吴锦平 #POC590114；福建省龙岩市新罗区江山镇大罗坂，20230507，刘彬彬、李福星、王慧、李小丫 #POC590499；福建省龙岩市新罗区福坑村，20230515，李中阳 #POC591751；福建省龙岩市上杭县丘山到龙龟，19870917，厦大梅花山采集队 #765（AU AU050838）；福建省龙岩市上杭县古田镇桂和到蛟潭，20230509，刘彬彬、李福星、王慧、李小丫 #POC590808；福建省龙岩市古田镇丘山村，20230804，李中阳、卫然、孙久琼、何丽娟 #POC589401。

32. 华南羽节紫萁

Plenasium vachellii (Hook.) C.Presl

【形态】植株高达 1 m。根状茎直立，粗壮，木质。叶片一回羽状，一型，羽片二型，叶片下部数对羽片能育，可育羽片下方偶有少数退化的不育羽片；不育羽片披针形或线状披针形，先端渐尖，基部狭楔形，具短柄，以关节连接叶轴，边缘全缘或略有波状，叶边稍向下卷；叶脉两面明显，二回分叉，小脉平行，伸达叶边；可育羽片紧缩为线形，中肋两侧密生圆形分开的孢子囊穗，深棕色。

【分布】在福建梅花山国家级自然保护区内分布于上杭县古田镇634县道桂竹坪到马屋老路以及龙龟。在中国分布于浙江省、福建省、江西省、湖南省、广东省、广西壮族自治区、海南省、重庆市、四川省、贵州省、云南省、香港特别行政区、澳门特别行政区；印度、缅甸、越南也有分布。

【凭证】福建省龙岩市上杭县古田镇634县道桂竹坪到马屋老路，20220905，刘彬彬、徐超、李福星、王慧 #POC589125；福建省龙岩市上杭县古田镇龙龟，20230731，李中阳、卫然、孙久琼 #POC589639。

翅柄假脉蕨

Crepidomanes latealatum (Bosch) Copel.

八、膜蕨目 Hymenophyllales

膜蕨科 Hymenophyllaceae

假脉蕨属 *Crepidomanes* C.Presl

33. 翅柄假脉蕨

Crepidomanes latealatum (Bosch) Copel.

【形态】植株高2~14 cm。根状茎丝状，不规则分枝，密被深棕色短毛。叶柄纤细，无翅或具翅，翅通常具毛；叶轴与羽轴具翅，翅的边缘有褶皱；叶片二回羽状至三回羽裂；羽片无柄，长斜卵形至长圆形，基部斜楔形，先端钝圆；末回裂片长圆状线形，全缘，边缘有浅波状褶皱；叶脉二歧分枝，两面稍隆起，叶边与叶脉间有数条断续的假脉；叶薄膜质，无毛。孢子囊群着生于叶片上部裂片顶部，囊苞椭圆形，两侧有狭翅，口部膨大，浅裂为两唇瓣，唇瓣三角形；孢子囊群托突出。

【分布】在福建梅花山国家级自然保护区内分布于连城县莒溪镇太平僚到池家山途中。生于海拔800~1 600 m的山地林下岩石上。在中国分布于浙江省、安徽省、福建省、江西省、湖北省、湖南省、广东省、广西壮族自治区、海南省、重庆市、四川省、贵州省、云南省、西藏自治区、陕西省、甘肃省、香港特别行政区、台湾省；印度东北部、越南、泰国、马来西亚及印度尼西亚（苏门答腊岛）、日本也有分布。

【凭证】福建省龙岩市连城县莒溪镇太平僚到池家山途中，20230207，李中阳、邱相东、张富帅#POC591630。

34. 团扇蕨

Crepidomanes minutum (Blume) K.Iwats.

【形态】植株高达 5 cm。根状茎丝状，不规则分枝，密被棕色短毛。叶远生，叶柄基部密被毛，向上近无毛；叶片团扇形或圆肾形，宽略过于长，扇状分裂达 1/2，基部心形或楔形；裂片线形，常浅裂，全缘，着生囊苞的裂片通常较不育裂片短；叶脉二歧分枝，两面均明显；叶薄膜质，无毛。孢子囊群着生于裂片顶部，囊苞瓶状，两侧具翅，口部膨大。

【分布】在福建梅花山国家级自然保护区内分布于连城县莒溪镇百金山到池家山途中；上杭县古田镇大吴地袁梦村。生于林下水淋漓的岩石上。在中国分布于辽宁省、吉林省、黑龙江省、上海市、浙江省、安徽省、福建省、江西省、湖北省、湖南省、广东省、广西壮族自治区、海南省、重庆市、四川省、贵州省、云南省、甘肃省、香港特别行政区、澳门特别行政区、台湾省；俄罗斯（阿穆尔州）、日本、朝鲜、越南、柬埔寨、印度尼西亚，以及波利尼西亚、非洲等地也有分布。

【凭证】福建省龙岩市连城县莒溪镇百金山到池家山途中，20230206，李中阳、邱相东、张富帅 #POC591607；福建省龙岩市上杭县古田镇大吴地袁梦村，20230514，李中阳、何丽娟 #POC591729。

膜蕨属 ***Hymenophyllum*** Sm.

35. 蕗蕨

Hymenophyllum badium Hook. & Grev.

【形态】植株高 10~30 cm。根状茎铁丝状，具稀疏的根。叶远生，叶柄两侧具波纹状翅，叶轴及各回羽轴均具宽翅；叶片二回羽状到三回羽裂，披针形至卵状披针形；羽片有短柄，三角状卵形至斜卵形，基部斜楔形，先端钝；小羽片无柄，长圆形，基部下延；末回裂片长圆形或阔线形，全缘。叶脉二歧分枝，两面明显隆起；叶薄膜质，无毛。孢子囊群着生于短裂片顶端，囊苞近于圆形，唇瓣深裂达到基部，全缘。

【分布】在福建梅花山国家级自然保护区内分布于新罗区江山镇福坑村、万安镇张陈村水库尾；上杭县古田镇贵竹坪、桂和村油婆髻、大吴地袁梦村；连城县庙前镇马家坪。生于海拔 600~1 600 m 的密林溪边潮湿的岩石上。在中国分布于浙江省、福建省、江西省、湖北省、湖南省、广东省、广西壮族自治区、海南省、重庆市、四川省、贵州省、云南省、西藏自治区、香港特别行政区、台湾省；日本、印度北部、越南、马来西亚、印度尼西亚（西里伯岛）等地也有分布。

【凭证】福建梅花山国家级自然保护区，20140407，商辉、顾钰峰 #SG038（CSH CSH0034723）、SG045（CSH CSH0018442）、SG064（CSH CSH0018469）；福建省龙岩市新罗区江山镇福坑村，20230515，李中阳 #POC591735；19870802，陈恒彬 #1306（FJSI 018190）；福建省龙岩市新罗区万安镇张陈村水库尾，20230731，李中阳、卫然、孙久琼 #POC589636；福建省龙岩市上杭县贵竹坪，19321024，王大顺 #1100（PE 00225191）；福建省龙岩市上杭县古田镇桂和村，19870811，陈恒彬 #1602（FJSI 018189）；福建省龙岩市上杭县古田镇桂和上村，19870812，陈恒彬 #1692（FJSI 018188）；福建省龙岩市上杭县古田镇大吴地袁梦村，20230514，李中阳、何丽娟 #POC591724；福建省龙岩市上杭县桂和村油婆髻，20230802，李中阳、卫然、孙久琼、何丽娟 #POC589658；福建省龙岩市连城县庙前镇马家坪，20230803，李中阳、卫然、孙久琼、何丽娟 #POC589394。

36. 华东膜蕨

Hymenophyllum barbatum (Bosch) Baker

【形态】植株高 1~15 cm。根状茎丝状，疏被淡褐色柔毛，具稀疏的根。叶远生，叶柄具狭翅，疏被红棕色毛；叶片二回羽裂，卵形，基部近心形，先端钝；羽片无柄，长圆形；末回裂片线形或长圆形，边缘有细锯齿；叶脉二歧分枝，被褐色的柔毛，不达叶边；叶薄膜质，干后淡褐色或鲜绿色。孢子囊群着生于裂片顶端，囊苞长卵形，先端有少数小锯齿。

【分布】在福建梅花山国家级自然保护区内分布于上杭县古田镇桂和村油婆髻北坡、桂和上村、三坑口、大吴地袁梦村；连城县曲溪乡罗胜村。生于海拔 800~1 000 m 的林下阴暗岩石下。在中国分布于浙江省、安徽省、福建省、江西省、河南省、湖北省、湖南省、广东省、广西壮族自治区、海南省、重庆市、四川省、贵州省、云南省、陕西省、台湾省；日本、朝鲜、印度，以及中南半岛也有分布。

【凭证】福建梅花山国家级自然保护区，20140407，商辉、顾钰峰 #SG061（CSH CSH0034583）；福建省龙岩市上杭县，19321025，林镕 #4101（PE 00239601）；福建省龙岩市上杭县桂和村油婆髻北坡，19870903，林来官 #7157（PE 01267407）；福建省龙岩市上杭县桂和上村，20221117，刘彬彬、王慧、李中阳、吴锦平 #POC590318；福建省龙岩市上杭县三坑口，20221118，刘彬彬、王慧、吴锦平 #POC590356；福建省龙岩市上杭县古田镇大吴地袁梦村，20230514，李中阳、何丽娟 #POC591727、POC591730；福建省龙岩市连城县曲溪乡罗胜村，20230801，李中阳、卫然、孙久琼、何丽娟 #POC589644。

37. 长柄蕗蕨

Hymenophyllum polyanthos (Sw.) Sw.

【形态】植株高 5~15 cm。根状茎丝状，疏被褐色毛，早落，具稀疏的根。叶远生，叶柄上部有狭翅；叶片二回羽状至四回羽裂，宽卵形至长圆形，基部心形，先端渐尖或钝；羽片三角状卵形至长圆形，密接或互相重叠；末回裂片长圆状线形，先端钝，全缘，单一或分叉；叶脉二歧分枝，两面稍隆起。叶薄膜质，半透明，无毛。孢子囊群通常着生于叶片的上部裂片顶端，囊苞三角状卵形，唇瓣深裂几达基部，全缘或先端有齿。

【分布】在福建梅花山国家级自然保护区内分布于上杭县古田镇桂和村。生于海拔 2 800~3 000 m 的山地林中树干上或岩石上。在中国分布于浙江省、安徽省、福建省、江西省、湖北省、湖南省、广东省、广西壮族自治区、四川省、贵州省、陕西省、甘肃省、香港特别行政区、台湾省；菲律宾（吕宋岛）、印度尼西亚（爪哇岛）、日本，以及加里曼丹岛也有分布。

【凭证】福建省龙岩市上杭县桂和村，19870811，陈恒彬 #1621（FJSI 018200）。

长柄蕗蕨

Hymenophyllum polyanthos (Sw.) Sw.

瓶蕨属 *Vandenboschia* Copel.

38. 瓶蕨

Vandenboschia auriculata (Blume) Copel.

【形态】植株高 12~30 cm。根状茎长而横走，密被深棕色节状毛，早落。叶远生，沿根状茎在同一平面上排成两行，叶柄基部被节状毛；叶片一回羽状，披针形，略二型；羽片无柄，长卵圆形，基部上侧具阔耳片；不育羽片狭长圆形，先端有钝圆齿；能育裂片较不育羽片缩狭；叶脉多回二歧分叉，隆起；叶厚膜质，常沿叶脉形成褶皱，无毛。孢子囊群顶生于短裂片，每羽片有 10~14 个；囊苞狭管状，口部截形，不膨大并有浅钝齿；囊托突出囊苞口外。

【分布】在福建梅花山国家级自然保护区内分布于连城县莒溪镇太平僚七仙女瀑布河谷。生于海拔 500~2 700 m 的溪边树干上或阴湿岩石上。在中国分布于浙江省、福建省、江西省、湖南省、广东省、广西壮族自治区、海南省、重庆市、四川省、贵州省、云南省、西藏自治区、香港特别行政区、台湾省；印度东北部、日本、马来半岛、印度尼西亚（爪哇岛、苏门答腊岛）、菲律宾、加里曼丹岛至几内亚也有分布。

【凭证】福建省龙岩市连城县莒溪镇太平僚七仙女瀑布河谷，20230204，李中阳、邱相东、张富帅 #POC591568。

39. 南海瓶蕨

Vandenboschia striata (D.Don) Ebihara

【形态】植株高 15~40 cm。根状茎长而横走，密被黑褐色节状毛，疏生被节状毛的根。叶远生，叶柄近基部具宽翅，无毛；叶轴、羽轴通体具阔翅；叶片三至四回羽裂，阔披针形；羽片无柄，长圆状卵形，基部楔形不对称，先端钝；小羽片楔形至倒卵形，基部下延；末回裂片狭线形；叶脉二叉分枝，隆起。叶膜质，无毛。孢子囊群通常着生于叶片的上部裂片顶端；囊苞管状，口部截形，不膨大，具狭翅；囊托突出囊苞口外。

【分布】在福建梅花山国家级自然保护区内分布于连城县莒溪镇太平僚到池家山途中。生于海拔 400~2 700 m 的潮湿岩石上。在中国分布于浙江省、福建省、江西省、河南省、湖北省、湖南省、广东省、广西壮族自治区、海南省、四川省、贵州省、云南省、台湾省；日本、朝鲜也有分布。

【凭证】福建省龙岩市连城县莒溪镇太平僚到池家山途中，20230207，李中阳、邱相东、张富帅 #POC591628。

中华里白

Diplopterygium chinensis (Rosenst.) De Vol

九、里白目 Gleicheniales

里白科 Gleicheniaceae

芒萁属 *Dicranopteris* Bernh.

40. 芒萁

Dicranopteris pedata (Houtt.) Nakaike

【形态】植株高 0.5~2 m。根状茎匍匐，密被暗锈色长毛。叶柄禾秆色，光滑无毛；叶轴二歧分叉，顶端腋芽密被锈黄色毛；苞片卵形至卵状长圆形，边缘具不规则裂片，偶为全缘；叶轴每分叉处着生 1 对托叶状羽片；末回羽片披针形至阔披针形，篦齿状深裂几达羽轴；裂片线状披针形，全缘，先端微凹或钝圆，具软骨质的狭边；叶脉两面隆起，疏被锈色毛。叶纸质，上面黄绿色，下面灰白色。孢子囊群圆形，沿中肋两侧各着生 1 行。

【分布】在福建梅花山国家级自然保护区内分布于上杭县古田镇桂和村、大斜村、桂和到蛟潭；连城县庙前镇马家坪，莒溪镇铁山罗地—赤家坪—王母点兵，莒溪镇太平僚村。生于强酸性土的荒坡或林缘。在中国分布于山西省、江苏省、浙江省、安徽省、福建省、江西省、河南省、湖北省、湖南省、广东省、广西壮族自治区、重庆市、四川省、贵州省、云南省、甘肃省、香港特别行政区、澳门特别行政区、台湾省；日本、印度、越南也有分布。

【凭证】福建省龙岩市上杭县桂和村，19870813，陈恒彬 #1739（PE 01396707、FJSI 018158）；福建省龙岩市上杭县古田镇大斜村，20230506，刘彬彬、李福星、王慧、李小丫 #POC590385；福建省龙岩市上杭县古田镇桂和到蛟潭，20230509，刘彬彬、李福星、王慧、李小丫 #POC590759；福建省龙岩市连城县庙前镇马家坪，20230510，刘彬彬、李福星、王慧、李小丫 #POC593319；福建省龙岩市连城县莒溪镇铁山罗地—赤家坪—王母点兵，20230511，刘彬彬、卫然、王慧、李小丫 #POC593454；福建省龙岩市连城县莒溪镇太平僚村，20230512，刘彬彬、李福星、王慧、李小丫、张斌 #POC593504。

里白属 *Diplopterygium* (Diels) Nakai

41. 中华里白

Diplopterygium chinensis (Rosenst.) De Vol

【形态】植株高约3 m。根状茎横走，密被棕色鳞片。叶柄深棕色，密被红褐色鳞片，后脱落；羽片长圆形，长80~120 cm；小羽片羽状深裂，披针形，先端渐尖，几无柄；裂片互生，狭披针形至披针形，先端钝圆，偶有微凹，边缘全缘；叶厚纸质，正面绿色，背面灰绿色，沿羽轴、小羽轴、叶脉密被棕色星状毛。孢子囊群圆形，沿中肋两侧各着生1行。

【分布】在福建梅花山国家级自然保护区内分布于上杭县古田镇大斜村；连城县莒溪镇池家山、太平僚村。生于山谷溪边或林中。在中国分布于浙江省、福建省、江西省、湖南省、广东省、广西壮族自治区、海南省、重庆市、四川省、贵州省、云南省、西藏自治区、香港特别行政区、澳门特别行政区、台湾省；越南北部也有分布。

【凭证】福建梅花山国家级自然保护区，20140408，商辉、顾钰峰#SG097（CSH CSH0018473）；福建省龙岩市上杭县古田镇大斜村，20230506，刘彬彬、李福星、王慧、李小丫#POC590387；福建省龙岩市连城县莒溪镇池家山，20230205，李中阳、邱相东、张富帅#POC591590；福建省龙岩市连城县莒溪镇太平僚村，20230512，刘彬彬、李福星、王慧、李小丫、张斌#POC593502。

中华里白

Diplopterygium chinensis (Rosenst.) De Vol

42. 里白

Diplopterygium glaucum (Thunb. ex Houtt.) Nakai

【形态】植株高约 1.5 m。根状茎横走，被棕色鳞片。叶柄暗棕色，光滑；羽片长圆形，中部最宽，具短柄；小羽片线状披针形，顶端渐尖，基部不变狭，几无柄；裂片水平平展，宽披针形，基部缺刻处尖狭，边缘全缘；中脉正面平，背面凸起，侧脉叉状分枝。叶纸质，背面有白霜，正面绿色，无毛，沿小羽轴及中肋疏被锈色星状毛，后脱落。孢子囊群圆形，沿中肋两侧各着生 1 行。

【分布】在福建梅花山国家级自然保护区内分布于上杭县古田镇桂和上村、桂和到蛟潭；连城县庙前镇马家坪，莒溪镇铁山罗地—赤家坪—王母点兵、池家山风水林。生于海拔 1 300 m 的林下阴处。在中国分布于江苏省、浙江省、安徽省、福建省、江西省、湖北省、湖南省、广东省、广西壮族自治区、重庆市、四川省、贵州省、云南省、香港特别行政区、台湾省；日本、印度也有分布。

【凭证】福建梅花山国家级自然保护区，20140407，商辉、顾钰峰 #SG048（CSH CSH0018471）、SG060（CSH CSH0018470）；福建省龙岩市上杭县桂和上村，20221117，刘彬彬、王慧、李中阳、吴锦平 #POC590297；福建省龙岩市上杭县古田镇桂和到蛟潭，20230509，刘彬彬、李福星、王慧、李小丫 #POC590750；福建省龙岩市连城县庙前镇马家坪，20230510，刘彬彬、李福星、王慧、李小丫 #POC593324；福建省龙岩市连城县莒溪镇铁山罗地—赤家坪—王母点兵，20230511，刘彬彬、卫然、王慧、李小丫 #POC593414；福建省龙岩市连城县莒溪镇池家山风水林，20230513，刘彬彬、卫然、李福星、王慧、李小丫 #POC593513。

43. 光里白

Diplopterygium laevissimum (Christ) Nakai

【形态】植株高 1~1.5 m。根状茎横走，被棕色鳞片。叶柄暗棕色，基部被鳞片或疣状突起，其他部分光滑；羽片卵状长圆形，具短柄；小羽片羽状全裂，狭披针形，几无柄；裂片向上斜展，披针形，基部缺刻尖，边缘全缘；中脉正面平，背面凸起，侧脉两面明显，二叉。叶薄革质，无毛，正面绿色，背面灰绿色。孢子囊群圆形，沿中肋两侧各着生 1 行。

【分布】在福建梅花山国家级自然保护区内分布于上杭县古田镇丘山到龙龟、桂和上村；连城县莒溪镇铁山罗地—青石坑—柳杉王，铁山罗地—赤家坪—王母点兵。生于海拔 500~2 500 m 的山谷中阴湿处。在中国分布于浙江省、安徽省、福建省、江西省、湖北省、湖南省、广东省、广西壮族自治区、海南省、重庆市、四川省、贵州省、云南省、西藏自治区、台湾省；日本、越南北部、菲律宾也有分布。

【凭证】福建梅花山国家级自然保护区，20140407，商辉、顾钰峰，SG035（CSH CSH0018475）；福建省龙岩市上杭县丘山到龙龟，19870917，厦大梅花山采集队 #764（AU AU050920）；福建省龙岩市上杭县桂和上村，20221117，刘彬彬、王慧、李中阳、吴锦平 #POC590291；福建省龙岩市连城县莒溪镇铁山罗地—青石坑—柳杉王，20230511，李中阳、李福星、张斌 #POC591653；福建省龙岩市连城县莒溪镇铁山罗地—赤家坪—王母点兵，刘彬彬、卫然、王慧、李小丫 #POC593413。

十、莎草蕨目 Schizaeales

海金沙

Lygodium japonicum (Thunb.) Sw.

海金沙科 Lygodiaceae

海金沙属 *Lygodium* Sw.

44. 海金沙

Lygodium japonicum (Thunb.) Sw.

【形态】植株长达数米，攀缘生长。根状茎横走，二歧分枝，密被深棕色毛。不育羽片尖三角形，长宽近相等，一回羽片互生，基部一对卵圆形，二回小羽片卵状三角形，掌状三裂，末回裂片基部楔形或心形，先端钝，波状浅裂；叶轴有狭翅，上面密被短毛。叶纸质，干后绿褐色，两面沿中肋及叶脉有短毛；能育羽片卵状三角形，长宽几相等，一回小羽片长圆披针形，二回小羽片卵状三角形，羽状深裂。孢子囊穗单生于裂片顶端，排列稀疏。

【分布】在福建梅花山国家级自然保护区内分布于新罗区蔡宝渡；连城县莒溪镇太平僚七仙女瀑布河谷；上杭县。生于海拔 150 m 的灌木丛中。在中国分布于上海市、江苏省、浙江省、安徽省、福建省、江西省、河南省、湖北省、湖南省、广东省、广西壮族自治区、海南省、重庆市、四川省、贵州省、云南省、西藏自治区、陕西省、甘肃省、香港特别行政区、澳门特别行政区、台湾省；日本、斯里兰卡、印度尼西亚（爪哇岛）、菲律宾、印度、澳大利亚也有分布。

【凭证】福建省龙岩市新罗区蔡宝渡，20221115，刘彬彬、王慧、吴锦平 #POC590196；福建省龙岩市连城县，19881105，厦大梅花山采集队 #1233（AU AU050889）；福建省龙岩市连城县莒溪镇太平僚七仙女瀑布河谷，20220204，李中阳、邱相东、张富帅 #POC591561；福建省龙岩市上杭县，19870911，厦大梅花山采集队 #490（AU AU050894）。

十一、槐叶蘋目 Salviniales

蘋
Marsilea quadrifolia L.

蘋科 Marsileaceae

蘋属 *Marsilea* L.

45. 蘋

Marsilea quadrifolia L.

【形态】植株高 10~18 cm。根状茎细长横走，分枝，顶端被有淡棕色毛，节间长可达 4.8 cm，节上发出一至数枚叶子。叶柄长，无毛；叶片由 4 枚倒三角形的小叶组成，呈十字形，外缘半圆形，基部楔形，全缘，幼时被毛；叶脉从小叶基部向上呈放射状分叉，伸向叶边。孢子果着生于叶柄基部的短柄上，长椭圆形，幼时被毛，褐色，坚硬；孢子果内含多数孢子囊，大、小孢子囊同生于孢子囊托上，大孢子囊内有 1 个大孢子，小孢子囊内有多数小孢子。

【分布】在福建梅花山国家级自然保护区内分布于连城县。生于水田或沟塘中。在中国分布于北京市、天津市、河北省、山西省、内蒙古自治区、辽宁省、吉林省、黑龙江省、上海市、江苏省、浙江省、安徽省、福建省、江西省、山东省、河南省、湖北省、湖南省、广东省、广西壮族自治区、海南省、重庆市、四川省、贵州省、云南省、陕西省、甘肃省、青海省、宁夏回族自治区、新疆维吾尔自治区、香港特别行政区、澳门特别行政区、台湾省；世界温热两带其他地区也有分布。

【凭证】福建省龙岩市连城县，林镕 #3715（PE 01185348）。

槐叶蘋科 Salviniaceae

满江红属 *Azolla* Lam.

46. 满江红

Azolla pinnata subsp. ***asiatica*** R.M.K.Saunders & K.Fowler

【形态】小型漂浮植物。根状茎细长横走，侧枝腋生，假二歧分枝，向下生须根。叶互生，无柄，覆瓦状排列成2行；叶背裂片长圆形或卵形，肉质，绿色，秋后常变为紫红色，上表面密被乳状瘤突，基部肥厚形成共生腔；腹裂片贝壳状，无色透明。孢子果双生于分枝处，大孢子长卵形，顶部喙状，内藏1个大孢子囊，产1个大孢子，大孢子囊有9个浮膘，分上下并排附生在孢子囊体上；小孢子果圆球形或桃形，顶端有短喙，具多个长柄的小孢子囊，每个小孢子囊内有64个小孢子。

【分布】广泛分布于福建梅花山国家级自然保护区各地。广布于中国长江流域和南北各省区；朝鲜、日本也有分布。

槐叶蘋属 *Salvinia* Ség.

47. 槐叶蘋

Salvinia natans (L.) All.

【形态】小型漂浮植物。茎细长横走，被褐色节状毛。三叶轮生，上面二叶漂浮水面，长圆形或椭圆形，顶端钝圆，基部圆形，全缘；叶脉斜出，在主脉两侧有小脉 15~20 对，每条小脉上面有 5~8 束白色刚毛；叶草质，正面深绿色，背面密被棕色茸毛。下面一叶悬垂水中，细裂成线状，被细毛，形如须根。孢子果 4~8 个簇生于沉水叶的基部，表面疏生成束的短毛；小孢子果表面淡黄色，大孢子果表面淡棕色。

【分布】广泛分布于福建梅花山国家级自然保护区各地。广布于中国长江流域和南北各省区。

桫椤

Alsophila spinulosa (Hook.) R.M.Tryon

十二、桫椤目 Cyatheales

瘤足蕨科 Plagiogyriaceae

瘤足蕨属 *Plagiogyria* (Kunze) Mett.

48. 瘤足蕨

Plagiogyria adnata (Blume) Bedd.

【形态】植株高 30~75 cm。根状茎粗短，直立。叶簇生，二型；营养叶叶柄四棱形，偶为三棱形，气囊体着生于叶柄基部；叶片一回羽状，长圆状披针形，顶端渐尖并为深羽裂；羽片披针形，基部多少合生，下侧圆形，分离，上侧合生，略上延，全缘，近顶部有钝齿；侧脉二叉，两面明显；叶草质，干后棕绿色。孢子叶较营养叶高，羽片线形。孢子囊群着生于小脉顶端，成熟时满布羽片下面。

【分布】在福建梅花山国家级自然保护区内分布于上杭县；连城县庙前镇马家坪，莒溪镇太平僚村陈斜坑，铁山罗地—赤家坪—王母点兵。生于 100~1 800 m 山地林下溪沟中。在中国分布于浙江省、安徽省、福建省、江西省、湖北省、湖南省、广东省、广西壮族自治区、海南省、重庆市、四川省、贵州省、云南省、香港特别行政区、台湾省；越南、泰国、印度南部，以及马来群岛也有分布。

【凭证】福建省龙岩市上杭县，19431022，林镕 #s.n.（PE 00241822）；福建省龙岩市连城县，19431013，林镕 #3919（PE 00241813）、s.n.（00241829）；福建省龙岩市连城县庙前镇马家坪，20230510，刘彬彬、李福星、王慧、李小丫 #POC593345；福建省龙岩市连城县莒溪镇太平僚村陈斜坑，20230202，李中阳、邱相东、张富帅 #POC591508；20230514，刘彬彬、卫然、李福星、王慧、李小丫 #POC593634；福建省龙岩市连城县铁山罗地—赤家坪—王母点兵，20230511，刘彬彬、卫然、王慧、李小丫 #POC593406。

49. 华中瘤足蕨

Plagiogyria euphlebia (Kunze) Mett.

【形态】植株高 45~125 cm。根状茎粗大，斜升。叶二型；营养叶的叶柄卵形或四方形，基部两侧具气囊体；叶片奇数一回羽状，长圆形，顶生羽片与侧生羽片同形等大，基部常有 1~2 个圆形裂片；羽片披针形，略呈镰刀状，渐尖头，基部为短楔形，边缘下部几为全缘，先端有钝锯齿；侧脉常单一，直达叶边；叶纸质，干后为褐绿色。孢子叶较营养叶高，羽片紧缩成线形，具长柄，有时不发育。孢子囊群着生于小脉顶端，成熟时满布羽片下面。

【分布】在福建梅花山国家级自然保护区内分布于上杭县古田镇桂和上村；连城县庙前镇马家坪，莒溪镇铁山罗地—赤家坪—王母点兵，曲溪乡罗胜村。生于海拔 1 000 m 的林下沟谷中。在中国分布于浙江省、安徽省、福建省、江西省、湖北省、湖南省、广东省、广西壮族自治区、重庆市、四川省、贵州省、云南省、甘肃省、台湾省；越南西北部也有分布。

【凭证】福建梅花山国家级自然保护区，20140407，商辉、顾钰峰 #SG037（CSH CSH0034720）；福建省龙岩市上杭县桂和上村，19870813，陈恒彬 #1719（FJSI 018118）；福建省龙岩市连城县庙前镇马家坪，20230510，刘彬彬、李福星、王慧、李小丫 #POC593360；福建省龙岩市连城县莒溪镇铁山罗地—赤家坪—王母点兵，20230511，刘彬彬、卫然、王慧、李小丫 #POC593444；福建省龙岩市连城县曲溪乡罗胜村，20230801，李中阳、卫然、孙久琼、何丽娟 #POC589643。

50. 镰羽瘤足蕨

Plagiogyria falcata Copel.

【形态】植株高 30~70 cm。根状茎短粗。叶二型；营养叶叶柄横切面呈锐三角形，气囊体着生于叶柄基部；叶片一回羽状，长披针形，顶端渐尖并为浅羽裂；侧生羽片狭披针形，基部不对称，下侧为圆形，与叶轴近分离，羽片上侧沿叶轴以狭翅明显上延，边缘除顶部有锯齿外，均全缘；侧脉自基部以上分叉，偶单一。孢子叶较营养叶高，羽片线形，无柄。孢子囊群着生于小脉顶端，成熟时满布羽片下面。

【分布】在福建梅花山国家级自然保护区内分布于上杭县古田镇桂和到蛟潭；连城县莒溪镇太平僚风水林，池家山风水林，铁山罗地—青石坑—柳杉王，铁山罗地—赤家坪—王母点兵。生于林下。在中国分布于浙江省、安徽省、福建省、江西省、湖南省、广东省、广西壮族自治区、海南省、贵州省、台湾省。

【凭证】福建梅花山国家级自然保护区，20140407，商辉、顾钰峰 #SG036（CSH CSH0034719）；福建省龙岩市上杭县，19321024，王大顺 #s.n.（PE 00242127）；福建省龙岩市上杭县桂和到蛟潭，20230509，刘彬彬、李福星、王慧、李小丫 #POC590764；福建省龙岩市连城县莒溪镇太平僚风水林，20230203，李中阳、邱相东、张富帅 #POC591536；福建省龙岩市连城县莒溪镇池家山，20230205，李中阳、邱相东、张富帅 #POC591576；福建省龙岩市连城县莒溪镇铁山罗地—青石坑—柳杉王，20230511，李中阳、李福星、张斌 #POC591654；福建省龙岩市连城县莒溪镇铁山罗地—赤家坪—王母点兵，20230511，刘彬彬、卫然、王慧、李小丫 #POC593410、POC593411；福建省龙岩市连城县莒溪镇池家山风水林，20230513，刘彬彬、卫然、李福星、王慧、李小丫 #POC593542。

51. 华东瘤足蕨

Plagiogyria japonica Nakai

【形态】植株高 40~95 cm。根状茎粗短，直立。叶簇生，二型；营养叶叶柄近四棱形，气囊体着生于叶柄基部；叶片一回羽状，长圆形；羽片披针形，近镰刀形，短渐尖头，下侧近圆楔形，分离，上侧略与叶轴合生，边缘有钝锯齿，顶生羽片与侧生羽片近同形，与下侧羽片合生；侧脉二叉，伸达锯齿；叶纸质，干后黄绿色。孢子叶较营养叶高，羽片线形。孢子囊群着生于小脉顶端，幼时为反卷的叶缘所包，成熟时满布羽片下面。

【分布】在福建梅花山国家级自然保护区内分布于上杭县三坑口；连城县庙前镇马家坪，莒溪镇铁山罗地—赤家坪—王母点兵。生于海拔 1 450 m 以下的林下沟内。在中国分布于江苏省、浙江省、安徽省、福建省、江西省、湖北省、湖南省、广东省、广西壮族自治区、海南省、重庆市、四川省、贵州省、云南省、台湾省；也广泛分布于日本、朝鲜、印度东北部。

【凭证】福建省龙岩市上杭县三坑口，20221118，刘彬彬、王慧、吴锦平 #POC590368；福建省龙岩市连城县庙前镇马家坪，20230510，刘彬彬、李福星、王慧、李小丫 #POC593380；福建省龙岩市连城县莒溪镇铁山罗地—赤家坪—王母点兵，20230511，刘彬彬、卫然、王慧、李小丫 #POC593407、POC593441。

桫椤科 Cyatheaceae

桫椤属 *Alsophila* R.Br.

52. 桫椤

Alsophila spinulosa (Hook.) R.M.Tryon

【形态】植株高 5~15 m。主干基部密被不定根。叶螺旋状着生于顶端；叶柄的基部密被鳞片，鳞片狭披针形，暗棕色，有光泽，两侧啮齿状，脱落后有尖锐皮刺；叶片三回羽状深裂，长圆形；小羽片披针形，先端具长尾；裂片镰状披针形，斜展，边缘有锯齿。侧脉羽状；羽轴、中肋和主脉正面被糙硬毛，背面被灰白色小鳞片；叶纸质，干后绿色。孢子囊群着生于侧脉分叉处，囊群盖球形，薄膜质，成熟时不规则脱落。

【分布】在福建梅花山国家级自然保护区内分布于上杭县古田镇龙龟及桂和村附近。生于海拔 260~1 600 m 的山地溪旁或疏林中。在中国分布于浙江省、福建省、江西省、湖南省、广东省、广西壮族自治区、海南省、重庆市、四川省、贵州省、云南省、西藏自治区、香港特别行政区、台湾省；日本、越南、柬埔寨、泰国北部、缅甸、孟加拉国、不丹、尼泊尔和印度也有分布。

【凭证】福建省龙岩市上杭县古田镇龙龟，20230731，李中阳、卫然、孙久琼 #POC589640；福建省龙岩市上杭县古田镇桂和村附近，20230802，李中阳、卫然、孙久琼、何丽娟 #POC589391。

黑桫椤属 *Gymnosphaera* Blume

53. 粗齿黑桫椤

Gymnosphaera denticulata (Baker) Copel.

【形态】植株高 0.6~1.4 m。主干短而直立，连同叶柄基部被鳞片，鳞片金黄色，有光泽，线形，边缘具缘毛。叶片二回羽状，披针形；羽片长圆形，有短柄，基部一对羽片稍缩短；小羽片先端短渐尖，无柄，深羽裂达中肋，基部 1~2 对裂片分离；裂片斜展，边缘有粗齿；叶脉分离，单一，偶有分叉；中肋及主脉背面密被泡状鳞片，鳞片先端褐色。孢子囊群圆形，着生于小脉中部，隔丝多，稍长于孢子囊，无囊群盖。

【分布】在福建梅花山国家级自然保护区内分布于上杭县古田镇龙龟、丘山村；新罗区梯子岭、结缘山、蔡宝渡；连城县莒溪镇太平僚村陈斜坑、池家山以及太平僚村。在中国分布于浙江省、福建省、江西省、湖南省、广东省、广西壮族自治区、重庆市、四川省、贵州省、云南省、台湾省。

【凭证】福建梅花山国家级自然保护区，20140408，商辉、顾钰峰 #SG088（CSH CSH0018465）；福建省龙岩市上杭县龙龟，20221116，刘彬彬、王慧、李中阳、吴锦平 #POC590285；福建省龙岩市上杭县古田镇丘山村，20230804，李中阳、卫然、孙久琼、何丽娟 #POC589400；福建省龙岩市新罗区梯子岭，20221114，刘彬彬、王慧、吴锦平 #POC590126、POC590127、POC590129、POC590133；福建省龙岩市新罗区结缘山，20221114，刘彬彬、王慧、吴锦平 #POC590179；福建省龙岩市新罗区蔡宝渡，20221115，刘彬彬、王慧、吴锦平 #POC590205、POC590217、POC590224；福建省龙岩市连城县莒溪镇太平僚村陈斜坑，20230202，李中阳、邱相东、张富帅 #POC591516；福建省龙岩市连城县莒溪镇池家山，20230205，李中阳、邱相东、张富帅 #POC591575；福建省龙岩市连城县莒溪镇太平僚村，20230512，刘彬彬、李福星、王慧、李小丫、张斌 #POC593484。

54. 小黑桫椤

Gymnosphaera metteniana (Hance) Tagawa

【形态】植株高达 2 m。根状茎短而斜升，连同叶柄基部被鳞片，鳞片褐色，有光泽，披针形，边缘流苏状。叶片二回羽状，长圆形、披针形；小羽片深羽裂达小羽轴，基部裂片不分离；裂片狭长，先端具圆齿；叶脉分离，单一。叶轴疏被小鳞片，灰色，少数较窄鳞片先端有黑色长刚毛；中肋基部被鳞片，黑棕色，有灰色的边，先端弯曲具长刚毛，基部稍为泡状。孢子囊群着生小脉中部，隔丝多，稍长或等长于孢子囊，无囊群盖。

【分布】在福建梅花山国家级自然保护区内分布于连城县莒溪镇池家山风水林。在中国分布于浙江省、福建省、江西省、湖南省、广东省、广西壮族自治区、重庆市、四川省、贵州省、云南省、台湾省。

【凭证】福建省龙岩市连城县莒溪镇池家山风水林，20230513，刘彬彬、卫然、李福星、王慧、李小丫 #POC593514。

金毛狗科 Cibotiaceae

金毛狗属 *Cibotium* Kaulf.

55. 金毛狗

Cibotium barometz (L.) J.Sm.

【形态】植株高达 3 米。根状茎匍匐，粗大，连同叶柄基部密被金黄色有光泽长茸毛。叶柄基部横截面呈三角形，两侧具气囊体；叶片三回羽状分裂，广卵状三角形；羽片多数，有柄；裂片镰刀形，边缘有浅锯齿；叶脉两面明显，单一或二叉；叶革质，有光泽，背面有白霜，两面光滑，中脉上有毛，孢子囊群着生于裂片基部 1~5 对小脉顶端，囊群盖坚硬，二瓣状，内瓣较外瓣小，成熟时开裂如蚌壳状。

【分布】在福建梅花山国家级自然保护区内分布于新罗区江山镇福坑村、梯子岭、蔡宝渡；连城县莒溪镇太平僚风水林下游、太平僚村、池家山风水林；上杭县古田镇青婆渡、丘山背坑以及大斜村。生于山麓沟边及林下阴处酸性土中。在中国分布于浙江省、福建省、江西省、河南省、湖北省、湖南省、广东省、广西壮族自治区、海南省、重庆市、四川省、贵州省、云南省、西藏自治区、香港特别行政区、澳门特别行政区、台湾省；印度、马来西亚、印度尼西亚，以及中南半岛也有分布。

【凭证】福建梅花山国家级自然保护区，20140408，商辉、顾钰峰 #SG081（CSH CSH0018420）；福建省龙岩市新罗区福坑村，19870802，陈恒彬 #1300（FJSI 018215）；福建省龙岩市新罗区梯子岭，20221114，刘彬彬、王慧、吴锦平 #POC590112；福建省龙岩市新罗区蔡宝渡，20221115，刘彬彬、王慧、吴锦平 #POC590203；福建省龙岩市连城县，19321004，林镕 #3677（PE 00388043）；19881104，厦大梅花山采集队 #1109（AU AU051002）；福建省龙岩市连城县莒溪镇太平僚风水林下游，20230203，李中阳、邱相东、张富帅 #POC591546；福建省龙岩市连城县莒溪镇太平僚村，20230512，刘彬彬、李福星、王慧、李小丫，张斌 #POC593481、POC593509；福建省龙岩市连城县莒溪镇池家山风水林，20230513，刘彬彬、卫然、李福星、王慧、李小丫 #POC593518；福建省龙岩市上杭县青婆渡，20220901，刘彬彬、徐超、李福星、王慧 #POC588685；福建省龙岩市上杭县丘山背坑，20221116，刘彬彬、王慧、李中阳、吴锦平 #POC590253；福建省龙岩市上杭县古田镇大斜村，20230506，刘彬彬、李福星、王慧、李小丫 #POC590455。

长尾铁线蕨
Adiantum diaphanum Blume

十三、水龙骨目 Polypodiales

鳞始蕨科 Lindsaeaceae

鳞始蕨属 *Lindsaea* Dryand. ex Sm.

56. 钱氏鳞始蕨

Lindsaea chienii Ching

【形态】植株高 20~40 cm。根状茎横走，密被红褐色、钻形小鳞片。叶近生；叶柄长 15~26 cm，栗褐色，有光泽，基部疏被鳞片；叶片三角状披针形，上部一回羽状，下部二回羽状；上半部羽片近长方形，下半部羽片长圆状披针形；小羽片近长方形，顶端圆钝，下缘及内缘平直，上缘及外缘圆弧形，边缘有浅缺刻；叶脉二叉；叶薄草质。孢子囊群长圆形，沿上缘及外缘着生，囊群盖圆形，靠近叶边。

【分布】在福建梅花山国家级自然保护区内分布于新罗区蔡宝渡，以及上杭县丘山背坑。生于海拔 150~1 500 m 的林中。在中国分布于浙江省、福建省、江西省、广东省、广西壮族自治区、海南省、重庆市、贵州省、云南省、台湾省；越南北部也有分布。

【凭证】福建省龙岩市新罗区蔡宝渡，20221115，刘彬彬、王慧、吴锦平 #POC590219；福建省龙岩市上杭县丘山背坑，20221116，刘彬彬、王慧、李中阳、吴锦平 #POC590251。

57. 团叶鳞始蕨

Lindsaea orbiculata (Lam.) Mett. ex Kuhn

【形态】植株高 30 cm。根状茎短而横走，密被褐色、披针形鳞片。叶近生；叶柄亮栗色，有光泽；叶片线状披针形，一回羽状，有时下部为二回羽状；羽片对开式，圆形、近圆形或扇状圆形，下缘常内弯，上缘及外缘圆或钝，有不整齐的锯齿，顶生羽片与侧生羽片同形；叶纸质，无毛。孢子囊群沿叶缘延伸成线形，偶为 1~2 个缺刻所中断；囊群盖线形，具细齿。

【分布】在福建梅花山国家级自然保护区内分布于上杭县古田镇青婆渡；新罗区蔡宝渡；连城县莒溪镇陈地检查站附近。生于海拔 130~2 300 m 的山坡灌丛中。在中国分布于浙江省、福建省、江西省、湖南省、广东省、广西壮族自治区、海南省、四川省、贵州省、云南省、香港特别行政区、澳门特别行政区、台湾省；澳大利亚及热带亚洲也有分布。

【凭证】福建省龙岩市上杭县青婆渡，20220901，刘彬彬、徐超、李福星、王慧 #POC588683；福建省龙岩市新罗区蔡宝渡，20221115，刘彬彬、王慧、吴锦平 #POC590211、POC590221；福建省龙岩市连城县莒溪镇陈地检查站附近，20230202，李中阳、邱相东、张富帅 #POC591509。

乌蕨属 *Odontosoria* (C.Presl) Fée

58. 乌蕨

Odontosoria chinensis (L.) J.Sm.

【形态】植株高 30~60 cm。根状茎短而横走，密被褐色、钻形鳞片。叶近生；叶柄基部被鳞片；叶片长圆状披针形，四回羽状；羽片卵状披针形，下部的较大；末回小羽片倒披针形，顶端截形，基部楔形，下延；下部末回小羽片常再分裂为短裂片；叶脉在小裂片上二叉分枝；叶坚草质，无毛。孢子囊群顶生于 1~2 条小脉上；囊群盖厚纸质，半杯形，多少啮蚀状。

【分布】在福建梅花山国家级自然保护区内分布于新罗区江山镇 634 县道、大罗坂、梯子岭、结缘山、蔡宝渡；上杭县古田镇龙龟、桂和上村、三坑口、大斜村、永安亭到油婆髻、桂和到蛟潭；连城县莒溪镇陈地检查站附近、太平僚村、太平僚村陈斜坑以及庙前镇马家坪。生于海拔 200~1 900 m 的林下或灌丛中阴湿地。在中国分布于上海市、江苏省、浙江省、安徽省、福建省、江西省、河南省、湖北省、湖南省、广东省、广西壮族自治区、海南省、重庆市、四川省、贵州省、云南省、西藏自治区、甘肃省、香港特别行政区、澳门特别行政区、台湾省；热带亚洲各地如菲律宾，波利尼西亚，马达加斯加等地也有分布。

【凭证】福建省龙岩市新罗区江山镇 634 县道，20220902，刘彬彬、徐超、李福星、王慧 #POC588783；福建省龙岩市新罗区江山镇大罗坂，20230507，刘彬彬、李福星、王慧、李小丫 #POC590515；福建省龙岩市新罗区梯子岭，20221114，刘彬彬、王慧、吴锦平 #POC590105；福建省龙岩市新罗区结缘山，20221114，刘彬彬、王慧、吴锦平 #POC590187；福建省龙岩市新罗区蔡宝渡，20221115，刘彬彬、王慧、吴锦平 #POC590200、POC590228；福建省龙岩市上杭县，19580827，福建山区植物资源综合调查队复旦大学 #51937（PE 00485193）；19870910，厦大梅花山采集队 #305（AU AU051037）；19870916，厦大梅花山采集队 #674（AU AU051033）；19870917，厦大梅花山采集队 #814（AU AU051040）；福建省龙岩市上杭县龙龟，20221116，刘彬彬、王慧、李中阳、吴锦平 #POC590272；福建省龙岩市上杭县桂和上村，20221117，刘彬彬、王慧、李中阳、吴锦平 #POC590307；福建省龙岩市上杭县三坑口，20221118，刘彬彬、王慧、吴锦平 #POC590365；福建省龙岩市上杭县古田镇大斜村，20230506，刘彬彬、李福星、王慧、李小丫 #POC590384、POC590449；福建省龙岩市上杭县永安亭到油婆髻，20230508，刘彬彬、李福星、王慧、李小丫 #POC590727；福建省龙岩市上杭县桂和到蛟潭，20230509，刘彬彬、李福星、王慧、李小丫 #POC590753、POC590795、POC590837；福建省龙岩市连城县，19881101，厦大梅花山采集队 #990（AU AU051041）；福建省龙岩市连城县莒溪镇陈地检查站附近，20230202，李中阳、邱相东、张富帅 #POC591513；福建省龙岩市连城县莒溪镇太平僚村，20230512，刘彬彬、李福星、王慧、李小丫、张斌 #POC593503；福建省龙岩市连城县莒溪镇太平僚村陈斜坑，20230514，刘彬彬、卫然、李福星、王慧、李小丫 #POC593637；福建省龙岩市连城县庙前镇马家坪，20230510，刘彬彬、李福星、王慧、李小丫 #POC593320。

香鳞始蕨属 *Osmolindsaea* (K.U.Kramer) Lehtonen & Christenh.

59. 香鳞始蕨

Osmolindsaea odorata (Roxb.) Lehtonen & Christenh.

【形态】根状茎横走，密被栗红色、线状钻形鳞片。叶近生；叶柄基部被鳞片；叶片线状披针形，基部稍缩狭，一回羽状；羽片斜三角形，对开式，下缘直，近顶端处略上弯，内缘直，与下缘合成直角，上缘稍呈弧形突起，有缺刻；叶脉二叉分枝。孢子囊群沿羽片上缘着生，每缺刻有 1 个孢子囊群，横跨于 2~3 条小脉顶端；囊群盖横线形，边缘啮蚀状。

【分布】在福建梅花山国家级自然保护区内分布于上杭县古田镇桂和上村、丘山村、三坑口、永安亭到油婆髻、桂和到蛟潭、大吴地袁梦村；连城县莒溪镇太平僚村陈斜坑。生于海拔 800~850 m 的岩石旁沙地。在中国分布于浙江省、福建省、江西省、湖南省、广东省、广西壮族自治区、海南省、四川省、贵州省、云南省、西藏自治区、台湾省，是中国特有种。

【凭证】福建梅花山国家级自然保护区，20140407，商辉、顾钰峰 #SG057（CSH CSH0018414）；福建省龙岩市上杭县，19870916，厦大梅花山采集队 #679（AU AU051014）；福建省龙岩市上杭县桂和上村，19870810，陈恒彬 #1543（FJSI 018327）；20221117，刘彬彬、王慧、李中阳、吴锦平 #POC590300；福建省龙岩市上杭县丘山村，19870806，陈恒彬 #1478（FJSI 018329）；福建省龙岩市上杭县三坑口，20221118，刘彬彬、王慧、吴锦平 #POC590362、POC590366；福建省龙岩市上杭县永安亭到油婆髻，20230508，刘彬彬、李福星、王慧、李小丫 #POC590642；福建省龙岩市上杭县桂和到蛟潭，20230509，刘彬彬、李福星、王慧、李小丫 #POC590771；福建省龙岩市上杭县大吴地袁梦村，20230514，李中阳、何丽娟 #POC591721；福建省龙岩市连城县，19870916，厦大梅花山采集队 #1103（AU AU051012）；福建省龙岩市连城县莒溪镇太平僚村陈斜坑，20230514，刘彬彬、卫然、李福星、王慧、李小丫 #POC593651。

凤尾蕨科 Pteridaceae

铁线蕨属 *Adiantum* L.

60. 长尾铁线蕨

Adiantum diaphanum Blume

【形态】植株高 15~30 cm。根状茎短而直立，密被棕褐色、披针形鳞片。叶簇生；叶柄纤细，基部被鳞片，向上叶轴和羽轴均为黑褐色；叶片线状披针形，一回羽状，或在基部有 1~3 个长短不等的分枝；羽片斜方形，下缘直或略上弯，上缘几与下缘平行，外缘与上缘具钝锯齿，顶生羽片斜菱形；叶脉扇形分叉；叶两面疏被黑褐色刚毛。孢子囊群圆肾形，着生于羽片上缘及外缘的缺刻上；囊群盖圆肾形，具刚毛。

【分布】在福建梅花山国家级自然保护区内分布于连城县莒溪镇池家山风水林。生于海拔 600~2 200 m 的林下潮湿地方或溪旁石上。在中国分布于福建省、江西省、湖南省、广东省、海南省、贵州省、台湾省；越南、马来西亚、印度尼西亚、澳大利亚、新西兰等地也有分布。

【凭证】福建省龙岩市连城县莒溪镇池家山风水林，20230513，刘彬彬、卫然、李福星、王慧、李小丫 #POC593531。

61. 扇叶铁线蕨

***Adiantum flabellulatum* L.**

【形态】植株高 20~45 cm。根状茎短而直立，密被棕色、线状披针形鳞片。叶簇生；叶柄亮紫黑色，基部疏被鳞片；叶片扇形，二至三回掌状分枝至鸟足状二叉分枝，中央羽片最大，线状披针形；羽片斜方状椭圆形至扇形，对开式，上缘及外缘圆形，下缘直角形；叶脉扇形分叉，伸达叶缘；叶两面无毛，叶轴、羽轴及小羽柄均为黑褐色，正面疏生红棕色短细毛，背面无毛。孢子囊群椭圆形，着生于小羽片的上缘及外缘的小脉顶端；囊群盖椭圆形，黑褐色。

【分布】在福建梅花山国家级自然保护区内分布于上杭县古田镇丘山村；新罗区梯子岭、蔡宝渡；连城县莒溪镇铁山罗地—赤家坪—王母点兵，太平僚村，以及太平僚村七仙女瀑布。生于海拔 100~1 100 m 的阳光充足的酸性红、黄壤中。在中国分布于浙江省、安徽省、福建省、江西省、湖北省、湖南省、广东省、广西壮族自治区、海南省、重庆市、四川省、贵州省、云南省、香港特别行政区、澳门特别行政区、台湾省；日本、越南、缅甸、印度、斯里兰卡，以及马来群岛也有分布。

【凭证】福建梅花山国家级自然保护区，20140408，商辉、顾钰峰 #SG080（CSH CSH0018419）；福建省龙岩市上杭县，19870917，厦大梅花山采集队 #813（AU AU051333）；福建省龙岩市上杭县丘山村，19870804，陈恒彬 #s.n.（FJSI 018542）；福建省龙岩市新罗区梯子岭，20221114，刘彬彬、王慧、吴锦平 #POC590140、POC590167；福建省龙岩市新罗区蔡宝渡，20221115，刘彬彬、王慧、吴锦平 #POC590201、POC590215；福建省龙岩市连城县莒溪镇铁山罗地—赤家坪—王母点兵，20230511，刘彬彬、卫然、王慧、李小丫 #POC593404；福建省龙岩市连城县莒溪镇太平僚村，20230512，刘彬彬、李福星、王慧、李小丫、张斌 #POC593465、POC593472；福建省龙岩市连城县莒溪镇太平僚村七仙女瀑布，20230514，刘彬彬、卫然、李福星、王慧、李小丫 #POC593597。

粉背蕨属 *Aleuritopteris* Fée

62. 粉背蕨

Aleuritopteris anceps (Blanf.) Panigrahi

【形态】植株高 15~40 cm。根状茎短而直立，密被披针形鳞片，鳞片中间黑色，具淡棕色狭边。叶柄连同叶轴具棕色、披针形鳞片；叶片长圆状披针形，基部三回深羽裂，顶端羽裂渐尖；羽片斜三角形，基部一对羽片最大；小羽片长圆形，基部下侧一片最长；叶干后纸质，光滑，下面被白色粉末，羽轴上偶具鳞片。孢子囊群密接；囊群盖膜质，宽几达羽轴，边缘撕裂状。

【分布】在福建梅花山国家级自然保护区内分布于新罗区江山镇福坑村。生于海拔 1 600~2 300 m 的岩石上。在中国分布于浙江省、安徽省、福建省、江西省、湖南省、广东省、广西壮族自治区、四川省、贵州省、云南省、香港特别行政区；印度西北部、尼泊尔也有分布。

【凭证】福建省龙岩市新罗区福坑村，19870802，陈恒彬 #1318（FJSI 018483）。

碎米蕨属 ***Cheilanthes*** Sw.

63. 毛轴碎米蕨

Cheilanthes chusana Hook.

【形态】植株高 10~30 cm。根状茎短而直立，被栗黑色、狭披针形鳞片。叶簇生；叶柄连同叶轴均为栗黑色，疏被钻形鳞片，上面被棕色粗短缘毛；叶片线状披针形，二回深羽裂；羽片卵状披针形，羽状深裂几达羽轴；末回裂片长圆形，边缘有波状圆齿；叶脉羽状，侧脉单一或分叉；叶两面无毛。孢子囊群着生于小脉顶端，沿叶缘延伸，分离；囊群盖由叶缘反卷构成。

【分布】生于海拔 120~830 m 的路边、林下或溪边石缝。在中国分布于江苏省、浙江省、安徽省、福建省、江西省、河南省、湖北省、湖南省、广东省、广西壮族自治区、重庆市、四川省、贵州省、陕西省、甘肃省、香港特别行政区、台湾省；越南、菲律宾、日本也有分布。

凤了蕨属 *Coniogramme* Fée

64. 普通凤了蕨

Coniogramme intermedia Hieron.

【形态】植株高 60~120 cm。叶片卵状三角形或卵状长圆形，二回羽状；羽片三角状长圆形，基部一对最大；第二对羽片三出或单一；第三对起羽片单一，披针形；顶生羽片较其下的为大，基部常叉裂；羽片和小羽片边缘有斜上的锯齿；叶脉分离；侧脉二回分叉，顶端的水囊线形，略加厚，伸入锯齿；叶干后草质到纸质，暗绿色，下面被疏短柔毛。孢子囊群沿侧脉分布，达离叶边不远处。

【分布】广泛分布于福建梅花山国家级自然保护区各地。广布于中国长江流域和南北各省区。

65. 无毛凤了蕨

Coniogramme intermedia var. ***glabra*** Ching

【形态】植株高 60~120 cm。叶柄禾秆色，饰有淡棕色点；叶片卵状三角形，二回羽状；羽片三角状长圆形，基部一对最大三出或羽状，向上羽片单一，顶生羽片较大，基部常叉裂；羽片和小羽片边缘具锯齿；叶脉网状，在羽轴两侧形成 2~3 行狭长网眼，小脉顶端有纺锤形水囊，不伸达锯齿基部；叶干后纸质，两面光滑无毛。孢子囊群沿侧脉分布，几达叶边。

【分布】在福建梅花山国家级自然保护区内分布于连城县莒溪镇太平僚风水林。生于海拔 350~2 500 m 的湿润林下。在中国分布于河北省、辽宁省、吉林省、黑龙江省、浙江省、福建省、湖北省、湖南省、广东省、重庆市、四川省、贵州省、云南省、西藏自治区、陕西省、甘肃省、宁夏回族自治区、台湾省；日本、朝鲜、越南及俄罗斯远东地区也有分布。

【凭证】福建省龙岩市连城县莒溪镇太平僚风水林，20230513，刘彬彬、卫然、李福星、王慧、李小丫 #POC593568。

66. 凤了蕨

Coniogramme japonica (Thunb.) Diels

【形态】植株高 60~120 cm。叶柄禾秆色或栗褐色，二回羽状，羽片披针形，基部一对最大，偶有二叉；侧生小羽片 1~3 对，顶生小羽片远较侧生的为大，阔披针形，长渐尖头，通常向基部略变狭，基部为不对称的楔形或叉裂；羽片和小羽片边缘有向前伸的疏齿。叶脉网状，在羽轴两侧形成 2~3 行狭长网眼，网眼外的小脉分离，小脉顶端有纺锤形水囊，不到锯齿基部。孢子囊群沿叶脉分布，几达叶边。

【分布】在福建梅花山国家级自然保护区内分布于新罗区江山镇大罗坂。生于海拔 100~1 300 m 的湿润林下和山谷阴湿处。在中国分布于江苏省、浙江省、安徽省、福建省、江西省、河南省、湖北省、湖南省、广东省、广西壮族自治区、重庆市、四川省、贵州省、云南省、陕西省、台湾省；朝鲜南部、日本也有分布。

【凭证】福建省龙岩市新罗区江山镇大罗坂，20230507，刘彬彬、李福星、王慧、李小丫 #POC590497。

书带蕨属 *Haplopteris* C.Presl

67. 书带蕨

Haplopteris flexuosa (Fée) E.H.Crane

【形态】植株高 20~40 cm。根状茎短而横走，密被黑褐色，钻状披针形鳞片，鳞片顶端纤毛状，边缘有小齿，粗筛孔状，有虹色光泽。叶近生；叶柄极短，基部密被鳞片；叶片线形，基部下延几达叶柄基部，全缘；中脉下面稍隆起，侧脉网状；叶革质。孢子囊群着生于叶缘内的浅沟中，远离中脉，沟的内缘有 1 条隆起的棱脊，幼时被反卷的叶缘所覆盖。

【分布】在福建梅花山国家级自然保护区内分布于上杭县古田镇桂和村、桂和上村、三坑口、大吴地袁梦村、桂和村油婆髻；连城县莒溪镇太平僚风水林、池家山风水林以及庙前镇马家坪。生于海拔 100~3 200 m 的林中树干上或岩石上。在中国分布于江苏省、浙江省、安徽省、福建省、江西省、湖北省、湖南省、广东省、广西壮族自治区、海南省、重庆市、四川省、贵州省、云南省、西藏自治区、甘肃省、香港特别行政区、台湾省；越南、老挝、柬埔寨、泰国、缅甸、印度、不丹、尼泊尔、日本、朝鲜、韩国也有分布。

【凭证】福建梅花山国家级自然保护区，20140407，商辉、顾钰峰 #SG062（CSH CSH0018441）、SG066（CSH CSH0018440）；福建省龙岩市上杭县桂和村，19870811，陈恒彬 #1607（FJSI 018581）、1620（FJSI 018580）、1634（FJSI 018582）；福建省龙岩市上杭县桂和上村，20221117，刘彬彬、王慧、李中阳、吴锦平 #POC590324；福建省龙岩市上杭县三坑口，20221118，刘彬彬、王慧、吴锦平 #POC590354；福建省龙岩市上杭县大吴地袁梦村，20230514，李中阳、何丽娟 #POC591722；福建省龙岩市上杭县古田镇桂和村油婆髻，20230802，李中阳、卫然、孙久琼、何丽娟 #POC589656；福建省龙岩市连城县莒溪镇太平僚风水林，20230203，李中阳、邱相东、张富帅 #POC591534；福建省龙岩市连城县莒溪镇池家山风水林，20230513，刘彬彬、卫然、李福星、王慧、李小丫 #POC593544；福建省龙岩市连城县庙前镇马家坪，20230510，刘彬彬、李福星、王慧、李小丫 #POC593396。

金粉蕨属 *Onychium* Kaulf.

68. 野雉尾金粉蕨

Onychium japonicum (Thunb.) Kunze

【形态】植株高约 60 cm。根状茎长而横走，疏被棕色、披针形鳞片。叶散生；叶柄基部褐棕色，略被鳞片；叶片卵状三角形，四回羽状细裂；羽片卵状披针形，基部一对较大；小羽片长圆形，上先出；末回小羽片近菱形，全缘；不育叶与能育叶同形，但裂片较短且狭；每裂片有小脉 1 条；叶草质，无毛。孢子囊群短线形，着生于末回裂片两侧；囊群盖灰白色。

【分布】在福建梅花山国家级自然保护区内分布于上杭县古田镇丘山村、桂和上村、大斜村、桂和到蛟潭；连城县莒溪镇铁山罗地—赤家坪—王母点兵、太平僚村、太平僚风水林、太平僚村七仙女瀑布。生于海拔 50~2 200 m 林下沟边或溪边石上。在中国分布于河北省、上海市、江苏省、浙江省、安徽省、福建省、江西省、山东省、河南省、湖北省、湖南省、广东省、广西壮族自治区、重庆市、四川省、贵州省、云南省、陕西省、甘肃省、香港特别行政区、台湾省；日本、菲律宾、印度尼西亚（爪哇岛），以及波利尼西亚也有分布。

【凭证】福建省龙岩市上杭县丘山村，19870807，陈恒彬 #1518（FJSI 018501）；福建省龙岩市上杭县桂和上村，20221117，刘彬彬、王慧、李中阳、吴锦平 #POC590313；福建省龙岩市上杭县古田镇大斜村，20230506，刘彬彬、李福星、王慧、李小丫 #POC590440；福建省龙岩市上杭县桂和到蛟潭，20230509，刘彬彬、李福星、王慧、李小丫 #POC590745；福建省龙岩市连城县，林镕 #3762（PE 00576661）；福建省龙岩市连城县莒溪镇铁山罗地—赤家坪—王母点兵，20230511，刘彬彬、卫然、王慧、李小丫 #POC593416；福建省龙岩市连城县莒溪镇太平僚村，20230512，刘彬彬、李福星、王慧、李小丫、张斌 #POC593464；福建省龙岩市连城县莒溪镇太平僚风水林，20230513，刘彬彬、卫然、李福星、王慧、李小丫 #POC593567；福建省龙岩市连城县莒溪镇太平僚村七仙女瀑布，20230514，刘彬彬、卫然、李福星、王慧、李小丫 #POC593602。

凤尾蕨属 *Pteris* L.

69. 条纹凤尾蕨

Pteris cadieri Christ

【形态】植株高 20~50 cm。根状茎短而斜升，顶部被黑褐色、线形鳞片。叶簇生，二型；不育叶卵状长圆形，三分叉或一回羽状；羽片线形，基部一对常二叉，顶生羽片较长，顶端长尾状，边缘有细齿；能育叶较细长，羽片线形，全缘；叶脉单一或分叉；叶薄草质，无毛，羽轴上面沟旁的狭边上有软骨质的短刺。孢子囊群线形，沿叶缘延伸，顶部常不育；囊群盖线形。

【分布】在福建梅花山国家级自然保护区内分布于连城县莒溪镇太平僚七仙女瀑布河谷。生于海拔 200~500 m 的林下溪边潮湿岩石旁。在中国分布于浙江省、福建省、江西省、湖北省、广东省、广西壮族自治区、海南省、贵州省、云南省、香港特别行政区、台湾省；日本、越南北部也有分布。

【凭证】福建省龙岩市连城县莒溪镇太平僚七仙女瀑布河谷，20230204，李中阳、邱相东、张富帅 #POC591556。

70. 欧洲凤尾蕨

Pteris cretica L.

【形态】植株高 50~70 cm。根状茎短而直立，先端被黑褐色鳞片。叶簇生，近二型；叶片卵圆形，一回羽状，能育叶较不育叶细长；不育叶羽片，斜向上，基部一对二叉，向上狭披针形，叶缘有软骨质的边并矮小锯齿；能育叶的羽片斜向上，基部一对二叉，偶有三叉或单一，向上线形，顶生三叉羽片的基部常下延于叶轴，其下一对也多少下延；主脉下面强烈隆起，侧脉单一或分叉；叶干后纸质，灰绿色，无毛。孢子囊群线形。

【分布】在福建梅花山国家级自然保护区内分布于上杭县；连城县莒溪镇太平僚村陈斜坑、太平僚风水林下游、铁山罗地—青石坑—柳杉王、太平僚村、池家山风水林以及太平僚风水林。生于海拔 400~3 200 m 石灰岩地区岩隙间或林下灌丛中。在中国分布于山西省、浙江省、安徽省、福建省、江西省、河南省、湖北省、湖南省、广东省、广西壮族自治区、重庆市、四川省、贵州省、云南省、甘肃省、西藏自治区、台湾省；日本、菲律宾、越南、老挝、柬埔寨、印度、尼泊尔、斯里兰卡，以及斐济群岛、夏威夷群岛等地也有分布。

【凭证】福建省龙岩市上杭县，19870915，厦大梅花山采集队 #479（AU AU051183）；福建省龙岩市连城县莒溪镇太平僚村陈斜坑，20230202，李中阳、邱相东、张富帅 #POC591501；福建省龙岩市连城县莒溪镇太平僚风水林下游，20230203，李中阳、邱相东、张富帅 #POC591540；福建省龙岩市连城县莒溪镇铁山罗地—青石坑—柳杉王，20230511，李中阳、李福星、张斌 #POC591647；福建省龙岩市连城县莒溪镇太平僚村，20230512，刘彬彬、李福星、王慧、李小丫、张斌 #POC593471；福建省龙岩市连城县莒溪镇池家山风水林，20230513，刘彬彬、卫然、李福星、王慧、李小丫 #POC593529；福建省龙岩市连城县莒溪镇太平僚风水林，20230513，刘彬彬、卫然、李福星、王慧、李小丫 #POC593570。

71. 刺齿半边旗

Pteris dispar Kunze

【形态】植株高 30~80 cm。根状茎斜向上，先端及叶柄基部被黑褐色鳞片，鳞片先端纤毛状并稍卷曲。叶近二型；叶片卵状长圆形，二回半边深羽裂；羽片披针形，两侧深羽裂几达羽轴，但下侧的较上侧的略长，并且基部下侧一片最长，斜向下；裂片开展，略呈镰刀状，不育叶缘有长尖刺状的锯齿；羽轴下面隆起，上面纵沟旁有啮蚀状狭翅；侧脉明显，二叉；叶干后草质，暗绿色，无毛。孢子囊群线形。

【分布】在福建梅花山国家级自然保护区内分布于上杭县丘山村、龙龟；新罗区梯子岭以及结缘山。在中国分布于上海市、江苏省、浙江省、安徽省、福建省、江西省、山东省、河南省、湖北省、湖南省、广东省、广西壮族自治区、重庆市、四川省、贵州省、香港特别行政区、澳门特别行政区、台湾省；越南、马来西亚、菲律宾、日本、韩国（济州岛）也有分布。

【凭证】福建省龙岩市上杭县丘山村，198708，陈恒彬 #1524（FJSI 018358）；福建省龙岩市上杭县龙龟，20221116，刘彬彬、王慧、李中阳、吴锦平 #POC590286；福建省龙岩市新罗区梯子岭，20221114，刘彬彬、王慧、吴锦平 #POC590174；福建省龙岩市新罗区结缘山，20221114，刘彬彬、王慧、吴锦平 #POC590186。

72. 剑叶凤尾蕨

Pteris ensiformis Burm.f.

【形态】植株高30~50 cm。根状茎斜升，被黑褐色、线状披针形鳞片。叶簇生，二型；不育叶片长圆状卵形，二回羽状，下部羽片三角形，一回羽状，上部羽片通常单一，长圆状阔披针形；能育叶与不育叶同形，但较细长，边缘仅顶部不育部分有细齿；侧脉通常二叉；叶草质，两面无毛。孢子囊群线形，沿能育小羽片的叶缘延伸；囊群盖线形。

【分布】在福建梅花山国家级自然保护区内分布于新罗区江山镇大罗坂。生于海拔150~1 000 m的林下或溪边潮湿的酸性土壤中。在中国分布于浙江省、福建省、江西省、湖南省、广东省、广西壮族自治区、海南省、重庆市、四川省、贵州省、云南省、香港特别行政区、澳门特别行政区、台湾省；日本、越南、老挝、柬埔寨、缅甸、印度北部、斯里兰卡、马来西亚、澳大利亚，以及波利尼西亚、斐济群岛也有分布。

【凭证】福建省龙岩市新罗区江山镇大罗坂，20230507，刘彬彬、李福星、王慧、李小丫 #POC590527、POC590547。

73. 阔叶凤尾蕨

Pteris esquirolii Christ

【形态】植株高 1~1.5 m。根状茎短而直立，先端被黑褐色鳞片。叶簇生，二型；不育叶一回羽状，羽片长圆披针形，斜向上，基部一对有短柄并分叉，先端急狭成尾尖；能育叶一回羽状，羽片狭线形，下部 2~3 对羽片通常分叉，先端渐尖，除先端的不育叶缘有锐锯齿外，其余全缘，顶生三叉羽片的基部下延；主脉下面强度隆起，侧脉单一或分叉；叶干后薄革质，无毛。孢子囊群线形，沿叶缘着生。

【分布】生于海拔 800~1 500 m 的密林下岩石旁。在中国分布于福建省、湖南省、广东省、广西壮族自治区、重庆市、四川省、贵州省、云南省、甘肃省；越南北部也有分布。

74. 傅氏凤尾蕨

Pteris fauriei Hieron.

【形态】植株高 50~90 cm。根状茎先端密被鳞片。叶柄暗褐色，被鳞片；叶片三回深羽裂；羽片镰刀状披针形，斜展，先端长尾状渐尖，篦齿状深羽裂达到羽轴两侧的狭翅，基部一对羽片下侧有 1 片篦齿状深羽裂的小羽片；裂片披针形，下侧裂片比上侧略长，基部 1 对或数对缩短，全缘。羽轴下面隆起，上面狭纵沟两旁有针状扁刺，主脉上面有少数小刺。孢子囊群线形，沿裂片边缘延伸，仅裂片先端不育；囊群盖线形，灰棕色。

【分布】在福建梅花山国家级自然保护区内分布于新罗区梯子岭；上杭县古田镇丘山背坑以及桂和上村。生于海拔约 800 m 的林下沟旁。在中国分布于浙江省、安徽省、福建省、江西省、湖南省、广东省、广西壮族自治区、海南省、重庆市、四川省、贵州省、云南省、西藏自治区、澳门特别行政区、台湾省；越南北部及日本也有分布。

【凭证】福建省龙岩市新罗区梯子岭，20221114，刘彬彬、王慧、吴锦平 #POC590148、POC590160；福建省龙岩市上杭县丘山背坑，20221116，刘彬彬、王慧、李中阳、吴锦平 #POC590249；福建省龙岩市上杭县桂和上村，20221117，刘彬彬、王慧、李中阳、吴锦平 #POC590330。

75. 全缘凤尾蕨

Pteris insignis Mett. ex Kuhn

【形态】植株高 1~1.5 m。根状茎粗短，斜升，顶部被黑褐色、钻形小鳞片。叶簇生；叶片卵状长圆形，一回羽状；羽片线状披针形，斜向上，全缘，有软骨质的边，顶生羽片和侧生羽片同形；侧脉二叉；叶厚纸质，无毛。孢子囊群线形，沿叶缘着生，仅羽片基部及顶部不育；囊群盖线形，灰白色。

【分布】在福建梅花山国家级自然保护区内分布于新罗区梯子岭、结缘山；上杭县古田镇丘山背坑；连城县莒溪镇太平僚风水林下游以及池家山风水林。生于海拔 250~800 m 的山谷密林下或水沟旁。在中国分布于浙江省、福建省、江西省、湖南省、广东省、广西壮族自治区、海南省、四川省、贵州省、云南省、香港特别行政区；越南和马来西亚也有分布。

【凭证】福建梅花山国家级自然保护区，20140407，商辉、顾钰峰 #SG034（CSH CSH0034718）；福建省龙岩市新罗区梯子岭，20221114，刘彬彬、王慧、吴锦平 #POC590121、POC590143；福建省龙岩市新罗区结缘山，20221114，刘彬彬、王慧、吴锦平 #POC590192；福建省龙岩市上杭县丘山背坑，20221116，刘彬彬、王慧、李中阳、吴锦平 #POC590252；福建省龙岩市连城县莒溪镇太平僚风水林下游，20230203，李中阳、邱相东、张富帅 #POC591538；福建省龙岩市连城县莒溪镇池家山风水林，20230513，刘彬彬、卫然、李福星、王慧、李小丫 #POC593516。

76. 井栏边草

Pteris multifida Poir.

【形态】植株高 30~45 cm。根状茎短而直立，被深褐色、线状钻形鳞片。叶簇生，二型；叶片长卵形，一回羽状；不育羽片无柄，上部羽片线状披针形，下部羽片具一至数对长线形的小羽片，边缘有锯齿并具软骨质边；能育羽片狭线形，全缘，基部数对羽片常二至三叉；侧脉单一或二叉；叶近革质，两面无毛，叶轴两侧有翅。孢子囊群线形，囊群盖全缘。

【分布】在福建梅花山国家级自然保护区内分布于连城县。生于海拔 1 000 m 以下的墙壁、井边及石灰岩缝隙或灌丛下。在中国分布于天津市、河北省、山西省、上海市、江苏省、浙江省、安徽省、福建省、江西省、山东省、河南省、湖北省、湖南省、广东省、广西壮族自治区、海南省、重庆市、四川省、贵州省、陕西省、甘肃省、香港特别行政区、澳门特别行政区、台湾省；越南、菲律宾、日本也有分布。

【凭证】福建省龙岩市连城县，19881106，厦大梅花山采集队 #1300（AU AU051164）。

77. 斜羽凤尾蕨

Pteris oshimensis Hieron.

【形态】植株高 50~80 cm。根状茎短而直立，顶部及叶柄基部被深褐色、线状披针形鳞片。叶簇生；叶片长圆形，三回深羽裂；羽片披针形，斜向上，顶生羽片与侧生羽片同形等大，基部一对羽片下侧有 1 片篦齿状深羽裂的小羽片；裂片披针形，全缘；侧脉二叉；叶草质，两面无毛，羽轴和中脉上面有少数短刺。孢子囊群线形，沿裂片边缘延伸，顶端不育；囊群盖全缘。

【分布】在福建梅花山国家级自然保护区内分布于连城县莒溪镇百金山到池家山途中。生于海拔 350~900 m 的疏林下。在中国分布于浙江省、福建省、江西省、湖南省、广东省、广西壮族自治区、重庆市、四川省、贵州省；越南北部、日本也有分布。

【凭证】福建省龙岩市连城县莒溪镇百金山到池家山途中，20230206，李中阳、邱相东、张富帅 #POC591609。

78. 半边旗

Pteris semipinnata L.

【形态】植株高 35~120 cm。根状茎斜升，顶部密被黑褐色、钻形鳞片。叶近簇生，多少二型；叶柄连同叶轴均为栗色；叶片长圆状披针形，二回半边深羽裂；羽片半三角形而略呈镰刀状，下侧篦齿状深羽裂几达羽轴，上侧全缘；裂片线形，基部下延，不育部分叶缘有细锯齿；侧脉单一或二叉；叶两侧无毛，羽轴上面具啮蚀状狭边。孢子囊群线形，沿能育羽片的叶缘延伸，顶部常不育；囊群盖全缘。

【分布】在福建梅花山国家级自然保护区内分布于上杭县古田镇龙龟；新罗区江山镇大罗坂；连城县庙前镇马家坪。生于海拔 850 m 以下的疏林下阴处、溪边或岩石旁的酸性土壤中。在中国分布于上海市、浙江省、福建省、江西省、河南省、湖北省、湖南省、广东省、广西壮族自治区、海南省、重庆市、四川省、贵州省、云南省、香港特别行政区、澳门特别行政区、台湾省；日本、菲律宾、越南、老挝、泰国、缅甸、马来西亚、斯里兰卡及印度北部也有分布。

【凭证】福建省龙岩市上杭县龙龟，20221116，刘彬彬、王慧、李中阳、吴锦平 #POC590280；福建省龙岩市新罗区江山镇大罗坂，20230507，刘彬彬、李福星、王慧、李小丫 #POC590528；福建省龙岩市连城县庙前镇马家坪，20230510，刘彬彬、李福星、王慧、李小丫 #POC593374。

79. 溪边凤尾蕨

Pteris terminalis Wall.

【形态】植株高可达1.8 m。根状茎短而直立，木质，先端被黑褐色鳞片。叶簇生；叶柄坚硬，基部暗褐色；叶片阔三角形，二回深羽裂；顶生羽片长圆状阔披针形，先端尾状，叶片分裂程度变异较大，篦齿状深羽裂几达羽轴至羽轴下侧深羽裂至近二叉；裂片镰刀状长披针形，先端渐尖，基部稍下侧下延，顶部不育叶缘有浅锯齿；侧脉仅下面可见，稀疏，通常二叉。叶干后草质，暗绿色，羽片下面偶有短柔毛。孢子囊群线形。

【分布】广泛分布于福建梅花山国家级自然保护区各地。中国分布于河南省、陕西省、甘肃省、安徽省、江苏省、上海市、浙江省、江西省、湖南省、湖北省、四川省、重庆市、贵州省、云南省、西藏自治区、福建省、台湾省、广东省、广西壮族自治区、海南省、香港特别行政区、澳门特别行政区；日本、越南、老挝、菲律宾、马来西亚、印度、尼泊尔，以及斐济群岛、夏威夷群岛也有分布。

80. 蜈蚣凤尾蕨

Pteris vittata L.

【形态】根状茎直立，短而粗壮，密被蓬松的黄褐色鳞片。叶簇生；叶柄坚硬，幼时密被与根状茎上同样的鳞片；叶片倒披针状长圆形，一回羽状；基部羽片仅为耳形，中部羽片最长，狭线形，基部扩大并为浅心形，其两侧呈耳形，仅顶部不育部分有细锯齿；侧脉二叉或单一；叶近革质，两面无毛。孢子囊群线形，沿能育羽片边缘延伸，基部和顶部不育；囊群盖线形，膜质。

【分布】在福建梅花山国家级自然保护区内分布于新罗区江山镇大罗坂；连城县莒溪镇太平僚村。生于山坡、路旁草丛中。在中国分布于福建省、广东省、广西壮族自治区、海南省、重庆市、贵州省、云南省、台湾省；印度及中南半岛也有分布。

【凭证】福建省龙岩市新罗区江山镇大罗坂，20230507，刘彬彬、李福星、王慧、李小丫 #POC590586；福建省龙岩市连城县莒溪镇太平僚村，20230512，刘彬彬、李福星、王慧、李小丫、张斌 #POC593497。

81. 西南凤尾蕨

Pteris wallichiana C.Presl

【形态】植株高可达 1.5 m。根状茎直立，短粗，先端具棕色鳞片。叶簇生；叶轴红棕色，具稀疏的红棕色毛；叶片五角状阔卵形，三回深羽裂；小羽片披针形，篦齿状深羽裂达两侧狭翅，基部几对稍短；裂片镰刀状披针形，先端短渐尖，边缘具浅钝锯齿；小羽轴上面具浅纵沟，沟两旁有短刺；叶脉斜展，裂片基部上侧一脉与其上一片裂片的基部下侧一脉连接成 1 条弧形脉，沿小羽轴两侧各形成 1 列网眼。叶干后坚草质，暗绿色。孢子囊群线形。

【分布】广泛分布于福建梅花山国家级自然保护区各地。中国分布于河南省、安徽省、江苏省、上海市、浙江省、江西省、湖南省、湖北省、四川省、重庆市、贵州省、云南省、西藏自治区、福建省、台湾省、广东省、广西壮族自治区、海南省、香港特别行政区、澳门特别行政区；日本、越南、泰国、缅甸、老挝、菲律宾、马来西亚、尼泊尔、孟加拉国也有分布。

碗蕨科 Dennstaedtiaceae

碗蕨属 *Dennstaedtia* Bernh.

82. 碗蕨

Dennstaedtia scabra (Wall. ex Hook.) T.Moore

【形态】根状茎长而横走，红棕色，密被棕色透明的节状毛。叶疏生；叶柄和叶轴密被与根状茎同样的长毛，掉落后有粗糙的痕。叶片三角状披针形，三至四回羽状深裂；羽片长圆状披针形，基部一对最大；一回小羽片长圆形，具有狭翅的短柄，开展，上先出，基部上方一片几与叶轴并行；末回小羽片全缘或 1~2 裂，小裂片钝头；叶两面沿各羽轴及叶脉均被灰色透明的节状长毛。孢子囊群圆形，位于裂片的小脉顶端；囊群盖碗形，略有毛。

【分布】在福建梅花山国家级自然保护区内分布于新罗区梯子岭；上杭县古田镇桂和上村、三坑口、永安亭到油婆髻、桂和到蛟潭；连城县庙前镇马家坪、莒溪镇铁山罗地—赤家坪—王母点兵、太平僚村、太平僚风水林以及曲溪乡罗胜村。生于海拔 1 000~2 400 m 的林下或溪边。在中国分布于浙江省、福建省、江西省、湖南省、广东省、广西壮族自治区、重庆市、四川省、贵州省、云南省、西藏自治区、台湾省；日本、朝鲜、越南、老挝、印度、菲律宾、马来西亚、斯里兰卡也有分布。

【凭证】福建梅花山国家级自然保护区，20140407，商辉、顾钰峰 #SG059（CSH CSH0034613）；福建省龙岩市新罗区梯子岭，20221114，刘彬彬、王慧、吴锦平 #POC590107；福建省龙岩市上杭县桂和上村，20221117，刘彬彬、王慧、李中阳、吴锦平 #POC590288；福建省龙岩市上杭县三坑口，20221118，刘彬彬、王慧、吴锦平 #POC590339；福建省龙岩市上杭县永安亭到油婆髻，20230508，刘彬彬、李福星、王慧、李小丫 #POC590725、POC590738；福建省龙岩市上杭县桂和到蛟潭，20230509，刘彬彬、李福星、王慧、李小丫 #POC590860；福建省龙岩市连城县庙前镇马家坪，20230510，刘彬彬、李福星、王慧、李小丫 #POC593371；福建省龙岩市连城县莒溪镇铁山罗地—赤家坪—王母点兵，20230511，刘彬彬、卫然、王慧、李小丫 #POC593445；福建省龙岩市连城县莒溪镇太平僚村，20230512，刘彬彬、李福星、王慧、李小丫、张斌 #POC593505；福建省龙岩市连城县莒溪镇太平僚风水林，20230513，刘彬彬、卫然、李福星、王慧、李小丫 #POC593577；福建省龙岩市连城县曲溪乡罗胜村，20230801，李中阳、卫然、孙久琼、何丽娟 #POC589650。

栗蕨属 ***Histiopteris*** (J.Agardh) J.Sm.

83. 栗蕨

Histiopteris incisa (Thunb.) J.Sm.

【形态】植株高 1~2 m。根状茎长而横走，密被深棕色、线状披针形鳞片，鳞片先端扭曲。叶疏生；叶柄连同叶轴和羽轴亮栗红色；叶片长圆状三角形，二至三回羽状；羽片三角状披针形；小羽片披针形，基部一对小羽片缩小而呈托叶状；末回裂片长圆形浅羽裂；叶脉网状；叶草质，背面常为灰绿色。孢子囊群线形，沿裂片边缘着生，连续或中断；囊群盖由叶缘反折而成。

【分布】在福建梅花山国家级自然保护区内分布于连城县莒溪镇太平僚风水林下游；上杭县古田镇丘山村。生于海拔 500~1 900 m 的林下。在中国分布于浙江省、福建省、江西省、湖南省、广东省、广西壮族自治区、海南省、贵州省、云南省、西藏自治区、香港特别行政区、台湾省；也广布于其他泛热带地区，向南达非洲的马达加斯加，日本南部也有分布。

【凭证】福建省龙岩市连城县莒溪镇太平僚风水林下游，20230203，李中阳、邱相东、张富帅 #POC591548；福建省龙岩市上杭县古田镇丘山村，20230804，李中阳、卫然、孙久琼、何丽娟 #POC589399。

姬蕨属 *Hypolepis* Bernh.

84. 姬蕨

Hypolepis punctata (Thunb.) Mett. ex Kuhn

【形态】根状茎长而横走，密被棕色节状长毛。叶柄暗褐色，粗糙有毛；叶片长卵状三角形，三至四回羽状深裂；羽片三角状披针形，密生灰色腺毛；一回小羽片阔披针形；二回羽片长圆状披针形，基部近圆形；末回裂片长圆形；下面中脉隆起，侧脉羽状分枝；叶干后黄绿色，两面沿叶脉有短刚毛；叶轴、羽轴及小羽轴和叶柄同色，上面有透明的灰色节状毛。孢子囊群圆形，生于小裂片基部两侧或近缺刻处；囊群盖由叶缘反折而成，无毛。

【分布】在福建梅花山国家级自然保护区内分布于上杭县古田镇桂和上村、大斜村；连城县莒溪镇铁山罗地—赤家坪—王母点兵；新罗区万安镇张陈村水库尾。生于海拔 500~2 300 m 的溪边阴处。在中国分布于上海市、江苏省、浙江省、安徽省、福建省、江西省、山东省、湖北省、湖南省、广东省、广西壮族自治区、海南省、重庆市、四川省、贵州省、云南省、西藏自治区、香港特别行政区、台湾省；日本、印度、菲律宾、澳大利亚、新西兰，以及中南半岛、夏威夷群岛、热带美洲也有分布。

【凭证】福建省龙岩市上杭县桂和上村，20221117，刘彬彬、王慧、李中阳、吴锦平 #POC590287；福建省龙岩市上杭县古田镇大斜村，20230506，刘彬彬、李福星、王慧、李小丫 #POC590425；福建省龙岩市连城县莒溪镇铁山罗地—赤家坪—王母点兵，20230511，刘彬彬、卫然、王慧、李小丫 #POC593419；福建省龙岩市新罗区万安镇张陈村水库尾，20230731，李中阳、卫然、孙久琼 #POC589591。

鳞盖蕨属 *Microlepia* C.Presl

85. 华南鳞盖蕨

Microlepia hancei Prantl

【形态】根状茎横走，密被灰棕色长柔毛。叶疏生；叶柄基部稍被毛；叶片卵状长圆形，三回羽状至四回羽裂；羽片阔披针形，基部一对略缩短；小羽片三角状披针形，上先出，基部不对称，上侧平截，与羽轴平行；末回小羽片或裂片近斜方形，具浅钝齿；叶脉羽状；叶轴、羽轴及叶脉均疏被灰白色细毛。孢子囊群圆形，着生于裂片缺刻处；囊群盖近肾形，稍有毛。

【分布】在福建梅花山国家级自然保护区内分布于上杭县古田镇桂和上村。生于海拔约 200 m 的林中或溪边湿地。在中国分布于浙江省、福建省、江西省、湖南省、广东省、广西壮族自治区、海南省、贵州省、云南省、香港特别行政区、澳门特别行政区、台湾省；日本、印度东北部，以及中南半岛也有分布。

【凭证】福建省龙岩市上杭县桂和上村，20221117，刘彬彬、王慧、李中阳、吴锦平 #POC590327。

86. 虎克鳞盖蕨

Microlepia hookeriana (Wall. ex Hook.) C.Presl

【形态】根状茎横走，密被锈色长毛。叶疏生；叶片长圆状三角形，一回羽状；羽片披针形，下部的较大，基部上侧呈耳形，并与叶轴平行，边缘多少羽裂；裂片三角形，顶端钝；叶脉羽状；叶纸质，下面被短毛，叶轴密被锈色短硬毛。孢子囊群圆形，着生于小脉顶端；囊群盖杯形，被短硬毛。

【分布】在福建梅花山国家级自然保护区内分布于连城县莒溪镇太平僚风水林下游。生于海拔100~1 100 m的溪边林中或阴湿地。在中国分布于浙江省、福建省、江西省、湖南省、广东省、广西壮族自治区、海南省、贵州省、云南省、香港特别行政区、台湾省；加里曼丹岛、印度尼西亚、马来西亚、越南、印度北部、尼泊尔也有分布。

【凭证】福建省龙岩市连城县莒溪镇太平僚风水林下游，20230203，李中阳、邱相东、张富帅 #POC591544。

87. 边缘鳞盖蕨

Microlepia marginata (Panz.) C.Chr.

【形态】根状茎长而横走，密被锈色长柔毛。叶片长圆状三角形，羽状深裂；羽片披针形，具短柄；小裂片三角形，全缘，或具少数齿牙；叶纸质，叶轴密被锈色开展硬毛，在叶片下面各脉及囊群盖上较稀疏，叶上面有毛，稀疏。孢子囊群圆形；囊群盖杯形，上边平截，多少被短硬毛，距叶缘较远。

【分布】在福建梅花山国家级自然保护区内分布于新罗区江山镇福坑村、结缘山；连城县庙前镇马家坪、莒溪镇太平僚村以及太平僚风水林。生于海拔300~1 500 m的林下或溪边。在中国分布于上海市、江苏省、浙江省、安徽省、福建省、江西省、河南省、湖北省、湖南省、广东省、广西壮族自治区、海南省、重庆市、四川省、贵州省、云南省、陕西省、甘肃省、香港特别行政区、台湾省；日本、越南、斯里兰卡至印度北部、尼泊尔，以及新几内亚也有分布。

【凭证】福建省龙岩市新罗区福坑村，20140408，商辉、顾钰峰 #SG083（CSH CSH0017137）；福建省龙岩市新罗区结缘山，20221114，刘彬彬、王慧、吴锦平 #POC590178、POC590183；福建省龙岩市连城县庙前镇马家坪，20230510，刘彬彬、李福星、王慧、李小丫 #POC593332、POC593341；福建省龙岩市连城县莒溪镇太平僚村，20230512，刘彬彬、李福星、王慧、李小丫、张斌 #POC593477；福建省龙岩市连城县莒溪镇太平僚风水林，20230513，刘彬彬、卫然、李福星、王慧、李小丫 #POC593569。

88. 假粗毛鳞盖蕨

Microlepia pseudostrigosa Makino

【形态】根状茎长而横走，密被红棕色长针状毛。叶柄褐棕色，下部多少被刚毛；叶片长圆形，二回羽状；羽片线状披针形，基部不对称；小羽片近菱形，先端急尖，有齿牙，基部不对称；裂片长圆形，顶部裂片最大，边缘具粗齿；叶脉羽状。孢子囊群顶生于小脉顶端；囊群盖肾圆形，以阔基部着生，无毛。

【分布】在福建梅花山国家级自然保护区内分布于上杭县古田镇龙龟；连城县莒溪镇太平僚风水林以及太平僚村。生于海拔 500 m 的伏虎寺附近林下。在中国分布于江苏省、浙江省、福建省、江西省、湖北省、湖南省、广东省、广西壮族自治区、重庆市、四川省、贵州省、云南省、陕西省、甘肃省。

【凭证】福建省龙岩市上杭县龙龟，20221116，刘彬彬、王慧、李中阳、吴锦平 #POC590281、POC590283；福建省龙岩市连城县莒溪镇太平僚风水林，20230203，李中阳、邱相东、张富帅 #POC591532；福建省龙岩市连城县莒溪镇太平僚村，20230512，刘彬彬、李福星、王慧、李小丫、张斌 #POC593461。

89. 粗毛鳞盖蕨

Microlepia strigosa (Thunb.) C.Presl

【形态】根状茎长而横走，密被灰棕色针状长毛。叶疏生；叶柄基部被针状长毛，脱落后有粗糙的斑痕；叶片长圆形，二回羽状；羽片线状披针形，基部不对称，下侧略短；小羽片近菱形，基部上侧截形，与羽片平行，边缘有不同程度的分裂；叶脉二叉；叶纸质，正面无毛，背面沿叶脉疏被灰棕色短硬毛，羽轴和叶轴被毛尤密。孢子囊群圆形，着生于小脉顶端；囊群盖杯形，被棕色短毛。

【分布】在福建梅花山国家级自然保护区内分布于上杭县古田镇龙龟。生于海拔 800~1 700 m 的林下石灰岩上。在中国分布于浙江省、福建省、江西省、河南省、湖北省、湖南省、广东省、广西壮族自治区、海南省、重庆市、四川省、贵州省、云南省、香港特别行政区、台湾省；日本及东南亚各国也有分布。

【凭证】福建省龙岩市上杭县龙龟，20221116，刘彬彬、王慧、李中阳、吴锦平 #POC590267。

90. 针毛鳞盖蕨

Microlepia trapeziformis (Roxb.) Kuhn

【形态】根状茎横走，深褐色，疏被灰色长刚毛。叶远生，叶柄禾秆色，基部疏被毛；叶片为阔卵状长圆形，近尾状渐尖头，三回羽状；羽片互生，基部一对稍短缩；一回小羽片互生，上先出，基部上侧一片较长；末回小羽片沿小羽轴多少下延，全缘或有一二浅缺裂。叶脉两面明显，单一或分叉，不达叶边，下面叶脉密被伏贴的灰色有光亮的针状长毛。孢子囊群圆形，着生于末回小羽片近小叶轴处，每片 1 个；囊群盖小，浅杯形，具长毛。

【分布】在福建梅花山国家级自然保护区内分布于连城县莒溪镇池家山风水林。生于海拔 500~1 900 m 的森林及林下沟内。在中国分布于福建省、湖北省、广东省、广西壮族自治区、海南省、云南省、西藏自治区、台湾省；印度、印度尼西亚、马来西亚、缅甸、菲律宾、泰国和越南也有分布。

【凭证】福建省龙岩市连城县莒溪镇池家山风水林，20230513，刘彬彬、卫然、李福星、王慧、李小丫 #POC593550。

蕨属 *Pteridium* Gled. ex Scop.

91. 蕨

Pteridium aquilinum var. ***latiusculum*** (Desv.) Underw. ex A.Heller

【形态】植株高可达 1 m。根状茎长而横走，密被锈黄色柔毛。叶柄粗壮，基部近黑褐色，幼时被刚毛，后脱落；叶片宽三角形，三回羽状；羽片卵状三角形，基部一对最大；小羽片披针形，近平展；裂片或末回小羽片长圆形，下侧较上侧的稍大；叶脉羽状，侧脉分叉；叶近革质，沿羽轴及下面脉上疏生短毛。孢子囊群线形，沿叶缘的边脉上连续伸长；囊群盖薄纸质。

【分布】在福建梅花山国家级自然保护区内分布于连城县莒溪镇铁山罗地—赤家坪—王母点兵。生于海拔 200~830 m 的山地阳坡及森林边缘阳光充足的地方。在中国分布于北京市、天津市、河北省、山西省、内蒙古自治区、辽宁省、吉林省、黑龙江省、上海市、江苏省、浙江省、安徽省、福建省、江西省、山东省、河南省、湖北省、湖南省、广东省、广西壮族自治区、海南省、重庆市、四川省、贵州省、云南省、西藏自治区、陕西省、甘肃省、青海省、宁夏回族自治区、新疆维吾尔自治区、香港特别行政区、澳门特别行政区、台湾省；也广布于世界其他热带及温带地区。

【凭证】福建省龙岩市连城县莒溪镇铁山罗地—赤家坪—王母点兵，20230511，刘彬彬、卫然、王慧、李小丫 #POC593435。

冷蕨科 Cystopteridaceae

亮毛蕨属 *Acystopteris* Nakai

92. 亮毛蕨

Acystopteris japonica (Luerss.) Nakai

【形态】植株高40~90 cm。根状茎长而横走，疏被狭披针形鳞片。叶疏生；叶柄栗紫色，疏被鳞片；叶片卵状长圆形，三回羽裂；羽片披针形；小羽片长圆形，羽裂达小羽轴两侧的狭翅；裂片具粗齿；叶脉羽状，侧脉在裂片上单一；叶两面沿叶脉疏生无色透明的节状毛。孢子囊群小，圆形，着生于小脉中部；囊群盖极小，卵圆形。

【分布】在福建梅花山国家级自然保护区内分布于上杭县古田镇桂和上村；连城县曲溪乡罗胜村。生于海拔400~2 800 m的沟谷林下。在中国分布于浙江省、福建省、江西省、湖北省、湖南省、广西壮族自治区、重庆市、四川省、贵州省、云南省、台湾省；日本也有分布。

【凭证】福建省龙岩市上杭县桂和上村，20221117，刘彬彬、王慧、李中阳、吴锦平#POC590326；福建省龙岩市连城县曲溪乡罗胜村，20230801，李中阳、卫然、孙久琼、何丽娟#POC589645。

铁角蕨科 Aspleniaceae

铁角蕨属 *Asplenium* L.

93. 毛轴铁角蕨

Asplenium crinicaule Hance

【形态】植株高 20~40 cm。根状茎短而直立，密被黑褐色、线状披针形鳞片，鳞片顶端呈纤维状。叶簇生；叶柄深棕褐色，连同叶轴密被鳞片；叶片披针形，一回羽状；羽片菱状披针形，基部不对称，上侧斜截形并稍具耳，边缘有粗齿；叶脉扇状分枝，两面隆起；叶纸质，两面无毛。孢子囊群线形，稍靠近中脉；囊群盖坚膜质。

【分布】在福建梅花山国家级自然保护区内分布于连城县莒溪镇百金山到池家山途中、太平僚村七仙女瀑布；新罗区江山镇福坑村以及万安镇张陈村水库尾。生于海拔 120~3 000 m 林下的溪边潮湿岩石上。在中国分布于浙江省、福建省、江西省、湖南省、广东省、广西壮族自治区、海南省、重庆市、四川省、贵州省、云南省、西藏自治区、香港特别行政区；印度、缅甸、越南、马来西亚、菲律宾、澳大利亚等地也有分布。

【凭证】福建省龙岩市连城县莒溪镇百金山到池家山途中，20230206，李中阳、邱相东、张富帅 #POC591604；福建省龙岩市连城县莒溪镇太平僚村七仙女瀑布，20230514，刘彬彬、卫然、李福星、王慧、李小丫 #POC593613；福建省龙岩市新罗区江山镇福坑村，20230515，李中阳 #POC591737；福建省龙岩市新罗区万安镇张陈村水库尾，20230731，李中阳、卫然、孙久琼 #POC589587。

94. 厚叶铁角蕨

Asplenium griffithianum Hook.

【形态】植株高 15~25 cm。根状茎横走，顶部被深棕色披针形鳞片。叶近生；叶柄疏被鳞片；单叶，线状倒披针形，下部渐狭并下延，顶端短渐尖，全缘或略呈波浪状；中脉两面隆起，侧脉二叉；叶近肉质，无毛或下面基部疏被小鳞片。孢子囊群线形，着生于小脉的上侧分枝上；囊群盖全缘。

【分布】在福建梅花山国家级自然保护区内分布于连城县莒溪镇百金山到池家山途中。生于海拔 150~1 600 m 的林下潮湿岩石上。在中国分布于福建省、湖南省、广东省、广西壮族自治区、海南省、四川省、贵州省、云南省、西藏自治区、香港特别行政区、台湾省；印度北部、尼泊尔、不丹、缅甸、越南及日本（九州）也有分布。

【凭证】福建省龙岩市连城县莒溪镇百金山到池家山途中，20230206，李中阳、邱相东、张富帅 #POC591605。

95. 胎生铁角蕨

Asplenium indicum Sledge

【形态】植株高 10~25 cm。根状茎粗短而直立，密被红棕色、钻状披针形鳞片。叶簇生；叶柄基部被鳞片；叶片阔披针形，一回羽状；羽片菱状披针形，基部不对称，上侧呈耳状；裂片长圆形，顶端具钝齿；叶脉羽状，上面隆起，侧脉二叉；叶近革质，无毛，叶轴往往疏生纤维状鳞片，上部羽片腋间常有 1 枚被鳞片的芽胞。孢子囊群线形，着生于小脉中部；囊群盖全缘。

【分布】在福建梅花山国家级自然保护区内分布于上杭县古田镇桂和上村、大吴地袁梦村、桂和村油婆髻；连城县莒溪镇池家山风水林。生于海拔 600~2 700 m 的密林下潮湿岩石上或树干上。在中国分布于浙江省、安徽省、福建省、江西省、河南省、湖北省、湖南省、广东省、广西壮族自治区、四川省、贵州省、云南省、西藏自治区、甘肃省、台湾省；尼泊尔、印度、缅甸、泰国、越南、菲律宾、日本南部也有分布。

【凭证】福建省龙岩市上杭县桂和上村，20221117，刘彬彬、王慧、李中阳、吴锦平 #POC590312；福建省龙岩市上杭县大吴地袁梦村，20230514，李中阳、何丽娟 #POC591731；福建省龙岩市上杭县古田镇桂和村油婆髻，20230802，李中阳、卫然、孙久琼、何丽娟 #POC589660；福建省龙岩市连城县莒溪镇池家山风水林，20230513，刘彬彬、卫然、李福星、王慧、李小丫 #POC593545。

96. 倒挂铁角蕨

Asplenium normale D.Don

【形态】植株高 15~40 cm。根状茎短而直立，密被深褐色，线状披针形鳞片。叶簇生；叶柄栗褐色，基部稍被鳞片；叶片披针形，一回羽状；羽片三角状椭圆形，基部不对称；叶脉羽状，纤细，小脉单一或二叉；叶薄纸质，干后棕绿，两面均无毛；叶轴先端有1枚被鳞片的芽胞，在母株上萌发。孢子囊群椭圆形，伸达叶缘；囊群盖椭圆形，开向主脉。

【分布】在福建梅花山国家级自然保护区内分布于上杭县古田镇桂和村；连城县莒溪镇铁山罗地、太平僚风水林、太平僚七仙女瀑布河谷、太平僚村、池家山风水林，庙前镇马家坪；新罗区江山镇福坑村。生于海拔 600~2 500 m 的密林下或溪旁石上。在中国分布于辽宁省、江苏省、浙江省、安徽省、福建省、江西省、湖北省、湖南省、广东省、广西壮族自治区、海南省、重庆市、四川省、贵州省、云南省、西藏自治区、香港特别行政区、台湾省；也广泛分布于尼泊尔、印度、斯里兰卡、缅甸、越南、马来西亚、菲律宾、日本、澳大利亚、马达加斯加，以及夏威夷等太平洋岛屿。

【凭证】福建省龙岩市上杭县桂和村，19870811，陈恒彬 #1601（FJSI 018867）；福建省龙岩市连城县莒溪镇铁山罗地，19880310，陈恒彬 #01880（FJSI 018866）；福建省龙岩市连城县莒溪镇太平僚风水林，20230203，李中阳、邱相东、张富帅 #POC591525；福建省龙岩市连城县莒溪镇太平僚七仙女瀑布河谷，20230204，李中阳、邱相东、张富帅 #POC591572；福建省龙岩市连城县莒溪镇太平僚村，20230512，刘彬彬、李福星、王慧、李小丫、张斌 #POC593486、POC593512；福建省龙岩市连城县莒溪镇池家山风水林，20230513，刘彬彬、卫然、李福星、王慧、李小丫 #POC593520、POC593534、POC593536；福建省龙岩市连城县庙前镇马家坪，20230510，刘彬彬、李福星、王慧、李小丫 #POC593395；福建省龙岩市新罗区江山镇福坑村，19870802，陈恒彬 #1299（FJSI 018868）；20230515，李中阳 #POC591741。

97. 长叶巢蕨

Asplenium phyllitidis D.Don

【形态】根状茎直立，短粗，木质；先端被黑棕色鳞片，鳞片阔披针形，全缘或流苏状。叶簇生，叶柄木质，基部被鳞片；叶片狭披针形，全缘，中部最宽，向基部逐渐下延，先端急狭为短尾状。小脉两面隐约可见，单一或分叉；叶纸质或薄革质，两面均无毛。孢子囊群线形，自小脉基部外行可达3/4，叶片下部通常不育；囊群盖线形，膜质，浅棕色，全缘。

【分布】在福建梅花山国家级自然保护区内分布于新罗区万安镇张陈村水库尾。生于海拔600~1 400 m的溪边森林的岩石或树干上。在中国分布于福建省、广西壮族自治区、海南省、四川省、贵州省、云南省、西藏自治区；越南北部至印度北部与东部也有分布。

【凭证】福建省龙岩市新罗区万安镇张陈村水库尾，20230731，李中阳、卫然、孙久琼#POC589594。

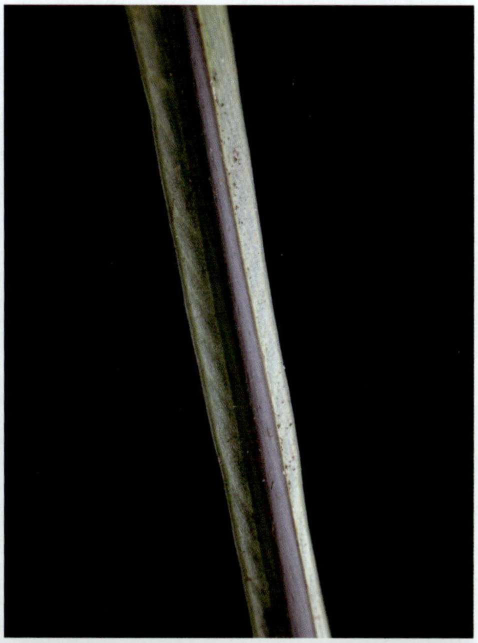

98. 长叶铁角蕨

Asplenium prolongatum Hook.

【形态】植株高 20~40 cm。根状茎短而直立，顶部密被黑褐色、披针形鳞片。叶簇生，叶柄基部被鳞片；叶片线状披针形，二回羽状；羽片长圆形，下部的较大；小羽片线形，略弯曲，基部上侧 1 片先出，较大，通常 2 裂，其余向上各对稍小，基部下延成狭翅；叶脉略隆起；叶肉质，叶轴顶端常鞭状生根。孢子囊群窄线形，着生小羽片中部上侧边；囊群盖开向叶缘。

【分布】在福建梅花山国家级自然保护区内分布于上杭县古田镇桂和上村；连城县莒溪镇太平僚风水林、百金山到池家山途中、太平僚村、池家山风水林、太平僚村七仙女瀑布；新罗区江山镇福坑村。生于海拔 150~1 800 m 的林中树干上或潮湿岩石上。在中国分布于浙江省、安徽省、福建省、江西省、河南省、湖北省、湖南省、广东省、广西壮族自治区、海南省、重庆市、四川省、贵州省、云南省、西藏自治区、甘肃省、香港特别行政区、台湾省；印度、斯里兰卡、日本、韩国南部（济州岛）、斐济，以及中南半岛也有分布。

【凭证】福建省龙岩市上杭县桂和上村，19870812，陈恒彬 #1694（FJSI 018887）；福建省龙岩市连城县莒溪镇太平僚风水林，20230203，李中阳、邱相东、张富帅 #POC591520；福建省龙岩市连城县莒溪镇百金山到池家山途中，20230206，李中阳、邱相东、张富帅 #POC591606；福建省龙岩市连城县莒溪镇太平僚村，20230512，刘彬彬、李福星、王慧、李小丫、张斌 #POC593462；福建省龙岩市连城县莒溪镇池家山风水林，20230513，刘彬彬、卫然、李福星、王慧、李小丫 #POC593538、POC593539；福建省龙岩市连城县莒溪镇太平僚村七仙女瀑布，20230514，刘彬彬、卫然、李福星、王慧、李小丫 #POC593591、POC593612；福建省龙岩市新罗区江山镇福坑村，20230515，李中阳 #POC591746。

99. 假大羽铁角蕨

Asplenium pseudolaserpitiifolium Ching

【形态】植株高可达 1 m。根状茎木质，斜升，先端密被褐棕色、线状披针形鳞片，鳞片大。叶簇生；叶柄基部疏被鳞片；叶片大，椭圆形，三回羽状；羽片长三角形，呈镰刀状，基部近圆形；小羽片卵状三角形，上侧一片紧靠叶轴；末回小羽片为倒三角状卵形并为掌状深裂，基部楔形，下延，顶端有钝齿；叶脉隆起呈沟脊状，小脉扇状二叉分枝；叶近革质，干后草绿色。孢子囊群狭线形，极斜向上，排列不整齐；囊群盖开向主脉或小羽轴。

【分布】生于海拔 100~1 100 m 的林下溪边岩石上。在中国分布于福建省、江西省、湖南省、广东省、广西壮族自治区、海南省、云南省、西藏自治区、台湾省、香港特别行政区；印度、越南、印度尼西亚、菲律宾也有分布。

100. 华中铁角蕨

Asplenium sarelii Hook.

【形态】植株高 10~20 cm。根状茎短而直立，顶部密被黑褐色、边有锯齿的披针形鳞片。叶簇生；叶柄较细弱，基部淡褐色，被线形鳞片；叶片椭圆形，三回羽状；羽片卵状三角形；小羽片卵形，羽状深裂达小羽轴；末回小羽片顶端有 2~3 枚钝齿；叶脉上面隆起，小脉二至三叉；叶坚草质，干后灰绿色，叶轴及各回羽轴两侧有线形窄翅。孢子囊群近椭圆形；囊群盖同形，开向主脉，宿存。

【分布】在福建梅花山国家级自然保护区内分布于连城县莒溪镇太平僚村七仙女瀑布。生于海拔 300~2 800 m 的潮湿岩壁上或石缝中。在中国分布于上海市、江苏省、浙江省、安徽省、福建省、江西省、山东省、河南省、湖北省、湖南省、广西壮族自治区、重庆市、四川省、贵州省、云南省、陕西省、甘肃省；日本、朝鲜南部、俄罗斯（西伯利亚及远东地区）也有分布。

【凭证】福建省龙岩市连城县莒溪镇太平僚村七仙女瀑布，20230204，李中阳、邱相东、张富帅 #POC591560。

101. 铁角蕨

Asplenium trichomanes L.

【形态】植株高 10~30 cm。根状茎短而直立，顶部密被黑褐色、线状披针形鳞片。叶簇生；叶柄栗褐色，基部被鳞片，连同叶轴上面有膜质狭翅；叶片线形，基部略缩狭，一回羽状；羽片斜卵形，基部一对常缩成耳状，中部羽片最大，基部不对称；叶脉羽状，侧脉二叉或单一；叶纸质，无毛。孢子囊群长圆形，着生于上侧小脉中部；囊群盖全缘。

【分布】在福建梅花山国家级自然保护区内分布于连城县莒溪镇铁山罗地，生于海拔 400~3 400 m 的林下山谷中的岩石上或石缝中。在中国分布于山西省、吉林省、江苏省、浙江省、安徽省、福建省、江西省、河南省、湖北省、湖南省、广东省、广西壮族自治区、重庆市、四川省、贵州省、云南省、西藏自治区、陕西省、甘肃省、新疆维吾尔自治区、台湾省；广泛分布于全世界温带地区和热带、亚热带的高山上。

【凭证】福建省龙岩市连城县莒溪镇铁山罗地，19880311，陈恒彬 #01883（FJSI 018924）。

102. 闽浙铁角蕨

Asplenium wilfordii Mett. ex Kuhn

【形态】植株高 30~40 cm。根状茎短粗，斜升，顶部密被栗褐色、线状披针形鳞片。叶簇生；叶柄略呈半圆形，下部为红棕色，疏生鳞片；叶片长圆状披针形，三回羽状；羽片披针形，中部的较大；末回小羽片或裂片卵状长圆形，顶端钝，并有钝齿；叶脉羽状，每裂片有小脉 1 条；叶坚纸质，叶轴、羽轴上面疏生鳞片。孢子囊群长圆形，着生于小脉中部；囊群盖全缘。

【分布】在福建梅花山国家级自然保护区内分布于连城县莒溪镇太平僚七仙女瀑布。生于海拔 200~2 500 m 的林下石上。在中国分布于浙江省、福建省、江西省、台湾省；日本及朝鲜南部也有分布。

【凭证】福建省龙岩市连城县莒溪镇太平僚七仙女瀑布，20230514，刘彬彬、卫然、李福星、王慧、李小丫 #POC593581、POC593611、POC593616。

103. 狭翅铁角蕨

Asplenium wrightii D.C.Eaton ex Hook.

【形态】植株高 35~120 cm。根状茎短而直立，被棕色、狭三角形鳞片，鳞片中央深色；叶簇生；叶柄基部栗褐色，被鳞片，叶片椭圆形，一回羽状；羽片镰状披针形，具粗锯齿，向上羽片渐短；叶脉羽状，小脉不达叶缘；叶干后纸质，草绿色，叶轴中部有时两侧有窄翅。孢子囊群线形，略外弯，自主脉向外行几达叶缘；囊群盖线形，开向主脉。

【分布】在福建梅花山国家级自然保护区内分布于连城县莒溪镇太平僚七仙女瀑布及瀑布河谷。生于海拔 230~1 100 m 的林下溪边岩石上。在中国分布于江苏省、浙江省、安徽省、福建省、江西省、湖北省、湖南省、广东省、广西壮族自治区、海南省、重庆市、四川省、贵州省、云南省、香港特别行政区、台湾省；越南、日本也有分布。

【凭证】福建省龙岩市连城县莒溪镇太平僚七仙女瀑布河谷，20230204，李中阳、邱相东、张富帅 #POC591565；建省龙岩市连城县莒溪镇太平僚村七仙女瀑布，20230514，刘彬彬、卫然、李福星、王慧、李小丫 #POC593606。

104. 棕鳞铁角蕨

Asplenium yoshinagae Makino

【形态】植株高 20~45 cm。根状茎直立，被棕色、狭三角形鳞片。叶簇生；叶柄基部具根状茎上相同鳞片；叶片狭三角形，一回羽状；中部羽片菱状披针形，呈镰刀状，基部极不对称，上侧具耳状突起，边缘具不规则的片裂。基部上侧脉常为多回分叉。叶近革质，羽片下面及羽柄上均被棕色的狭披针形鳞片；在羽片腋间有 1 枚芽胞。孢子囊群线形，在主脉两侧各排成整齐的 1 行；囊群盖线形，灰棕色，开向主脉。

【分布】在福建梅花山国家级自然保护区内分布于上杭县古田镇桂和村、桂和上村、三坑口；连城县莒溪镇太平僚风水林。生于林下潮湿岩石上或树干下部。在中国分布于浙江省、福建省、湖北省、湖南省、广东省、广西壮族自治区、重庆市、四川省、贵州省、云南省、西藏自治区、台湾省；日本也有分布。

【凭证】福建梅花山国家级自然保护区，20140407，商辉、顾钰峰 #SG068（CSH CSH0018415）；福建省龙岩市上杭县桂和村，19870811，陈恒彬 #1647（FJSI 018961）；福建省龙岩市上杭县桂和上村，19870812，陈恒彬 #1691（FJS 018958）；福建省龙岩市上杭县三坑口，20221118，刘彬彬、王慧、吴锦平 #POC590355、POC590360；福建省龙岩市连城县莒溪镇太平僚风水林，20230203，李中阳、邱相东、张富帅 #POC591518。

膜叶铁角蕨属 *Hymenasplenium* Hayata

105. 中华膜叶铁角蕨

Hymenasplenium sinense K.W.Xu, Li Bing Zhang & W.B.Liao

【形态】本种与培善膜叶铁角蕨 *Hymenasplenium wangpeishanii* 的形态特征相近，但本种通常生于溪边滴水的石壁上，叶为半透明膜质，羽片短尖头或钝头；而培善膜叶铁角蕨通常生于林下和溪边石壁上，叶为草质，羽片急尖头或短渐尖头。二者易于区别。

【分布】在福建梅花山国家级自然保护区内分布于连城县莒溪镇太平僚到池家山途中。生于沟谷中湿润石壁上。在中国分布于福建省、江西省、广西壮族自治区、贵州省、云南省。

【凭证】福建省龙岩市连城县莒溪镇太平僚到池家山途中，20230207，李中阳、邱相东、张富帅 #POC591626。

金星蕨科 Thelypteridaceae

栗金星蕨属 *Coryphopteris* Holttum

106. 钝角栗金星蕨

Coryphopteris angulariloba (Ching) L.J.He & X.C.Zhang

【形态】植株高 30~60 cm。根状茎短，横卧或斜升，近黑色。叶近簇生；叶柄基部近黑色，密被开展的多细胞针状毛，向上为栗红色；叶片狭长圆形，二回羽状深裂；羽片线状披针形，无柄；裂片长方形，先端具 2~4 个缺刻状的钝棱角；叶下面沿羽轴和主脉被多细胞的短针毛，有时混生有橙色腺毛，上面沿羽轴纵沟被针状毛。孢子囊群圆形，着生于侧脉中部；囊群盖圆肾形，密被灰白色短刚毛。

【分布】在福建梅花山国家级自然保护区内分布于新罗区结缘山；上杭县古田镇丘山背坑、大吴地袁梦村；连城县莒溪镇太平僚风水林以及池家山。在中国分布于福建省、江西省、湖南省、广东省、广西壮族自治区、海南省、香港特别行政区、台湾省；日本也有分布。

【凭证】福建省龙岩市新罗区结缘山，20221114，刘彬彬、王慧、吴锦平 #POC590190；福建省龙岩市上杭县丘山背坑，20221116，刘彬彬、王慧、李中阳、吴锦平 #POC590255；福建省龙岩市上杭县大吴地袁梦村，20230514，李中阳、何丽娟 #POC591723；福建省龙岩市连城县莒溪镇太平僚风水林，20230203，李中阳、邱相东、张富帅 #POC591526；福建省龙岩市连城县莒溪镇池家山，20230205，李中阳、邱相东、张富帅 #POC591579。

107. 光脚栗金星蕨

Coryphopteris japonica (Baker) L.J.He & X.C.Zhang

【形态】植株高 55~70 cm。根状茎短，横卧或斜升。叶近簇生；叶柄基部近黑色，略被红棕色披针形鳞片，向上为栗褐色，无毛；叶卵状长圆形，二回羽状深裂；羽片无柄，羽裂达羽轴狭翅；裂片略呈镰刀状；叶下面沿羽轴、主脉和叶缘被灰白色的疏柔毛，并密被红棕色圆球形腺体，上面沿叶轴、羽轴纵沟密被针状短毛，叶轴下面被长柔毛。孢子囊群圆形，着生于侧脉中部稍上处；囊群盖圆肾形，背面被较多的灰白色柔毛。

【分布】在福建梅花山国家级自然保护区内分布于上杭县古田镇桂和上村；连城县曲溪乡罗胜村。在中国分布于江苏省、福建省、江西省、湖南省、广西壮族自治区、四川省、贵州省、台湾省。

【凭证】福建省龙岩市上杭县桂和上村，20221117，刘彬彬、王慧、李中阳、吴锦平 #POC590292；福建省龙岩市连城县曲溪乡罗胜村，20230801，李中阳、卫然、孙久琼、何丽娟 #POC589642。

钩毛蕨属 *Cyclogramma* Tagawa

108. 狭基钩毛蕨

Cyclogramma leveillei (Christ) Ching

【形态】植株高 45~100 cm。根状茎长而横走，连同叶柄基部被披针形、背面有毛的棕色厚鳞片和灰白色的针状毛。叶疏生；叶片长圆状披针形，先端渐尖并羽裂，二回羽状深裂；羽片下部近平展或向下反折，基部一对明显缩短，其上的各对线状披针形，羽状深裂达 3/4；裂片长圆形；叶下面沿羽轴和主脉密被灰白色针状刚毛，上面沿羽轴主脉被短针毛，叶轴两面密被短针毛，间或混生有钩状弯曲的粗长毛，着生处具棕褐色、条状弯曲的瓣状气囊体。孢子囊群圆形，着生于侧脉中部；囊群盖具 2~3 根刚毛。

【分布】在福建梅花山国家级自然保护区内分布于上杭县古田镇丘山村、桂和上村；连城县莒溪镇太平僚到池家山途中。生于海拔 560~2 100 m 的林下石上腐殖土中。在中国分布于浙江省、福建省、江西省、湖南省、广东省、广西壮族自治区、重庆市、四川省、贵州省、云南省、台湾省；日本（本州、九州）也有分布。

【凭证】福建省龙岩市上杭县丘山村，19870805，陈恒彬 #1416（FJSI 018724）；福建省龙岩市上杭县桂和上村，20221117，刘彬彬、王慧、李中阳、吴锦平 #POC590334；福建省龙岩市连城县莒溪镇太平僚到池家山途中，20230207，李中阳、邱相东、张富帅 #POC591621。

毛蕨属 *Cyclosorus* Link

109. 渐尖毛蕨

Cyclosorus acuminatus (Houtt.) Nakai

【形态】植株高 20~80 cm。根状茎长而横走，疏被棕色、披针形鳞片。叶远生；叶柄基部疏被鳞片；叶片披针形，二回羽裂；羽片线状披针形，羽裂达 1/3~2/3，下部常反折；裂片斜向上，长圆形，全缘，基部上侧裂片较长；叶脉羽状，基部一对侧脉连接，第二对伸达缺刻底部，第三对以上伸达缺刻以上；叶正面被短毛，背面仅脉上被短毛，叶轴和羽轴被刚毛或柔毛。孢子囊群圆形，着生于侧脉中部稍上处；囊群盖圆肾形，密生柔毛。

【分布】在福建梅花山国家级自然保护区内分布于上杭县龙龟；连城县莒溪镇铁山罗地—赤家坪—王母点兵。生于海拔 700 m 的溪边杂木林下。在中国分布于上海市、江苏省、浙江省、安徽省、福建省、江西省、山东省、河南省、湖北省、湖南省、广东省、广西壮族自治区、海南省、重庆市、四川省、贵州省、云南省、陕西省、甘肃省、澳门特别行政区、香港特别行政区、台湾省。

【凭证】福建省龙岩市上杭县龙龟，20221116，刘彬彬、王慧、李中阳、吴锦平 #POC590282；福建省龙岩市连城县莒溪镇铁山罗地—赤家坪—王母点兵，20230511，刘彬彬、卫然、王慧、李小丫 #POC593455。

110. 齿牙毛蕨

Cyclosorus dentatus (Forssk.) Ching

【形态】植株高 20~100 cm。根状茎短而直立，顶部密被棕色、披针形鳞片。叶近生；叶柄密被灰白色硬毛；叶片长圆状披针形，顶端长渐尖，二回羽裂；羽片披针形，无柄，羽裂达 1/3，下部 1~3 对略缩短；裂片稍斜展，长圆形；叶脉羽状，基部一对连接，第二对上侧一条脉伸达缺刻并与第一对小脉相连，下侧一条脉伸达缺刻以上；叶两面密被短毛，羽轴和中脉两面被短硬毛。孢子囊群圆形，着生于侧脉中部；囊群盖圆肾形，密被毛。

【分布】在福建梅花山国家级自然保护区内分布于上杭县古田镇桂和上村。生于海拔 1 250~2 850 m 的山谷疏林下或路旁水池边。在中国分布于浙江省、安徽省、福建省、江西省、湖南省、广东省、广西壮族自治区、海南省、重庆市、四川省、贵州省、云南省、西藏自治区、香港特别行政区、澳门特别行政区、台湾省；印度、缅甸、越南、泰国、印度尼西亚、马达加斯加，以及阿拉伯地区、热带非洲、大西洋沿岸岛屿及热带美洲也有分布。

【凭证】福建省龙岩市上杭县桂和上村，20221117，刘彬彬、王慧、李中阳、吴锦平 #POC590323。

111. 福建毛蕨

Cyclosorus fukienensis Ching

【形态】植株高 40~100 cm。根状茎长而横走，连同叶柄基部、顶部密被短针毛和少数鳞片。叶远生；叶片阔披针形，顶端长渐尖并为羽裂；羽片略斜展，阔披针形，羽裂达 1/3，下部数对略缩短；裂片顶端圆钝；叶脉羽状，下部 2 对半或 2 对连接；叶上面仅中脉被极稀疏短毛，下面沿叶脉疏生短柔毛和黄色棒状腺体。孢子囊群圆形，着生于侧脉中部；囊群盖圆肾形，密生柔毛。

【分布】在福建梅花山国家级自然保护区内分布于上杭县古田镇丘山村、丘山背坑、龙龟；连城县莒溪镇太平僚七仙女瀑布河谷、百金山到池家山途中；新罗区梯子岭以及江山镇福坑村。生于海拔 500 m 的山谷林荫下或溪边。在中国分布于浙江省、福建省、江西省、湖南省、广东省。

【凭证】福建梅花山国家级自然保护区，20140408，商辉、顾钰峰 #SG089（CSH CSH0018439）；福建省龙岩市上杭县丘山村，19870805，陈恒彬 #1427（FJSI 018733）；福建省龙岩市上杭县丘山背坑，20221116，刘彬彬、王慧、李中阳、吴锦平 #POC590261；福建省龙岩市上杭县龙龟，20221116，刘彬彬、王慧、李中阳、吴锦平 #POC590284；福建省龙岩市连城县莒溪镇太平僚七仙女瀑布河谷，20230204，李中阳、邱相东、张富帅 #POC591552；福建省龙岩市连城县莒溪镇百金山到池家山途中，20230206，李中阳、邱相东、张富帅 #POC591611；福建省龙岩市新罗区梯子岭，20221114，刘彬彬、王慧、吴锦平 #POC590115、POC590161；福建省龙岩市新罗区江山镇福坑村，20230515，李中阳 #POC591749。

112. 闽台毛蕨

Cyclosorus jaculosus (Christ) H.Itô

【形态】植株高 40~100 cm。根状茎长而横走，先端和叶柄基部疏被深褐色、狭披针形鳞片。叶远生；叶片阔披针形，二回羽裂，顶端羽裂渐尖；羽片下部 4~6 对逐渐缩小，基部一对在叶轴两侧呈蝶状；裂片三角状长圆形；基部一对侧脉先端连接，并向缺刻延伸出一条外行小脉与第二对侧脉连接成斜长方形网眼，第三对的上侧一脉伸到缺刻下；上面叶脉疏生 1~2 根针状毛，脉间密生短刚毛，下面具少数棕色腺体。孢子囊群圆形；囊群盖近无毛。

【分布】在福建梅花山国家级自然保护区内分布于上杭县古田镇丘山背坑；连城县莒溪镇百金山到池家山途中；新罗区万安镇张陈村水库尾。生于海拔 500~700 m 的山谷石上或林下湿地。在中国分布于浙江省、福建省、江西省、湖南省、广东省、广西壮族自治区、贵州省、云南省、台湾省；日本也有分布。

【凭证】福建省龙岩市上杭县丘山背坑，20221116，刘彬彬、王慧、李中阳、吴锦平 #POC590262；福建省龙岩市连城县莒溪镇百金山到池家山途中，20230206，李中阳、邱相东、张富帅 #POC591610；福建省龙岩市新罗区万安镇张陈村水库尾，20230731，李中阳、卫然、孙久琼 #POC589593。

113. 红色新月蕨

Cyclosorus lakhimpurensis (Rosenst.) Copel.

【形态】植株高可达 2 m。根状茎粗壮，横走，顶部疏被早落的披针形鳞片。叶远生；叶片卵状披针形，一回羽状；中部羽片阔披针形，边缘略呈波状，顶生羽片和侧生羽片同形且等大；基部一对小脉连接成一个三角形网眼，其上形成 2 列斜方形网眼；叶片纸质，干后红色，叶轴、羽轴和叶脉上有疏短毛。孢子囊群幼时圆形，在侧脉间排成 2 行，成熟后汇合成新月形。

【分布】在福建梅花山国家级自然保护区内分布于新罗区结缘山、江山镇大罗坂；上杭县丘山背坑；连城县莒溪镇太平僚风水林。生于海拔 300~1 550 m 的山谷或林沟边。在中国分布于福建省、江西省、湖南省、广东省、广西壮族自治区、重庆市、四川省、贵州省、云南省、香港特别行政区；印度北部、越南、泰国北部也有分布。

【凭证】福建梅花山国家级自然保护区，20140408，商辉、顾钰峰 #SG087（CSH CSH0018426）；福建省龙岩市新罗区结缘山，20221114，刘彬彬、王慧、吴锦平 #POC590185；福建省龙岩市新罗区江山镇大罗坂，20230507，刘彬彬、李福星、王慧、李小丫 #POC590540；福建省龙岩市上杭县丘山背坑，20221116，刘彬彬、王慧、李中阳、吴锦平 #POC590263；福建省龙岩市连城县莒溪镇太平僚风水林，20230203，李中阳、邱相东、张富帅 #POC591531。

114. 华南毛蕨

Cyclosorus parasiticus (L.) Farw.

【形态】植株高可达 100 cm。根状茎横走，被棕色、披针形鳞片。叶近生；叶柄密被早落的灰白色短毛；叶片长圆状披针形，二回羽裂；中部羽片线状披针形，羽状深裂；裂片长圆形；基部一对侧脉连接成网眼，并自交接点伸出一外行小脉达缺刻，第二对侧脉伸达缺刻以上；叶两面密被毛，背面沿叶脉密生橙红色腺体。孢子囊群圆形，着生于侧脉中部；囊群盖密被针状毛。

【分布】在福建梅花山国家级自然保护区内分布于上杭县古田镇青婆渡、龙龟、大斜村；新罗区梯子岭、结缘山、蔡宝渡、江山镇大罗坂；连城县莒溪镇池家山、太平僚村以及太平僚风水林。生于海拔 90~1 900 m 的山谷密林下或溪边湿地。在中国分布于浙江省、安徽省、福建省、江西省、湖南省、广东省、广西壮族自治区、海南省、重庆市、四川省、贵州省、云南省、甘肃省、香港特别行政区、澳门特别行政区、台湾省；日本、韩国、尼泊尔、缅甸、印度南部、斯里兰卡、越南、泰国、印度尼西亚（爪哇岛）、菲律宾也有分布。

【凭证】福建省龙岩市上杭县青婆渡，20220901，刘彬彬、徐超、李福星、王慧 #POC588675；福建省龙岩市上杭县龙龟，20221116，刘彬彬、王慧、李中阳、吴锦平 #POC590270；福建省龙岩市上杭县古田镇大斜村，20230506，刘彬彬、李福星、王慧、李小丫 #POC590442；福建省龙岩市新罗区梯子岭，20221114，刘彬彬、王慧、吴锦平 #POC590104、POC590109、POC590175；福建省龙岩市新罗区结缘山，20221114，刘彬彬、王慧、吴锦平 #POC590188；福建省龙岩市新罗区蔡宝渡，20221115，刘彬彬、王慧、吴锦平 #POC590195、POC590227、POC590235；福建省龙岩市新罗区江山镇大罗坂，20230507，刘彬彬、李福星、王慧、李小丫 #POC590483、POC590517、POC590529、POC590589；福建省龙岩市连城县莒溪镇池家山，20230205，李中阳、邱相东、张富帅 #POC591582；福建省龙岩市连城县莒溪镇太平僚村，20230512，刘彬彬、李福星、王慧、李小丫、张斌 #POC593467、POC593494；福建省龙岩市连城县莒溪镇太平僚风水林，20230513，刘彬彬、卫然、李福星、王慧、李小丫 #POC593573。

115. 台湾毛蕨

Cyclosorus taiwanensis (C.Chr.) H.Itô

【形态】植株高 60~120 cm。根状茎短而直立，顶部密被棕色、阔披针形鳞片。叶近簇生；叶柄疏被披针形鳞片；叶片长圆状披针形，二回羽裂；羽片线状披针形，羽裂达 1/3，基部数对羽片突然缩短成耳形或瘤状；裂片长圆形，近全缘；叶脉羽状，侧脉基部一对连接成三角形网眼；叶两面被淡黄色球形腺体，正面和叶轴密被短刚毛和极稀疏针状毛，背面仅羽轴和中脉被短毛。孢子囊群圆形，着生于小脉中部；囊群盖圆肾形，密生淡黄色球形腺体。

【分布】在福建梅花山国家级自然保护区内分布于新罗区万安镇张陈村水库尾。在中国分布于福建省、江西省、广东省、广西壮族自治区、台湾省。

【凭证】福建省龙岩市新罗区万安镇张陈村水库尾，20230731，李中阳、卫然、孙久琼 #POC589590。

茯蕨属 *Leptogramma* J.Sm.

116. 峨眉茯蕨

Leptogramma scallanii (Christ) Ching

【形态】植株高 20~30 cm。根状茎直立，顶部密被红棕色、披针形鳞片，密被短毛。叶簇生；叶柄密生针状长毛，下部疏被小鳞片；叶片长圆形，二回羽裂；羽片长圆状披针形，下部 1~2 对羽片略有短柄，基部一对羽片与其上的同大；裂片椭圆形，顶端钝；叶脉羽状；叶两面被灰白色针状长毛和短刚毛，叶轴和羽轴被毛更密。孢子囊群长圆形，沿小脉着生，稍短于小脉，无囊群盖，孢子囊群顶部有几根长刚毛。

【分布】生于海拔 400~1 380 m 的林下潮湿地或沟谷岩石上。在中国分布于浙江省、福建省、江西省、河南省、湖北省、湖南省、广东省、广西壮族自治区、重庆市、四川省、贵州省、云南省、甘肃省；越南北部也有分布。

117. 小叶茯蕨

Leptogramma tottoides Hayata ex H.Itô

【形态】植株高约 20 cm。根状茎短而直立，顶部疏被红棕色、全缘的披针形鳞片。叶簇生，叶柄被灰白色针状长毛和短刚毛，基部被与根状茎同样的鳞片；叶片戟形，二回羽裂；羽片长圆形，下部的无柄，基部一对羽片远较长；叶脉羽状；叶两面被灰白色针状长毛和短刚毛，叶轴和羽轴被毛更密。孢子囊群长圆形，沿小脉下部着生，无囊群盖，孢子囊顶部有几根长刚毛。

【分布】在福建梅花山国家级自然保护区内分布于上杭县古田镇桂和上村。生于海拔 800~2 500 m 的林下石岩上。在中国分布于浙江省、福建省、江西省、湖南省、广东省、重庆市、贵州省、台湾省。

【凭证】福建省龙岩市上杭县桂和上村，20221117，刘彬彬、王慧、李中阳、吴锦平 #POC590309。

针毛蕨属 ***Macrothelypteris*** (H.Itô) Ching

118. 针毛蕨

Macrothelypteris oligophlebia (Baker) Ching

【形态】植株高可达 1 m。根状茎短而斜升，被褐色线状披针形鳞片。叶片卵状三角形，三回深羽裂，顶端羽裂渐尖；一回羽片长圆状披针形，顶端渐尖；二回羽片三角状披针形，羽状深裂，顶端渐尖；裂片近平展，具圆齿；叶片草质，背面被细小头状腺毛和1~2 根短针状毛。孢子囊群圆形；囊群盖小，成熟时隐没囊群中。

【分布】广泛分布于福建梅花山国家级自然保护区各地。在中国分布于河南省、安徽省、江苏省、浙江省、江西省、湖南省、湖北省、贵州省、福建省、台湾省、广东省、广西壮族自治区；日本、韩国也有分布。

119. 翠绿针毛蕨

Macrothelypteris viridifrons (Tagawa) Ching

【形态】植株高 60~110 cm。根状茎短而直立，顶部密被褐色、线状披针形鳞片。叶簇生，叶柄基部被鳞片和针状毛，叶片长圆状卵形，四回深羽裂；羽片长圆状披针形，下部的有柄，上部的无柄；小羽片披针形，基部不对称，末回小羽片以狭翅与羽轴相连；叶脉羽状；叶两面或仅下面疏被多细胞针状长毛，叶轴和一回羽轴上面密被刚毛。孢子囊群着生于小脉近顶处；囊群盖微小，几不可见。

【分布】在福建梅花山国家级自然保护区内分布于上杭县古田镇龙龟；连城县莒溪镇太平僚到池家山途中。生于海拔 750 m 左右的山谷林下阴湿处。在中国分布于江苏省、浙江省、安徽省、福建省、江西省、湖南省、广东省、广西壮族自治区、贵州省；韩国南部和日本中部、南部也有分布。

【凭证】福建省龙岩市上杭县龙龟，20221116，刘彬彬、王慧、李中阳、吴锦平 #POC590269；福建省龙岩市连城县莒溪镇太平僚到池家山途中，20230207，李中阳、邱相东、张富帅 #POC591613。

凸轴蕨属 *Metathelypteris* (H.Itô) Ching

120. 微毛凸轴蕨

Metathelypteris adscendens (Ching) Ching

【形态】植株高 25~50 cm。根状茎短而横卧，疏被棕色卵状披针形鳞片和灰白色短毛。叶簇生；叶片二回羽状深裂；羽片下部 1~2 对多少缩短，羽状深裂达羽轴两侧的狭翅；裂片长圆状披针形，先端圆钝；侧脉通常二叉，向上的单一；叶两面光滑，仅沿羽轴和主脉下面被疏短针毛。孢子囊群圆形，着生于侧脉的近顶部；囊群盖圆肾形，无毛或偶有几根短毛，成熟后常脱落。

【分布】在福建梅花山国家级自然保护区内分布于上杭县龙龟；连城县莒溪镇铁山罗地—青石坑—柳杉王。生于海拔约 250 m 的山谷林下。在中国分布于浙江省、福建省、江西省、湖南省、广东省、广西壮族自治区、台湾省。

【凭证】福建省龙岩市上杭县古田镇龙龟，20221116，刘彬彬、王慧、李中阳、吴锦平 #POC590266；福建省龙岩市连城县莒溪镇铁山罗地—青石坑—柳杉王，20230512，李中阳、李福星、张斌 #POC591662。

121. 林下凸轴蕨

Metathelypteris hattorii (H.Itô) Ching

【形态】植株高 30~60 cm。根状茎短而横卧，顶部被红褐色披针形鳞片和灰白色刚毛。叶近簇生，叶柄基部密被刚毛和红褐色鳞片；叶片卵状三角形，三回羽状深裂；羽片狭披针形，无柄，基部一对较大，羽裂达 2/3；裂片近长圆形；叶脉羽状，侧脉单一或二叉；叶两面被柔毛，羽轴上面圆形且隆起。孢子囊群圆形，着生于上侧小脉的顶端；囊群盖圆肾形，疏被柔毛。

【分布】在福建梅花山国家级自然保护区内分布于连城县莒溪镇铁山罗地—赤家坪—王母点兵。生于海拔 120~1 700 m 的山谷密林下。在中国分布于浙江省、安徽省、福建省、江西省、湖南省、广东省、重庆市、四川省、贵州省；日本也有分布。

【凭证】福建省龙岩市连城县莒溪镇铁山罗地—赤家坪—王母点兵，20230511，刘彬彬、卫然、王慧、李小丫 #POC593456。

122. 疏羽凸轴蕨

Metathelypteris laxa (Franch. & Savat.) Ching

【形态】植株高可达 50 cm。根状茎长而横走，疏被红棕色披针形鳞片和针状毛。叶片三角状披针形，一回羽状，顶端羽裂渐尖；羽片披针形，羽状深裂，下部羽片基部常狭缩；裂片长圆状披针形，全缘或有圆齿；侧脉常二叉，不达叶边；叶草质，背面被短柔毛和少量针状毛，有时具细小腺体。孢子囊群圆形，较近叶缘；囊群盖小，被短针毛。

【分布】广泛分布于福建梅花山国家级自然保护区各地。在中国分布于安徽省、江苏省、上海市、浙江省、江西省、湖南省、湖北省、四川省、重庆市、贵州省、云南省、福建省、台湾省、广东省、广西壮族自治区、海南省；日本、韩国也有分布。

金星蕨属 *Parathelypteris* (H.Itô) Ching

123. 金星蕨

Parathelypteris glanduligera (Kunze) Ching

【形态】植株高 35~60 cm。根状茎长而横走，顶部疏被黄褐色、披针形鳞片。叶近生；叶柄基部疏被鳞片，密被灰白色短针状毛；叶片阔披针形，二回羽裂，基部不缩狭；羽片披针形，无柄；裂片长圆状披针形，全缘；叶脉羽状；叶薄草质，下面被橙黄色腺体及短柔毛，叶轴、羽轴两面有少数短针状毛。孢子囊群圆形，靠近叶边缘生；囊群盖圆肾形，被灰白色刚毛。

【分布】在福建梅花山国家级自然保护区内分布于上杭县古田镇丘山村、桂和上村、大斜村、永安亭到油婆髻；连城县庙前镇马家坪以及莒溪镇铁山罗地—赤家坪—王母点兵。生于海拔 50~1 500 m 的疏林下。在中国分布于上海市、江苏省、浙江省、安徽省、福建省、江西省、山东省、河南省、湖北省、湖南省、广东省、广西壮族自治区、海南省、重庆市、四川省、贵州省、云南省、陕西省、甘肃省、香港特别行政区、台湾省；韩国南部（济州岛）、日本、越南、印度北部也有分布。

【凭证】福建省龙岩市上杭县丘山村，19870807，陈恒彬 #1502（FJSI 018768）；福建省龙岩市上杭县桂和上村，20221117，刘彬彬、王慧、李中阳、吴锦平 #POC590293；福建省龙岩市上杭县古田镇大斜村，20230506，刘彬彬、李福星、王慧、李小丫 #POC590446；福建省龙岩市上杭县永安亭到油婆髻，20230508，刘彬彬、李福星、王慧、李小丫 #POC590733；福建省龙岩市连城县庙前镇马家坪，20230510，刘彬彬、李福星、王慧、李小丫 #POC593331、POC593336、POC593348；福建省龙岩市连城县莒溪镇铁山罗地—赤家坪—王母点兵，20230511，刘彬彬、卫然、王慧、李小丫 #POC593427、POC593447、POC593438。

124. 日本金星蕨

Parathelypteris japonica (Baker) Ching

【形态】植株高 55~70 cm。根状茎短而横卧，疏被棕色、披针形鳞片。叶近生；叶柄基部黑色略被小鳞片；叶片卵状长圆形，三回深羽裂；羽片无柄，羽裂深达羽轴两侧的狭翅；裂片披针形；叶脉羽状，侧脉单一；叶上面沿羽轴密被针状毛，叶脉有疏短毛，下面沿羽轴和中脉均被灰白色疏柔毛和橙色腺体。孢子囊群圆形，较靠近叶边；囊群盖圆形，被灰白色柔毛。

【分布】在福建梅花山国家级自然保护区内分布于连城县莒溪镇铁山罗地—赤家坪—王母点兵。生于海拔 1 000 m 的林下阴处。在中国分布于江苏省、福建省、江西省、湖南省、广西壮族自治区、重庆市、四川省、贵州省、台湾省；日本和韩国南部（济州岛）也有分布。

【凭证】福建省龙岩市连城县莒溪镇铁山罗地—赤家坪—王母点兵，20230511，刘彬彬、卫然、王慧、李小丫 #POC593449。

卵果蕨属 *Phegopteris* (C. Presl) Fée

125. 延羽卵果蕨

Phegopteris decursive-pinnata (H.C.Hall) Fée

【形态】植株高可达 80 cm。根状茎短而直立，被红棕色、线状披针形鳞片。叶片披针形，一回羽裂，顶端和基部均渐变狭；侧生裂片中部最长，相邻裂片之间由狭翅连接，基部裂片缩小成耳形；侧脉单一或偶有分叉；叶草质，在叶轴和羽轴背面疏生淡棕色小鳞片，叶背密被细短针状毛。孢子囊群圆形至卵圆形，着生于侧脉近顶端，无囊群盖，幼时中央有毛。

【分布】在福建梅花山国家级自然保护区内分布于上杭县古田镇丘山村、桂和上村；连城县庙前镇马家坪以及莒溪镇太平僚村。生于海拔 50~2 000 m 的冲积平原和丘陵低山区的河沟两岸或路边林下。在中国分布于上海市、江苏省、浙江省、安徽省、福建省、江西省、山东省、河南省、湖北省、湖南省、广东省、广西壮族自治区、重庆市、四川省、贵州省、云南省、陕西省、甘肃省、台湾省；日本、韩国南部和越南北部也有分布。

【凭证】福建省龙岩市上杭县丘山村，19870909，林来官 #3044（PE 01938353）；福建省龙岩市上杭县桂和上村，20221117，刘彬彬、王慧、李中阳、吴锦平 #POC590329；福建省龙岩市连城县庙前镇马家坪，20230510，刘彬彬、李福星、王慧、李小丫 #POC593391；福建省龙岩市连城县莒溪镇太平僚村，20230512，刘彬彬、李福星、王慧、李小丫、张斌 #POC593476。

假毛蕨属 *Pseudocyclosorus* Ching

126. 普通假毛蕨

Pseudocyclosorus subochthodes (Ching) Ching

【形态】植株高 90~110 cm。根状茎横卧，顶部被棕色、卵形鳞片。叶柄基部疏被鳞片，向上多少被灰白色柔毛；叶片长圆状披针形，二回深羽裂；羽片线状披针形，下部羽片逐渐缩小成蝶形或退化成瘤状，中部的长约 11 cm，羽裂几达羽轴；裂片长圆状披针形，两面有短柔毛；叶脉羽状，基部上侧 1 条脉伸达缺刻；叶两面有短柔毛，沿叶轴和羽轴更密。孢子囊群圆形，近叶缘着生；囊群盖圆形。

【分布】在福建梅花山国家级自然保护区内分布于上杭县古田镇丘山到中村、桂和村、龙龟、桂和上村、永安亭到油婆髻；连城县莒溪镇百金山到池家山途中以及庙前镇马家坪。生于海拔 200~1 970 m 的杂木林下阴湿地或山谷石上。在中国分布于浙江省、安徽省、福建省、江西省、湖北省、湖南省、广东省、广西壮族自治区、重庆市、四川省、贵州省、云南省、甘肃省、香港特别行政区、台湾省；日本和韩国也有分布。

【凭证】福建梅花山国家级自然保护区，20140408，商辉、顾钰峰 #SG093（CSH CSH0034558）；福建省龙岩市上杭县丘山到中村，19870910，林来官 #6894（PE 01938432）；福建省龙岩市上杭县桂和村，19870810，陈恒彬 #1542（FJSI 018807）；福建省龙岩市上杭县龙龟，20221116，刘彬彬、王慧、李中阳、吴锦平 #POC590276；福建省龙岩市上杭县桂和上村，20221117，刘彬彬、王慧、李中阳、吴锦平 #POC590331；福建省龙岩市上杭县永安亭到油婆髻，20230508，刘彬彬、李福星、王慧、李小丫 #POC590731；福建省龙岩市连城县莒溪镇百金山到池家山途中，20230206，李中阳、邱相东、张富帅 #POC591608；福建省龙岩市连城县莒溪镇庙前镇马家坪，20230510，刘彬彬、李福星、王慧、李小丫 #POC593356。

127. 景烈假毛蕨

Pseudocyclosorus tsoi Ching

【形态】植株高 75~150 cm。根状茎横走，顶部疏被鳞片。叶近生；叶柄基部褐色，疏被鳞片；叶片长圆状披针形，二回深羽裂；羽片下部 4~5 对逐渐缩小成蝶形耳片，基部一对几成瘤状，中部羽片长 15~18 cm，羽裂几达羽轴；裂片线状披针形，两面无毛；叶脉羽状，基部上侧一脉伸达缺刻；叶下面中脉稍被微毛，羽轴上面密生针状毛。孢子囊群圆形，着生于侧脉中部以上；囊群盖圆形。

【分布】在福建梅花山国家级自然保护区内分布于新罗区江山镇大罗坂。生于海拔 500~700 m 的山谷湿地或水沟边。在中国分布于浙江省、福建省、江西省、湖南省、广东省、广西壮族自治区。

【凭证】福建省龙岩市新罗区江山镇大罗坂，20230507，刘彬彬、李福星、王慧、李小丫 #POC590493。

紫柄蕨属 *Pseudophegopteris* Ching

128. 耳状紫柄蕨

Pseudophegopteris aurita (Hook.) Ching

【形态】植株高 40~100 cm。根状茎长而横走，顶部密被长柔毛和棕色、狭披针形、边有缘毛的鳞片。叶远生；叶柄红棕色，幼时基部疏被短毛和鳞片；叶片卵状披针形，二回深羽裂；羽片戟状披针形，基部一对最大，其基部下侧小羽片特长为耳状；小羽片或裂片基部一对最大，其下侧一片特长，近耳形；叶脉羽状，侧脉分叉；羽轴和小羽轴上面密被冠毛。孢子囊群近圆形，着生于小脉近顶部。

【分布】在福建梅花山国家级自然保护区内分布于上杭县古田镇丘山村、龙龟；连城县莒溪镇百金山以及太平僚到池家山途中。生于海拔 1 200~2 000 m 的中高山溪边林下。在中国分布于浙江省、福建省、江西省、湖北省、湖南省、广东省、广西壮族自治区、重庆市、贵州省、云南省、西藏自治区；缅甸北部、不丹、印度东北部、越南北部、日本、马来西亚、菲律宾、印度尼西亚、巴布亚新几内亚、尼泊尔也有分布。

【凭证】福建省龙岩市上杭县古田镇丘山村，19870909，林来官 #3038（PE 01938357）；20230804，李中阳、卫然、孙久琼、何丽娟 #POC589397；福建省龙岩市上杭县龙龟，20221116，刘彬彬、王慧、李中阳、吴锦平 #POC590274；福建省龙岩市连城县莒溪镇百金山，20230206，李中阳、邱相东、张富帅 #POC591599；福建省龙岩市连城县莒溪镇太平僚到池家山途中，20230207，李中阳、邱相东、张富帅 #POC591617。

129. 紫柄蕨

Pseudophegopteris pyrrhorhachis (Kunze) Ching

【形态】植株高 80~100 cm。根状茎长而横走，顶部密被短毛。叶近生；叶柄红棕色，基部疏被短刚毛；叶片长圆状披针形，二回羽状；羽片狭披针形，基部 1~2 对羽片，上侧羽片近同大；小羽片披针形，基部一对小羽片与其上小羽片同大；叶脉羽状，侧脉 2~4 叉；叶正面仅小羽轴和中脉有短刚毛，背面疏生短刚毛，沿叶脉和羽轴较密。孢子囊群近圆形，靠近叶边着生。

【分布】生于海拔 800~2 400 m 的溪边林下。在中国分布于浙江省、福建省、江西省、河南省、湖北省、湖南省、广东省、广西壮族自治区、重庆市、四川省、贵州省、云南省、甘肃省、台湾省；不丹、尼泊尔、印度北部、缅甸、越南和斯里兰卡等也有分布。

溪边蕨属 *Stegnogramma* Blume

130. 闽浙圣蕨

Stegnogramma mingchegensis (Ching) X.C.Zhang & L.J.He

【形态】植株高 40~50 cm。根状茎短而斜升，密被红棕色、线状披针形、边缘被刚毛的鳞片和灰白色针状长毛。叶簇生；叶柄密被针状长毛，基部疏被鳞片；叶片长圆形，一回羽状；羽片阔披针形，顶生羽片较大，顶端羽裂渐尖，其基部裂片与侧生羽片同形，多少呈波状；小脉连接成 2~3 行四边形网眼；叶为粗纸质，正面无毛或沿叶脉疏生短刚毛，背面沿叶脉有针状刚毛，羽轴两面隆起，被针状毛。孢子囊群线形，着生于网脉上。

【分布】在福建梅花山国家级自然保护区内分布于上杭县丘山背坑。在中国分布于浙江省、福建省、江西省、广东省。

【凭证】福建梅花山国家级自然保护区，20140408，商辉、顾钰峰 #SG079（CSH CSH0018418）；福建省龙岩市上杭县丘山背坑，20221116，刘彬彬、王慧、李中阳、吴锦平 #POC590243、POC590246。

131. 羽裂圣蕨

Stegnogramma wilfordii (Hook.) Seriz.

【形态】植株高 20~50 cm。根状茎短而斜升，密被褐色、披针形、边缘具被刚毛的鳞片。叶簇生；叶柄基部被鳞片，向上密生灰黄色短刚毛；叶片长圆状三角形，一回深羽裂几达叶轴，基部一对裂片最大，全缘或呈波状；小脉连接成 2~3 行斜方形或五角形网眼，具内藏叶粗纸质，正面密生短刚毛，小羽轴上更密，背面沿叶脉有针状毛。孢子囊群线形，着生于网脉上。

【分布】在福建梅花山国家级自然保护区内分布于上杭县古田镇丘山村；连城县莒溪镇池家山、太平僚村陈斜坑以及庙前镇马家坪。生于海拔 100~850 m 的山谷阴湿处或林下。在中国分布于浙江省、福建省、江西省、湖南省、广东省、广西壮族自治区、重庆市、四川省、贵州省、云南省、香港特别行政区、台湾省；日本、越南也有分布。

【凭证】福建梅花山国家级自然保护区，20140407，商辉、顾钰峰 # SG055（CSH CSH0018428）；福建省龙岩市上杭县丘山村，19870805，陈恒彬 #1433（FJSI 018748）；福建省龙岩市连城县莒溪镇池家山，20230205，李中阳、邱相东、张富帅 #POC591578；福建省龙岩市连城县莒溪镇太平僚村陈斜坑，20230202，李中阳、邱相东、张富帅 #POC591507；20230514，刘彬彬、卫然、李福星、王慧、李小丫 #POC593633；福建省龙岩市连城县庙前镇马家坪，20230510，刘彬彬、李福星、王慧、李小丫 #POC593346。

蹄盖蕨科 Athyriaceae

安蕨属 *Anisocampium* C.Presl

132. 华东安蕨

Anisocampium sheareri (Baker) Ching

【形态】植株高 25~60 cm。根状茎长而横走，顶部疏被褐色、披针形鳞片。叶柄基部疏被鳞片；叶片卵状长圆形，一回羽状；侧生羽片镰刀状披针形，基部圆形，基部 1~2 对羽片的基部下侧斜楔形；裂片卵圆形，具长锯齿；叶脉分离，单一；叶干后纸质，背面羽轴和主脉被浅褐色小鳞片和灰白色短毛。孢子囊群圆形；囊群盖圆肾形，边缘有长缘毛，早落。

【分布】在福建梅花山国家级自然保护区内分布于连城县莒溪镇太平僚村陈斜坑。生于海拔 20~1 850 m 的山谷林下溪边或阴山坡上。在中国分布于江苏省、浙江省、安徽省、福建省、江西省、河南省、湖北省、湖南省、广东省、广西壮族自治区、重庆市、四川省、贵州省、云南省、甘肃省；日本和韩国也有分布。

【凭证】福建省龙岩市连城县莒溪镇太平僚村陈斜坑，20230202，李中阳、邱相东、张富帅 #POC591506。

蹄盖蕨属 *Athyrium* Roth

133. 湿生蹄盖蕨

Athyrium devolii Ching

【形态】植株高 45~85 cm。根状茎直立，密被褐色、卵状披针形鳞片。叶柄基部黑褐色，疏生鳞片；叶片窄长圆形，二回羽状；羽片常下弯，宽披针形；小羽片常反折，基部上侧平截，下侧斜楔形，有短柄，深羽裂；裂片长圆形，有不整齐尖齿，上侧较下侧大；羽轴上面有短硬刺。孢子囊群近圆形、长圆形、弯钩形或马蹄形；囊群盖同形，边缘有睫毛，宿存。

【分布】在福建梅花山国家级自然保护区内分布于连城县莒溪镇铁山罗地—赤家坪—王母点兵；上杭县古田镇永安亭到油婆髻、桂和村油婆髻。生于海拔 500~2 050 m 的疏林下溪边草丛湿地。在中国分布于浙江省、福建省、江西省、湖南省、广西壮族自治区、重庆市、四川省、贵州省、云南省、西藏自治区。

【凭证】福建省龙岩市连城县莒溪镇铁山罗地—赤家坪—王母点兵，20230511，刘彬彬、卫然、王慧、李小丫 #POC593426；福建省龙岩市上杭县永安亭到油婆髻，20230508，刘彬彬、李福星、王慧、李小丫 #POC590604；福建省龙岩市上杭县古田镇桂和村油婆髻，20230802，李中阳、卫然、孙久琼、何丽娟 #POC589387。

134. 长江蹄盖蕨

Athyrium iseanum Rosenst.

【形态】植株高 25~70 cm。根状茎短而直立，顶部密被披针形鳞片。叶簇生；基部被鳞片；叶片长圆形，三回深羽裂；羽片披针形，有短柄，基部一对通常略缩短，顶端短尾状；小羽片长圆状披针形，顶端钝，边缘深缺刻状；裂片有 1~3 枚短尖齿；叶脉羽状，小脉单一；叶正面沿叶轴和羽轴两侧的沟旁疏生少数针状刺，背面沿叶轴、羽轴和小羽轴密被短腺毛。孢子囊群长圆形，生于裂片上侧的往往为马蹄形；囊群盖同形。

【分布】在福建梅花山国家级自然保护区内分布于上杭县古田镇桂和上村；连城县庙前镇马家坪以及曲溪乡罗胜村。生于海拔 50~2 800 m 的山谷林下阴湿处。在中国分布于江苏省、浙江省、安徽省、福建省、江西省、河南省、湖北省、湖南省、广东省、广西壮族自治区、重庆市、四川省、贵州省、云南省、西藏自治区、台湾省；日本和韩国也有分布。

【凭证】福建省龙岩市上杭县桂和上村，20221117，刘彬彬、王慧、李中阳、吴锦平 #POC590325、POC590336；福建省龙岩市连城县庙前镇马家坪，20230510，刘彬彬、李福星、王慧、李小丫 #POC593392；福建省龙岩市连城县曲溪乡罗胜村，20230801，李中阳、卫然、孙久琼、何丽娟 #POC589653。

135. 光蹄盖蕨

Athyrium otophorum (Miq.) Koidz.

【形态】植株高 45~85 cm。根状茎粗短，顶部密被棕色、线状披针形鳞片。叶簇生，叶柄基部被鳞片；叶片三角状卵形，二回羽状，近无柄；小羽片无柄，三角状卵形，基部上侧三角状耳形，边缘全缘或具锯齿，沿羽轴两侧有狭翅；叶纸质，无毛，叶轴和羽轴上面两侧有刺状突起。孢子囊群长圆形，近主脉着生，在主脉两侧各排列成 1 行；囊群盖同形，全缘，宿存。

【分布】在福建梅花山国家级自然保护区内分布于连城县莒溪镇池家山、曲溪乡罗胜村；上杭县古田镇桂和村油婆髻。生于海拔 400~2 100 m 的常绿阔叶林或竹林下阴湿处。在中国分布于浙江省、安徽省、福建省、江西省、湖北省、湖南省、广东省、广西壮族自治区、重庆市、四川省、贵州省、云南省、台湾省；日本、朝鲜、韩国也有分布。

【凭证】福建省龙岩市连城县莒溪镇池家山，20230205，李中阳、邱相东、张富帅 #POC591580；福建省龙岩市曲溪乡罗胜村，20230801，李中阳、卫然、孙久琼、何丽娟 #POC589647；福建省龙岩市上杭县古田镇桂和村油婆髻，20230802，李中阳、卫然、孙久琼、何丽娟 #POC589664。

136. 尖头蹄盖蕨

Athyrium vidalii (Franch. & Sav.) Nakai

【形态】植株高 50~65 cm。根状茎短而直立，先端密被深褐色、线状披针形、先端纤维状的鳞片。叶簇生；叶柄基部黑褐色，密被鳞片；叶片三角状卵形，二回羽状；羽片披针形，有柄；下侧小羽片长圆状披针形，基部上侧具钝圆的耳状突起；叶脉羽状；叶两面无毛，羽轴下面淡紫红色，具贴伏的短硬刺。孢子囊群长圆形，在主脉两侧各排成 1 行，稍近主脉；囊群盖长圆形，有时弯钩形，宿存。

【分布】在福建梅花山国家级自然保护区内分布于连城县庙前镇马家坪。生于海拔 600~2 700 m 的山谷林下沟边阴湿处。在中国分布于浙江省、安徽省、福建省、江西省、河南省、湖北省、湖南省、广西壮族自治区、重庆市、四川省、贵州省、云南省、陕西省、甘肃省、台湾省；日本、朝鲜、韩国也有分布。

【凭证】福建省龙岩市连城县庙前镇马家坪，20230510，刘彬彬、李福星、王慧、李小丫 #POC593350。

角蕨属 *Cornopteris* Nakai

137. 黑叶角蕨

Cornopteris opaca (D.Don) Tagawa

【形态】植株高可达 1.2 m。根状茎斜升或直立，先端具棕色、披针形鳞片。叶簇生；叶柄基部疏被鳞片；叶片三角状卵形，一回至二回羽状；羽片椭圆形；小羽片平展，椭圆状披针形，通常上侧略短，基部一对特短小，圆钝头；裂片近椭圆形，全缘；叶轴和羽轴下面有多细胞短节毛，疏被线形小鳞片；上面沿叶轴和羽轴交接处有 1 条肉质扁刺。孢子囊群短线形或椭圆形，无囊群盖。

【分布】在福建梅花山国家级自然保护区内分布于连城县莒溪镇池家山、太平僚风水林以及曲溪乡罗胜村。生于海拔 1 300~2 300 m 的常绿阔叶林下。在中国分布于浙江省、福建省、江西省、湖南省、广东省、广西壮族自治区、海南省、四川省、贵州省、云南省、台湾省；尼泊尔、不丹、印度东北部、缅甸北部及日本南部也有分布。

【凭证】福建省龙岩市连城县莒溪镇池家山，20230205，李中阳、邱相东、张富帅 #POC591589；福建省龙岩市连城县莒溪镇太平僚风水林，20230513，刘彬彬、卫然、李福星、王慧、李小丫 #POC593558；福建省龙岩市连城县曲溪乡罗胜村，20230801，李中阳、卫然、孙久琼、何丽娟 #POC589646。

对囊蕨属 *Deparia* Hook. & Grev.

138. 假蹄盖蕨

Deparia japonica (Thunb.) M.Kato

【形态】植株高可达 1 m。根状茎长而横走，先端被黄褐色、阔披针形鳞片；叶柄基部被鳞片，并略有黄褐色节状柔毛，向上较稀疏而小；叶片或卵状长圆形，一回羽状；羽片披针形，基部圆截形，对称，深羽裂达羽轴两侧宽翅；裂片接近，先端圆具少数浅圆齿；叶轴和羽轴下面疏生棕色短毛。孢子囊群线形，或基部偶有双生或弯钩形；囊群盖边缘撕裂状。

【分布】在福建梅花山国家级自然保护区内分布于连城县；新罗区梯子岭。生于海拔 60~2 000 m 的林下湿地及山谷溪沟边。在中国分布于上海市、江苏省、浙江省、安徽省、福建省、江西省、山东省、河南省、湖北省、湖南省、广东省、广西壮族自治区、海南省、重庆市、四川省、贵州省、云南省、甘肃省、香港特别行政区、澳门特别行政区、台湾省；韩国、日本、尼泊尔、印度、缅甸北部也有分布。

【凭证】福建省龙岩市连城县，林镕 #3961（AU AU051391）；福建省龙岩市新罗区梯子岭，20221114，刘彬彬、王慧、吴锦平 #POC590120。

139. 单叶双盖蕨

Deparia lancea (Thunb.) Fraser-Jenk.

【形态】植株高 15~40 cm。根状茎细长横走，被黑色、披针形鳞片。叶疏生；叶柄中部以下被鳞片；叶片线状披针形，单叶，基部渐狭，边缘全缘或浅波状；侧脉分叉，小脉通直，平行，伸达叶边；叶两面无毛。孢子囊群线形，单生或双生于每组侧脉上侧一脉；囊群盖线形。

【分布】在福建梅花山国家级自然保护区内分布于上杭县古田镇桂和村、桂和上村、丘山背坑；连城县莒溪镇太平僚村陈斜坑、百金山以及庙前镇马家坪。生于海拔 200~1 600 m 溪旁林下酸性土或岩石上。在中国分布于江苏省、浙江省、安徽省、福建省、江西省、河南省、湖南省、广东省、广西壮族自治区、海南省、重庆市、四川省、贵州省、云南省、香港特别行政区、台湾省；日本、菲律宾、越南、缅甸、尼泊尔、印度、斯里兰卡也有分布。

【凭证】福建梅花山国家级自然保护区，20140407，商辉、顾钰峰 #SG046（CSH CSH0018443）；20140408，商辉、顾钰峰 #SG094（CSH CSH0034557）；福建省龙岩市上杭县桂和村，19870810，陈恒彬 #1544（FJSI 018680）；福建省龙岩市上杭县桂和上村，20221117，刘彬彬、王慧、李中阳、吴锦平 #POC590314；福建省龙岩市上杭县丘山背坑，20221116，刘彬彬、王慧、李中阳、吴锦平 #POC590248；福建省龙岩市连城县，林镕 #3948（PE 00788231）；福建省龙岩市连城县莒溪镇太平僚村陈斜坑，20230202，李中阳、邱相东、张富帅 #POC591505；福建省龙岩市连城县莒溪镇百金山，20230206，李中阳、邱相东、张富帅 #POC591600；福建省龙岩市连城县庙前镇马家坪，20230510，刘彬彬、李福星、王慧、李小丫 #POC593357、POC593369。

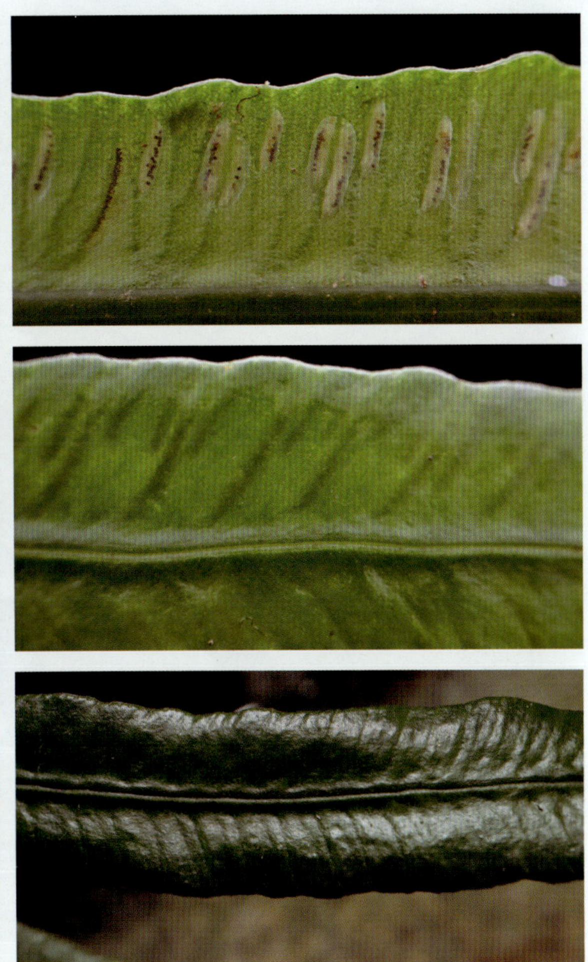

140. 华中介蕨

Deparia okuboana (Makino) M.Kato

【形态】植株高可达 1.2 m。根状茎粗壮，横走，略被褐色、披针形鳞片。叶近生；叶柄长基部疏被鳞片；叶片阔卵状长圆形，二回羽状或有时为三回羽裂；羽片阔披针状长圆形，基部一对显著缩短；小羽片披针状长圆形，基部与羽轴合生，并以狭翅相连，边缘锐裂；裂片长方形，全缘；叶脉羽状，小脉单一；叶无毛或仅羽轴上面略被疏短毛。孢子囊群圆形，沿小羽轴两侧各排成 1 行；囊群盖圆肾形或略呈马蹄形，宿存。

【分布】在福建梅花山国家级自然保护区内分布于连城县莒溪镇太平僚风水林。生于海拔 60~2 100 m 的山谷林下、林缘或沟边阴湿处。在中国分布于江苏省、浙江省、安徽省、福建省、江西省、河南省、湖北省、湖南省、广东省、广西壮族自治区、重庆市、四川省、贵州省、云南省、陕西省、甘肃省；日本也有分布。

【凭证】福建省龙岩市连城县莒溪镇太平僚风水林，20230513，刘彬彬、卫然、李福星、王慧、李小丫 #POC593574。

141. 毛轴假蹄盖蕨

Deparia petersenii (Kunze) M.Kato

【形态】植株高可达 1 m。根状茎细长横走，疏被红棕色、阔披针形鳞片。叶远生；叶柄疏被鳞片及棕色、节状短毛；叶片卵状披针形，二回羽裂；羽片披针形，顶端渐尖，羽状深裂达羽轴两侧的阔翅；裂片长圆形，中部的较大，向两端的较小，边缘有钝齿；叶脉羽状，侧脉单一或二叉；叶通常两面被毛，沿羽轴及叶脉具节状短毛，叶轴还疏被纤维状小鳞片。孢子囊群线形，单生或双生于侧脉的上侧；囊群盖边缘啮蚀状，宿存。

【分布】在福建梅花山国家级自然保护区内分布于上杭县古田镇桂和村、永安亭到油婆髻；连城县莒溪镇太平僚风水林下游。生于海拔 120~1 000 m 的山地溪边石上。在中国分布于山西省、江苏省、浙江省、安徽省、福建省、江西省、山东省、河南省、湖北省、湖南省、广东省、广西壮族自治区、海南省、重庆市、四川省、贵州省、云南省、西藏自治区、陕西省、甘肃省、香港特别行政区、澳门特别行政区、台湾省；日本也有分布。

【凭证】福建省龙岩市上杭县桂和村，19870810，陈恒彬 #1545（FJSI 018630）；福建省龙岩市上杭县永安亭到油婆髻，20230508，刘彬彬、李福星、王慧、李小丫 #POC590737；福建省龙岩市连城县莒溪镇太平僚风水林下游，20230203，李中阳、邱相东、张富帅 #POC591543。

双盖蕨属 *Diplazium* Sw.

142. 中华短肠蕨

Diplazium chinense (Baker) C.Chr.

【形态】植株高 1~1.5 m。根状茎斜升至横走，先端被黑色、披针形鳞片。叶片三角形，三回羽裂；羽片长圆形或披针形，略斜展；小羽片长圆状披针形，基部浅心形，羽状深裂；裂片长圆形，边缘具钝齿或浅裂，有时相邻裂片间具狭翅相连；叶脉羽状，小脉二叉；叶草质，光滑。孢子囊群长圆形至线形，单生于分叉小脉上侧的中部；囊群盖同形，常从一侧张开。

【分布】在福建梅花山国家级自然保护区内分布于上杭县古田镇桂和上村；连城县莒溪镇池家山以及太平僚村七仙女瀑布。生于海拔 10~800 m 的山谷林下溪沟边、石隙及公园阴处沟边、砌石隙。在中国分布于上海市、江苏省、浙江省、安徽省、福建省、江西省、湖北省、湖南省、广东省、广西壮族自治区、重庆市、四川省、贵州省、台湾省；韩国（济州岛）、日本（本州、四国、九州）及越南北部（谅山）也有分布。

【凭证】福建省龙岩市上杭县桂和上村，20221117，刘彬彬、王慧、李中阳、吴锦平 #POC590332；福建省龙岩市连城县莒溪镇池家山，20230205，李中阳、邱相东、张富帅 #POC591583；福建省龙岩市连城县莒溪镇太平僚村七仙女瀑布，20230514，刘彬彬、卫然、李福星、王慧、李小丫 #POC593593。

边生短肠蕨
Diplazium conterminum Christ

143. 边生短肠蕨

Diplazium conterminum Christ

【形态】植株高可达2 m。根状茎直立，顶部被黑色、披针形、边有小齿的鳞片。叶簇生；叶柄基部被鳞片；叶片卵状披针形，顶端渐尖并为羽裂，二回羽状；羽片长卵状披针形，基部一对较大；小羽片长圆状披针形，顶端钝圆，基部圆截形，边缘具浅圆齿；叶脉羽状，小脉二叉；叶正面无毛，背面沿羽轴或中脉通常疏生棕色小鳞片。孢子囊群长圆形，着生于小脉近顶端；囊群盖腊肠形，成熟时沿背部破裂。

【分布】在福建梅花山国家级自然保护区内分布于连城县莒溪镇太平僚到池家山途中。生于海拔400~950 m的山谷密林下或林缘溪边。在中国分布于浙江省、福建省、江西省、湖南省、广东省、广西壮族自治区、重庆市、四川省、贵州省、云南省、香港特别行政区、台湾省；越南、泰国、日本（本州中部以南、四国、九州）也有分布。

【凭证】福建梅花山国家级自然保护区，20140408，商辉、顾钰峰#SG082（CSH CSH0018421）；福建省龙岩市连城县莒溪镇太平僚到池家山途中，20230207，李中阳、邱相东、张富帅#POC591620。

144. 厚叶双盖蕨

Diplazium crassiusculum Ching

【形态】植株高可达 1 m。根状茎直立或斜升，顶部密被黑色、披针形鳞片。叶簇生；叶柄部被鳞片；叶片长圆形，奇数一回羽状；羽片披针形，先端长渐尖，基部圆楔形，顶生羽片与侧生羽片同形，基部常不对称，下部边缘近全缘或微波状，中部向顶端有细尖锯齿；叶脉明显，直达叶缘；叶厚纸质，背面沿主脉两侧偶有线形小鳞片。孢子囊群单生于每组侧脉基部上侧一脉；囊群盖线形，全缘。

【分布】在福建梅花山国家级自然保护区内分布于新罗区江山镇福坑村。生于海拔 200~1 700 m 的常绿阔叶林及灌木林下、土生或生岩石上。在中国分布于浙江省、福建省、江西省、湖南省、广东省、广西壮族自治区、贵州省、台湾省；日本南部也有分布。

【凭证】福建省龙岩市新罗区江山镇福坑村，20230515，李中阳 #POC591736。

145. 毛柄短肠蕨

Diplazium dilatatum Blume

【形态】植株高可达 3 m。根状茎横走，先端密被线状披针形鳞片，鳞片先端细长卷曲，边缘黑色具齿。叶柄基部黑褐色，密被鳞片；叶片三角形，二回羽状；羽片长卵状披针形；小羽片卵状披针形，基部浅心形或阔楔形，羽状浅裂至半裂；裂片先端钝圆或平截，边缘有浅锯齿，基部下侧一片较大；叶两面光滑，沿叶轴、羽轴、小羽轴上有淡褐色、近球形的细小腺体，下有褐色、线形的小鳞片及短柔毛。孢子囊群线形；囊群盖同形，边缘睫毛状。

【分布】在福建梅花山国家级自然保护区内分布于连城县莒溪镇太平僚到池家山途中；上杭县古田镇龙龟。生于海拔 100~1 900 m 的热带山地阴湿阔叶林下。在中国分布于浙江省、福建省、湖南省、广东省、广西壮族自治区、海南省、重庆市、四川省、贵州省、云南省、香港特别行政区、澳门特别行政区、台湾省；尼泊尔、印度、缅甸、泰国、老挝、越南、日本南部、印度尼西亚、马来西亚、菲律宾、澳大利亚、新西兰以及波利尼西亚也有分布。

【凭证】福建省龙岩市连城县莒溪镇太平僚到池家山途中，20230207，李中阳、邱相东、张富帅 #POC591616；福建省龙岩市上杭县古田镇龙龟，20230731，李中阳、卫然、孙久琼 #POC589638。

146. 菜蕨

Diplazium esculentum (Retz.) Sw.

【形态】植株高 60~120 cm。根状茎直立或斜升，有时树干状，密被披针形、有细齿鳞片。叶簇生；叶柄基部疏被鳞片；叶片三角状披针形，一回或二回羽状；羽片有柄，宽披针形，一回羽状或羽裂；小羽片渐尖头，边缘有齿或浅裂；裂片有浅钝齿；叶两面无毛或叶轴和羽轴下面有锈黄色茸毛；叶脉羽状，下部 2~3 对连接。孢子囊群条形，每小脉 1 条，伸达叶缘；囊群盖同形，全缘。

【分布】在福建梅花山国家级自然保护区内分布于连城县莒溪镇太平僚七仙女瀑布。生于海拔 100~1 200 m 的山谷林下湿地及河沟边。在中国分布于浙江省、安徽省、福建省、江西省、河南省、湖北省、湖南省、广东省、广西壮族自治区、海南省、四川省、贵州省、云南省、西藏自治区、香港特别行政区、澳门特别行政区、台湾省；亚洲热带和亚热带，以及波利尼西亚也有分布。

【凭证】福建省龙岩市连城县莒溪镇太平僚七仙女瀑布，20230514，刘彬彬、卫然、李福星、王慧、李小丫 #POC593630。

147. 薄盖短肠蕨

Diplazium hachijoense Nakai

【形态】植株高可达 70 cm。根状茎横走，先端密被褐色、披针形鳞片。叶柄基部被鳞片；叶片卵状三角形，二回羽状；小羽片矩圆状卵形，先端急尖或钝圆，羽状浅裂至深半裂；裂片矩圆形，先端圆钝，全缘或有疏浅锯齿；叶轴和羽轴上面具有多数细小腺体，下面有易脱落的多细胞短腺毛，并疏生披针形小鳞片。孢子囊群粗线形，单生或双生于小脉中部；囊群盖成熟时从一侧张开。

【分布】在福建梅花山国家级自然保护区内分布于上杭县丘山背坑。生于海拔 400~1 700 m 的山地阔叶林下。在中国分布于浙江省、安徽省、福建省、江西省、湖南省、广东省、广西壮族自治区、重庆市、四川省、贵州省；韩国（济州岛）、日本（本州中部以南、伊豆诸岛、四国、九州屋久岛）也有分布。

【凭证】福建省龙岩市上杭县丘山背坑，20221116，刘彬彬、王慧、李中阳、吴锦平 #POC590250。

148. 阔片短肠蕨

Diplazium matthewii (Copel.) C.Chr.

【形态】植株高可达 1 m。根状茎斜升，顶部被棕色、披针形鳞片。叶簇生；叶柄基部疏被鳞片；叶片长圆状披针形，顶端短渐尖或渐尖，二回羽裂；羽片卵状披针形，有短柄，基部一对较大，基部近心形，边缘具波状浅羽裂；裂片长圆形，边缘有浅钝齿；叶脉羽状，小脉单一或二叉；叶两面无毛。孢子囊群线形，单生或双生于小脉的上侧一条脉上；囊群盖膜质，宿存。

【分布】在福建梅花山国家级自然保护区内分布于连城县莒溪镇池家山风水林。生于海拔 340 m 的林下沟旁阴湿处。在中国分布于福建省、湖南省、广东省、广西壮族自治区、香港特别行政区；越南北部也有分布。

【凭证】福建省龙岩市连城县莒溪镇池家山风水林，20230513，刘彬彬、卫然、李福星、王慧、李小丫 #POC593541。

149. 大叶短肠蕨

Diplazium maximum (D.Don) C.Chr.

【形态】根状茎横卧，先端密被褐色、披针形鳞片，鳞片蓬松，边缘黑色，具小齿。叶近生；叶柄基部疏被鳞片；叶片三角形，长达 1.8 m，基部阔达 1 m，二回羽状；羽片长阔披针形，基部一对最大；小羽片阔披针形，羽状半裂至深裂；裂片短圆形，密接，顶部有浅钝齿；叶脉羽状，小脉单一；叶两面光滑。孢子囊群线形，单生或双生于小脉上侧，与小脉近等长；囊群盖全缘，从外侧张开。

【分布】在福建梅花山国家级自然保护区内分布于连城县莒溪镇百金山到池家山途中。生于海拔 900~1 800 m 的山地沟谷常绿阔叶林下溪边。在中国分布于福建省、江西省、广东省、广西壮族自治区、海南省、贵州省、云南省；缅甸东北部、不丹、尼泊尔及印度北部喜马拉雅山区也有分布。

【凭证】福建省龙岩市连城县莒溪镇百金山到池家山途中，20230206，李中阳、邱相东、张富帅 #POC591612。

150. 江南短肠蕨

Diplazium mettenianum (Miq.) C.Chr.

【形态】植株高可达 70 cm。根状茎长而横走，被黑色、边缘具小齿鳞片。叶近生；叶柄基部疏被黑色鳞片，叶片三角状宽披针形，顶端渐尖羽裂，一回羽状；羽片互生，镰刀状披针形，边缘波状至深羽裂；裂片有浅钝齿；叶脉羽状，侧脉单一；叶纸质，无毛。孢子囊群线形，单生于小脉中部，或双生于基部上侧小脉上；囊群盖同形。

【分布】在福建梅花山国家级自然保护区内分布于新罗区梯子岭、结缘山；上杭县古田镇丘山背坑、桂和上村、三坑口、大斜村、桂和村油婆髻、丘山村；连城县莒溪镇太平僚风水林、池家山、池家山风水林以及庙前镇马家坪。生于海拔 600~1 400 m 的山谷林下。在中国分布于浙江省、安徽省、福建省、江西省、湖南省、广东省、广西壮族自治区、海南省、重庆市、四川省、贵州省、云南省、香港特别行政区、台湾省；日本（本州中部以南、伊豆诸岛、四国、九州）、越南北部及泰国东北部也有分布。

【凭证】福建梅花山国家级自然保护区，20140407，商辉、顾钰峰 #SG033（CSH CSH0034717）、SG040（CSH CSH0034721）；福建省龙岩市新罗区梯子岭，20221114，刘彬彬、王慧、吴锦平 #POC590113、POC590118、POC590128、POC590146、POC590172；福建省龙岩市新罗区结缘山，20221114，刘彬彬、王慧、吴锦平 #POC590180；福建省龙岩市上杭县丘山背坑，20221116，刘彬彬、王慧、李中阳、吴锦平 #POC590244；福建省龙岩市上杭县桂和上村，20221117，刘彬彬、王慧、李中阳、吴锦平 #POC590298；福建省龙岩市上杭县三坑口，20221118，刘彬彬、王慧、吴锦平 #POC590343、POC590345；福建省龙岩市上杭县古田镇大斜村，20230506，刘彬彬、李福星、王慧、李小丫 #POC590460；福建省龙岩市上杭县古田镇桂和村油婆髻，20230802，李中阳、卫然、孙久琼、何丽娟 #POC589666；福建省龙岩市上杭县古田镇丘山村，20230804，李中阳、卫然、孙久琼、何丽娟 #POC589398；福建省龙岩市连城县莒溪镇太平僚风水林，20230203，李中阳、邱相东、张富帅 #POC591521；福建省龙岩市连城县莒溪镇池家山，20230205，李中阳、邱相东、张富帅 #POC591577；福建省龙岩市连城县莒溪镇池家山风水林，20230513，刘彬彬、卫然、李福星、王慧、李小丫 #POC593517、POC593546；福建省龙岩市连城县庙前镇马家坪，20230510，刘彬彬、李福星、王慧、李小丫 #POC593378。

151. 薄叶双盖蕨

Diplazium pin-faense Ching

【形态】植株高可达 65 cm。根状茎斜升或直立，先端被褐色、披针形鳞片。叶簇生；叶柄基部密被鳞片；叶片卵形，奇数一回羽状；羽片镰状披针形，叶缘具重锯齿；顶生羽片披针形，与侧生羽片同大，基部为不对称；中脉下面圆而隆起；侧生小脉 2~4 次分叉，直达锯齿先端；叶两面均无毛。孢子囊群与囊群盖长线形，略向后弯曲，彼此远离，着生于每组叶脉基部上出 1 脉，大多单生，少数双生。

【分布】在福建梅花山国家级自然保护区内分布于新罗区梯子岭、万安镇张陈村水库尾；连城县莒溪镇太平僚七仙女瀑布河谷、百金山以及太平僚七仙女瀑布。生于海拔 400~1 800 m 的山谷溪沟边常绿阔叶林或灌木林下、土生或生岩石缝隙中。在中国分布于浙江省、福建省、江西省、湖北省、湖南省、广东省、广西壮族自治区、重庆市、四川省、贵州省、云南省；日本南部也有分布。

【凭证】福建省龙岩市新罗区梯子岭，20221114，刘彬彬、王慧、吴锦平 #POC590152、POC590159；福建省龙岩市新罗区万安镇张陈村水库尾，20230731，李中阳、卫然、孙久琼 #POC589588；福建省龙岩市连城县莒溪镇太平僚七仙女瀑布河谷，20230204，李中阳、邱相东、张富帅 #POC591564；福建省龙岩市连城县莒溪镇百金山，20230206，李中阳、邱相东、张富帅 #POC591593；福建省龙岩市连城县莒溪镇太平僚村七仙女瀑布，20230514，刘彬彬、卫然、李福星、王慧、李小丫 #POC593629。

152. 毛轴线盖蕨

Diplazium pullingeri (Baker) J.Sm.

【形态】植株高可达 65 cm。根状茎短而直立，幼时先端被少数深褐色小鳞片。叶柄向上至叶轴密被浅褐色有光泽的卷曲节状长柔毛；叶片宽披针形，先端渐尖并羽裂，一回羽状；羽片下侧圆，上侧耳形突起，两侧全缘或稍波状，有时有钝锯齿；叶脉下面密生长节毛，上面略有较短的节毛。孢子囊群线形或长圆形，单生于分叉小脉上侧的中部；囊群盖被节状长柔毛。

【分布】生于海拔 450~1 600 m 的山地常绿阔叶密林中石壁脚下或沟谷溪边潮湿岩石上。在中国分布于浙江省、福建省、江西省、湖南省、广东省、广西壮族自治区、海南省、贵州省、云南省、香港特别行政区、台湾省；越南北部、日本南部也有分布。

153. 淡绿短肠蕨

Diplazium virescens Kunze

【形态】植株高 20~40 cm。根状茎横走，先端密被黑褐色、披针形、边缘有小齿的鳞片。叶片三角形，二回羽状；羽片三角状阔披针形，有柄；小羽片披针形，基部阔而不对称，下侧裂片较大而近心形，上侧裂片较小而平截；裂片矩圆形，先端近平截，边缘有波状小齿或近全缘。孢子囊群矩圆形，短而直，大多单生于小脉中部或近中部上侧，少见双生；囊群盖成熟时从外侧张开，仅部分残留。

【分布】在福建梅花山国家级自然保护区内分布于新罗区梯子岭、万安镇张陈村水库尾；上杭县古田镇龙龟、桂和上村；连城县庙前镇马家坪、莒溪镇太平僚村、池家山风水林、太平僚风水林、太平僚村七仙女瀑布以及太平僚村陈斜坑。生于海拔 350~1 500 m 的山地常绿阔叶林下。在中国分布于浙江省、安徽省、福建省、江西省、湖北省、湖南省、广东省、广西壮族自治区、海南省、重庆市、四川省、贵州省、云南省、香港特别行政区、台湾省；日本（本州南部、伊豆诸岛、四国、九州）、韩国及越南也有分布。

【凭证】福建省龙岩市新罗区梯子岭，20221114，刘彬彬、王慧、吴锦平 #POC590168；福建省龙岩市新罗区万安镇张陈村水库尾，20230731，李中阳、卫然、孙久琼 #POC589589、POC589595；福建省龙岩市上杭县龙龟，20221116，刘彬彬、王慧、李中阳、吴锦平 #POC590268；福建省龙岩市上杭县桂和上村，20231117，刘彬彬、王慧、李中阳、吴锦平 #POC590328；福建省龙岩市连城县，19430520，王大顺 #603（AU AU051387）；福建省龙岩市连城县庙前镇马家坪，20230510，刘彬彬、李福星、王慧、李小丫 #POC593342；福建省龙岩市连城县莒溪镇太平僚村，20230512，刘彬彬、李福星、王慧、李小丫、张斌 #POC593469；福建省龙岩市连城县莒溪镇池家山风水林，20230513，刘彬彬、卫然、李福星、王慧、李小丫 #POC593540、POC593551；福建省龙岩市连城县莒溪镇太平僚风水林，20230513，刘彬彬、卫然、李福星、王慧、李小丫 #POC593575；福建省龙岩市连城县莒溪镇太平僚七仙女瀑布，20230514，刘彬彬、卫然、李福星、王慧、李小丫 #POC593618；福建省龙岩市连城县莒溪镇太平僚村陈斜坑，20230514，刘彬彬、卫然、李福星、王慧、李小丫 #POC593638。

154. 假江南短肠蕨

Diplazium yaoshanense (Y.C.Wu) Tardieu

【形态】植株高可达1 m。根状茎细长横走，被黑色、披针形、边缘有稀疏小齿鳞片。叶远生；叶柄基部略被鳞片；叶片三角状阔披针形，一回羽状，顶部急缩羽裂渐尖；羽片镰刀状披针形，基部浅心形；裂片钝头半圆形，先端浅波状；叶脉羽状，小脉单一；叶干后厚纸质，两面光滑。孢子囊群线形，单生于小脉上侧或在每组叶脉基部上侧一脉双生；囊群盖宿存。

【分布】在福建梅花山国家级自然保护区内分布于上杭县古田镇桂和到蛟潭；连城县莒溪镇铁山罗地—赤家坪—王母点兵以及太平僚村。在中国分布于福建省、广东省、广西壮族自治区；越南南部及日本也有分布。

【凭证】福建省龙岩市上杭县桂和到蛟潭，20230509，刘彬彬、李福星、王慧、李小丫 #POC590774、POC590775、POC590784；福建省龙岩市连城县莒溪镇铁山罗地—赤家坪—王母点兵，20230511，刘彬彬、卫然、王慧、李小丫 #POC593446；福建省龙岩市连城县莒溪镇太平僚村，20230512，刘彬彬、李福星、王慧、李小丫、张斌 #POC593460。

乌毛蕨科 Blechnaceae

乌毛蕨属 ***Blechnopsis*** C.Presl

155. 乌毛蕨

Blechnopsis orientalis (L.) C.Presl

【形态】植株高 0.5~2 m。根茎粗短，木质，先端黑褐色。叶簇生；叶柄坚硬，基部密被狭披针形有光泽鳞片；叶片卵状披针形，一回羽状；羽片二型，下部羽片不育，极度缩小为圆耳形；向上羽片伸长，能育，线状披针形，基部圆楔形，下侧往往与叶轴合生；上部羽片向上逐渐缩短，基部与叶轴合生并下延；主脉两面隆起，小脉单一或二叉，平行；叶革质，干后棕色，无毛。孢子囊群线形，紧靠主脉两侧，羽片上部通常不育；囊群盖线形，开向主脉，宿存。

【分布】在福建梅花山国家级自然保护区内分布于新罗区梯子岭、蔡宝渡；上杭县古田镇大斜村。在中国分布于浙江省、福建省、江西省、湖南省、广东省、广西壮族自治区、海南省、重庆市、四川省、贵州省、云南省、西藏自治区、澳门特别行政区、香港特别行政区、台湾省。

【凭证】福建省龙岩市新罗区梯子岭，20221114，刘彬彬、王慧、吴锦平 #POC590110；福建省龙岩市新罗区蔡宝渡，20221115，刘彬彬、王慧、吴锦平 #POC590198、POC590229；福建省龙岩市上杭县古田镇大斜村，20230506，刘彬彬、李福星、王慧、李小丫 #POC590418。

狗脊属 ***Woodwardia*** Sm.

156. 崇澍蕨

Woodwardia harlandii Hook.

【形态】植株高 40~60 cm。根茎长而横走，密被棕褐色、披针形鳞片。叶远生，近二型；不育叶通常三裂，少有为披针形单叶；能育叶阔卵形，二回羽状深裂；羽片阔披针形，基部沿叶轴下延成狭翅；叶脉网状，沿中脉两侧各有 1 行长圆形网眼，向外有多行网眼；叶干后近革质，光滑。孢子囊群粗线形，紧靠主脉平行着生，成熟时汇合；囊群盖线形，革质，开向中脉，成熟时向外反卷。

【分布】在福建梅花山国家级自然保护区内分布于新罗区江山镇福坑村；上杭县古田镇丘山背坑、三坑口、桂和到蛟潭、大吴地袁梦村；连城县莒溪镇太平僚风水林以及庙前镇马家坪。生于海拔 420~1 250 m 的山谷湿地。在中国分布于福建省、湖南省、广东省、广西壮族自治区、海南省、贵州省、香港特别行政区、台湾省；越南北部、日本南部也有分布。

【凭证】福建省龙岩市新罗区福坑村，19870802，陈恒彬 #1339（FJSI 019019）；福建省龙岩市上杭县丘山背坑，20221116，刘彬彬、王慧、李中阳、吴锦平 #POC590256；福建省龙岩市上杭县三坑口，20221118，刘彬彬、王慧、吴锦平 #POC590348；福建省龙岩市上杭县桂和到蛟潭，20230509，刘彬彬、李福星、王慧、李小丫 #POC590800；福建省龙岩市上杭县大吴地袁梦村，20230514，李中阳、何丽娟 #POC591725；福建省龙岩市连城县莒溪镇太平僚风水林，20230203，李中阳、邱相东、张富帅 #POC591528；福建省龙岩市连城县庙前镇马家坪，20230803，李中阳、卫然、孙久琼、何丽娟 #POC589396。

157. 狗脊

Woodwardia japonica (L.f.) Sm.

【形态】植株高 50~120 cm。根状茎短粗，直立，密被红棕色、披针形鳞片。叶簇生；叶片长圆形，二回羽裂；羽片披针形，基部不对称，上侧宽楔形，下侧圆形；裂片三角形，基部下侧一片圆耳形；叶脉明显，两面均隆起，在羽轴及主脉两侧各有 1 行狭长网眼，外侧小脉分离；叶干后近革质，下部羽轴下面密被棕色纤维状小鳞片。孢子囊群长圆形，挺直，着生于主脉两侧的狭长网眼上，不连续；囊群盖同形，成熟时开向主脉。

【分布】在福建梅花山国家级自然保护区内分布于新罗区梯子岭、结缘山、蔡宝渡；上杭县古田镇桂和上村、三坑口、永安亭到油婆髻、桂和到蛟潭；连城县庙前镇马家坪、莒溪镇铁山罗地—赤家坪—王母点兵、太平僚村以及池家山风水林。生于疏林下。在中国分布于上海市、江苏省、浙江省、安徽省、福建省、江西省、河南省、湖北省、湖南省、广东省、广西壮族自治区、海南省、重庆市、四川省、贵州省、云南省、西藏自治区、陕西省、甘肃省、香港特别行政区、澳门特别行政区、台湾省；朝鲜南部、日本（本州、九州、四国）也有分布。

【凭证】福建省龙岩市新罗区梯子岭，20221114，刘彬彬、王慧、吴锦平 #POC590111；福建省龙岩市新罗区结缘山，20221114，刘彬彬、王慧、吴锦平 #POC590181；福建省龙岩市新罗区蔡宝渡，20221115，刘彬彬、王慧、吴锦平 #POC590197、POC590202、POC590240；福建省龙岩市上杭县桂和上村，20221117，刘彬彬、王慧、李中阳、吴锦平 #POC590306；福建省龙岩市上杭县三坑口，20221118，刘彬彬、王慧、吴锦平 #POC590338；福建省龙岩市上杭县永安亭到油婆髻，20230508，刘彬彬、李福星、王慧、李小丫 #POC590679；福建省龙岩市上杭县桂和到蛟潭，20230509，刘彬彬、李福星、王慧、李小丫 #POC590756、POC590781；福建省龙岩市连城县庙前镇马家坪，20220904，刘彬彬、徐超、李福星、王慧 #POC588994；20230510，刘彬彬、李福星、王慧、李小丫 #POC593367；福建省龙岩市连城县莒溪镇铁山罗地—赤家坪—王母点兵，20230511，刘彬彬、卫然、王慧、李小丫 #POC593405；福建省龙岩市连城县莒溪镇太平僚村，20230512，刘彬彬、李福星、王慧、李小丫、张斌 #POC593490；福建省龙岩市连城县莒溪镇池家山风水林，20230513，刘彬彬、卫然、李福星、王慧、李小丫 #POC593527。

158. 裂羽崇澍蕨

Woodwardia kempii Copel.

【形态】植株高达 1 m。根状茎长而横走，密被棕色、披针形鳞片。叶二型；不育叶一回羽裂，裂片披针形；能育叶二回羽裂，羽片椭圆状披针形，深羽裂达羽轴两侧的阔翅；裂片披针形，下部的裂片急剧缩短成小圆耳形；主脉两面均隆起，沿主脉两侧各具 1 行狭长网眼，向外有 2 行斜长网眼；叶近革质，干后浅棕色。孢子囊群粗线形，紧靠中脉平行着生，成熟时汇合；囊群盖粗线形，开向主脉。

【分布】在福建梅花山国家级自然保护区内分布于新罗区江山镇。生于林下潮湿山地。在中国分布于福建省、广东省、广西壮族自治区、香港特别行政区、台湾省；日本南部（屋久岛）也有分布。

【凭证】福建省龙岩市新罗区江山镇，张清其等 #726（PE 00945312）。

159. 珠芽狗脊

Woodwardia prolifera Hook. & Arn.

【形态】植株高 70~230 cm。根状茎横卧，密被蓬松的红棕色、狭披针形大鳞片。叶近生；叶柄褐色，基部密被鳞片，脱落后具鳞痕；叶片长卵形，二回深羽裂；羽片披针形，先端长渐尖；裂片披针形，斜向上，基部以阔翅相连，边缘有细密锯齿，基部上侧的裂片较长，下侧缺少 1~4 片裂片；沿羽轴及主脉两侧各有 1 行整齐的狭长网眼；叶革质，干后棕色，羽片上面通常产生小珠芽，常萌发出 1 片有柄的匙形幼叶。孢子囊群粗短，形似新月，先端略向外弯，着生于主脉两侧，深陷叶肉内，在叶上面形成清晰的印痕；囊群盖同形，开向主脉。

【分布】在福建梅花山国家级自然保护区内分布于连城县莒溪镇百金山、庙前镇马家坪；新罗区江山镇大罗坂。生于海拔 100~1 100 m 的低海拔丘陵或坡地的疏林下阴湿地方或溪边。在中国分布于浙江省、安徽省、福建省、江西省、湖南省、广东省、广西壮族自治区、香港特别行政区、台湾省；日本南部也有分布。

【凭证】福建省龙岩市连城县莒溪镇百金山，20230206，李中阳、邱相东、张富帅 #POC591603；福建省龙岩市连城县庙前镇马家坪，20230510，刘彬彬、李福星、王慧、李小丫 #POC593327；福建省龙岩市新罗区江山镇大罗坂，20230507，刘彬彬、李福星、王慧、李小丫 #POC590495、POC590569。

鳞毛蕨科 Dryopteridaceae

复叶耳蕨属 *Arachniodes* Blume

160. 斜方复叶耳蕨

Arachniodes amabilis (Blume) Tindale

【形态】植株高 40~80 cm。根状茎横卧，连同叶柄基部密被棕色无光泽、披针形鳞片。叶片长卵形，二回羽状，基部三回羽状；羽片斜向上，基部一对最大，三角状披针形，其基部下侧一片小羽片特长，一回羽状，顶生羽片和侧生羽片同形且近等大；小羽片斜方形，基部上侧呈三角状突起，顶端锐尖，具芒刺；侧脉羽状，侧脉 2~3 叉；叶纸质，两面无毛。孢子囊群着生于小脉顶端；囊群盖圆肾形，有缘毛。

【分布】在福建梅花山国家级自然保护区内分布于上杭县古田镇桂和上村；新罗区梯子岭、蔡宝渡、江山镇大罗坂、福坑村；连城县莒溪镇百金山、太平僚村以及庙前镇马家坪。在中国分布于江苏省、浙江省、安徽省、福建省、江西省、河南省、湖北省、湖南省、广东省、广西壮族自治区、海南省、重庆市、四川省、贵州省、云南省、香港特别行政区、台湾省；日本也有分布。

【凭证】福建省龙岩市上杭县桂和上村，20221117，刘彬彬、王慧、李中阳、吴锦平 #POC590320、POC590321；福建省龙岩市新罗区梯子岭，20221114，刘彬彬、王慧、吴锦平 #POC590149；福建省龙岩市新罗区蔡宝渡，20221115，刘彬彬、王慧、吴锦平 #POC590231、POC590233、POC590236；福建省龙岩市新罗区江山镇大罗坂，20230507，刘彬彬、李福星、王慧、李小丫 #POC590482、POC590494；福建省龙岩市新罗区江山镇福坑村，20230515，李中阳 #POC591738；福建省龙岩市连城县莒溪镇百金山，20230206，李中阳、邱相东、张富帅 #POC591597；福建省龙岩市连城县莒溪镇太平僚村，20230512，刘彬彬、李福星、王慧、李小丫、张斌 #POC593474；福建省龙岩市连城县庙前镇马家坪，20230510，刘彬彬、李福星、王慧、李小丫 #POC593343。

161. 多羽复叶耳蕨

Arachniodes amoena (Ching) Ching

【形态】植株高 70~85 cm。根状茎长而横走，连同叶柄基部密被深棕色、有光泽、卵状披针形鳞片。叶片近五角形，三回羽状或基部四回羽裂；羽片 3~6 对，基部一对最大，近三角形，其基部下侧小羽片特长，顶生羽片与侧生羽片同形且近等大；小羽片三角状披针形，上侧深裂，下侧浅裂成粗齿，裂片顶端具芒刺；叶脉羽状，侧脉 2~3 叉。孢子囊群圆形，着生于小羽片上侧边的小脉顶端；囊群盖圆肾形，全缘。

【分布】在福建梅花山国家级自然保护区内分布于新罗区结缘山；连城县莒溪镇太平僚风水林、太平僚村；上杭县古田镇桂和上村以及桂和村油婆髻。生于海拔 400~1 400 m 的山地林下、溪边阴湿岩上或泥土中。在中国分布于浙江省、福建省、江西省、湖南省、广东省、广西壮族自治区、贵州省。

【凭证】福建省龙岩市新罗区结缘山，20221114，刘彬彬、王慧、吴锦平 #POC590182；福建省龙岩市连城县莒溪镇太平僚风水林，20230203，李中阳、邱相东、张富帅 #POC591529；福建省龙岩市连城县莒溪镇太平僚村，20230512，刘彬彬、李福星、王慧、李小丫、张斌 #POC593482；福建省龙岩市上杭县桂和上村，20221117，刘彬彬、王慧、李中阳、吴锦平 #POC590305；福建省龙岩市上杭县古田镇桂和村油婆髻，20230802，李中阳、卫然、孙久琼、何丽娟 #POC589665。

162. 大片复叶耳蕨

Arachniodes cavalerii (Christ) Ohwi

【形态】植株高 45~100 cm。根状茎斜升，连同叶柄基部密被黄褐色、长披针形鳞片。叶片三角形或卵状三角形，顶端突然狭缩成渐尖，二回至三回羽状；羽片具长柄，基部一对最大，卵状三角形，基部下侧一小羽片较长；小羽片或裂片宽阔，具圆钝齿；叶脉羽状，侧脉 2~3 叉。孢子囊群圆形，在主脉两侧各排成 1 行，略近主脉；囊群盖圆形，全缘，宿存。

【分布】在福建梅花山国家级自然保护区内分布于新罗区江山镇福坑村、梯子岭、结缘山；上杭县古田镇丘山背坑、大斜村；连城县莒溪镇池家山、太平僚风水林下游、太平僚村以及池家山风水林。生于 1 300~1 500 m 的高山林下。在中国分布于浙江省、安徽省、福建省、江西省、湖北省、湖南省、广东省、广西壮族自治区、海南省、贵州省、云南省；日本也有分布。

【凭证】福建省龙岩市新罗区福坑村，19870802，陈恒彬 #1333（FJSI 019008）；福建省龙岩市新罗区梯子岭，20221114，刘彬彬、王慧、吴锦平 #POC590137；福建省龙岩市新罗区结缘山，20221114，刘彬彬、王慧、吴锦平 #POC590189；福建省龙岩市上杭县丘山背坑，20221116，刘彬彬、王慧、李中阳、吴锦平 #POC590254；福建省龙岩市上杭县古田镇大斜村，20230506，刘彬彬、李福星、王慧、李小丫 #POC590461；福建省龙岩市连城县，19881102，厦大梅花山采集队 #1059（AU AU051635）；19881104，厦大梅花山采集队 #1108（AU AU051637）；福建省龙岩市连城县莒溪镇池家山，20230205，李中阳、邱相东、张富帅 #POC591574；福建省龙岩市连城县莒溪镇太平僚风水林下游，20230203，李中阳、邱相东、张富帅 #POC591547；福建省龙岩市连城县莒溪镇太平僚村，20230512，刘彬彬、李福星、王慧、李小丫、张斌 #POC593480、POC593483、POC593510；福建省龙岩市连城县莒溪镇池家山风水林，20230513，刘彬彬、卫然、李福星、王慧、李小丫 #POC593515。

163. 中华复叶耳蕨

Arachniodes chinensis (Rosenst.) Ching

【形态】植株高 30~60 cm。根状茎横卧，密被黑色、狭披针形鳞片。叶柄连同叶轴及羽轴均被贴伏的黑色、钻状鳞片；叶片卵状三角形，基部三回羽裂；羽片长披针形，基部一对最大，叶片顶端突然缩狭成尾状渐尖；小羽片镰刀状长圆形，基部上侧呈耳状突起，边缘浅裂或具短芒刺状锯齿；叶脉羽状，侧脉 2~3 叉；叶厚纸质，背面沿中脉略被棕褐色、纤维状小鳞片。孢子囊群圆形，着生于小脉近顶端；囊群盖圆肾形，早落。

【分布】在福建梅花山国家级自然保护区内分布于新罗区梯子岭、蔡宝渡；上杭县古田镇丘山背坑、三坑口、大斜村、大吴地袁梦村；连城县莒溪镇太平僚村陈斜坑、百金山、太平僚村、池家山风水林、太平僚村七仙女瀑布以及庙前镇马家坪。生于海拔 450~1 600 m 的山地杂木林下。在中国分布于浙江省、安徽省、福建省、江西省、湖南省、广东省、广西壮族自治区、海南省、重庆市、四川省、贵州省、云南省、澳门特别行政区、台湾省。

【凭证】福建梅花山国家级自然保护区，20140407，商辉、顾钰峰 #SG049（CSH CSH0018431）、SG032（CSH CSH0034606）、SG041（CSH CSH0018479）、SG043（CSH CSH0018481）、SG091（CSH CSH0034581）；福建省龙岩市新罗区梯子岭，20221114，刘彬彬、王慧、吴锦平 #POC590116、POC590117、POC590122、POC590131、POC590132、POC590141、POC590142、POC590144、POC590145、POC590147、POC590154、POC590156、POC590163、POC590177；福建省龙岩市新罗区蔡宝渡，20221115，刘彬彬、王慧、吴锦平 #POC590207；福建省龙岩市上杭县丘山背坑，20221116，刘彬彬、王慧、李中阳、吴锦平 #POC590245；福建省龙岩市上杭县三坑口，20221118，刘彬彬、王慧、吴锦平 #POC590337、POC590344、POC590351、POC590357；福建省龙岩市上杭县古田镇大斜村，20230506，刘彬彬、李福星、王慧、李小丫 #POC590459、POC590462、POC590465；福建省龙岩市上杭县大吴地袁梦村，20230514，李中阳、何丽娟 #POC591734；福建省龙岩市连城县莒溪镇太平僚村陈斜坑，20230202，李中阳、邱相东、张富帅 #POC591517；福建省龙岩市连城县莒溪镇百金山，20230206，李中阳、邱相东、张富帅 #POC591602；福建省龙岩市连城县莒溪镇太平僚村，20230512，刘彬彬、李福星、王慧、李小丫、张斌 #POC593485；福建省龙岩市连城县莒溪镇池家山风水林，20230513，刘彬彬、卫然、李福星、王慧、李小丫 #POC593522、POC593526；福建省龙岩市连城县莒溪镇太平僚村七仙女瀑布，20230514，刘彬彬、卫然、李福星、王慧、李小丫 #POC593596；福建省龙岩市连城县庙前镇马家坪，20230510，刘彬彬、李福星、王慧、李小丫 #POC593351、POC593379、POC593383。

164. 华南复叶耳蕨

Arachniodes festina (Hance) Ching

【形态】植株高 60~95 cm。根状茎斜升，连同叶柄基部被棕色、披针形鳞片。叶片卵状三角形或长圆形，顶部渐尖，四回羽状；羽片 7~9 对，基部一对最大，三角形；一回小羽片基部下侧一片略较大，长圆状披针形；二回小羽片三角形，基部不对称，上侧近圆形，下侧斜切；末回小羽片卵状三角形，基部不对称，楔形，边缘具粗尖锯齿。叶干后草质，暗绿色。孢子囊群每末回小羽片或裂片 2~5 枚；囊群盖暗棕色，厚膜质，脱落。

【分布】在福建梅花山国家级自然保护区内分布于连城县莒溪镇太平僚到池家山途中。生于海拔 700~950 m 的山谷或山地常绿阔叶林下。在中国分布于浙江省、福建省、江西省、河南省、湖南省、广东省、广西壮族自治区、重庆市、四川省、贵州省、云南省、台湾省。

【凭证】福建省龙岩市连城县莒溪镇太平僚到池家山途中，20230207，李中阳、邱相东、张富帅 #POC591622。

165. 假斜方复叶耳蕨

Arachniodes hekiana Sa.Kurata

【形态】植株高 80~110 m。根状茎长而横走，连同叶柄基部被浅棕色卵状披针形鳞片。叶片卵状三角形至长圆形，二回羽状；羽片线状披针形，基部一对较大，顶生羽片与侧生羽片同形；小羽片斜方形，基部不对称，上侧截形，略有三角形突起，下侧斜切，先端锐尖，边缘具粗齿至深裂，其顶端芒刺状；叶脉分离。孢子囊群圆形，位于主脉和叶边之间；囊群盖圆肾形，全缘。

【分布】在福建梅花山国家级自然保护区内分布于上杭县古田镇桂和上村。生于海拔 800~950 m 的山谷林下。在中国分布于浙江省、安徽省、福建省、湖南省、广东省、广西壮族自治区、海南省、重庆市、四川省、贵州省、云南省；日本也有分布。

【凭证】福建省龙岩市上杭县桂和上村，19870812，陈恒彬 #1689（FJSI 019063）。

166. 长尾复叶耳蕨

Arachniodes simplicior (Makino) Ohwi

【形态】植株高 40~100 cm。根状茎横卧，连同叶柄基部密被棕色、狭披针形鳞片。叶片卵状长圆形，顶端长尾状，二回羽状至三回羽裂；侧生羽片斜向上，有柄，基部一对最大，卵状长圆形，其基部下侧一小羽片特大，一回羽状，向上羽片线状披针形，顶生羽片与侧生羽片同形且近等大；小羽片或裂片卵状长圆形，基部上侧截形并有耳状突起，顶端钝，具芒刺状齿；叶厚纸质，两面无毛。孢子囊群着生于小脉顶端；囊群盖肾形，深棕色，易脱落。

【分布】在福建梅花山国家级自然保护区内分布于上杭县丘山背坑；新罗区梯子岭以及江山镇福坑村。在中国分布于江苏省、浙江省、安徽省、福建省、江西省、河南省、湖北省、湖南省、广东省、广西壮族自治区、重庆市、四川省、贵州省、云南省、西藏自治区、陕西省、甘肃省。

【凭证】福建梅花山国家级自然保护区，20140408，商辉、顾钰峰 #SG085（CSH CSH0018423）；福建省龙岩市上杭县丘山背坑，20221116，刘彬彬、王慧、李中阳、吴锦平 #POC590258；福建省龙岩市新罗区梯子岭，20221114，刘彬彬、王慧、吴锦平 #POC590157；福建省龙岩市新罗区江山镇福坑村，20230515，李中阳 #POC591747。

167. 美丽复叶耳蕨

Arachniodes speciosa (D.Don) Ching

【形态】植株高达 45~95 cm。根状茎横走，连同叶柄基部密被棕色披针形鳞片。叶片阔卵状五角形，顶部略狭缩，三回羽状；羽片约 6 对，基部一对最大；小羽片有柄，基部一对尤其下侧较大，阔披针形；末回小羽片长圆形，顶端具 3~4 个长尖芒刺。叶干后薄纸质，棕色，上面有光泽。孢子囊群每末回小羽片 3~5 对，位于中脉与叶边中间；囊群盖棕色，膜质，脱落。

【分布】在福建梅花山国家级自然保护区内分布于上杭县古田镇桂和到蛟潭；连城县莒溪镇太平僚七仙女瀑布河谷、池家山风水林以及太平僚村陈斜坑。生于海拔约 1 550 m 的山谷混交林下。在中国分布于江苏省、浙江省、安徽省、福建省、江西省、湖北省、湖南省、广东省、广西壮族自治区、海南省、重庆市、四川省、贵州省、云南省、甘肃省、台湾省；尼泊尔也有分布。

【凭证】福建省龙岩市上杭县桂和到蛟潭，20230509，刘彬彬、李福星、王慧、李小丫 #POC590765、POC590780、POC590783；福建省龙岩市连城县莒溪镇太平僚七仙女瀑布河谷，20230204，李中阳、邱相东、张富帅 #POC591563；福建省龙岩市连城县莒溪镇池家山风水林，20230513，刘彬彬、卫然、李福星、王慧、李小丫 #POC593523、POC593543；福建省龙岩市连城县莒溪镇太平僚村陈斜坑，20230514，刘彬彬、卫然、李福星、王慧、李小丫 #POC593643。

实蕨属 ***Bolbitis*** Schott

168. 华南实蕨

Bolbitis subcordata (Copel.) Ching

【形态】植株高 60~120 cm。根状茎短匍匐，密被棕色卵状披针形鳞片，盾状着生，粗筛孔状。叶簇生，二型；叶柄上面有沟，疏被鳞片；不育叶椭圆形，一回羽状，羽片阔披针形，叶缘有深波状裂片，裂片具微锯齿，缺刻内有一尖刺，顶生羽片基部三裂，其先端延伸成鞭状，着地生根；侧脉明显，小脉在侧脉之间连接成 3 行网眼；叶草质，干后变黑色。能育叶与不育叶同形而较小。孢子囊群沿网脉分布，满布能育羽片下面。

【分布】在福建梅花山国家级自然保护区内分布于连城县莒溪镇太平僚风水林下游；新罗区江山镇福坑村。生于海拔 300~1 050 m 的山谷水边密林下石上。在中国分布于浙江省、福建省、江西省、湖南省、广东省、广西壮族自治区、海南省、贵州省、云南省、香港特别行政区、澳门特别行政区、台湾省；日本、越南也有分布。

【凭证】福建梅花山国家级自然保护区，20140407，商辉、顾钰峰 #SG047(CSH CSH0034569)；20140408，商辉、顾钰峰 #SG084(CSH CSH0018422)；福建省龙岩市连城县莒溪镇太平僚风水林下游，20230203，李中阳、邱相东、张富帅 #POC591539；福建省龙岩市新罗区江山镇福坑村，20230515，李中阳 #POC591739。

肋毛蕨属 *Ctenitis* (C.Chr.) C.Chr.

169. 二型肋毛蕨

Ctenitis dingnanensis Ching

【形态】根状茎直立，被红棕色、狭披针形鳞片。叶柄被棕色开展的线形至狭披针形鳞片，叶轴、羽轴和中肋被与叶柄相似但较小鳞片；叶片四回羽状深裂，三角形；羽片 6~8 对，基部一对羽片最大，其基部下侧的小羽片也较长；末回羽片或裂片的基部不明显下延，侧脉单一。孢子囊群圆形，一些孢子囊群被鳞片覆盖。

【分布】在福建梅花山国家级自然保护区内分布于上杭县古田镇龙龟；连城县莒溪镇百金山。生于杉木林和阔叶疏林下。在中国分布于浙江省、福建省、江西省、湖南省、广东省。

【凭证】福建省龙岩市上杭县龙龟，20221116，刘彬彬、王慧、李中阳、吴锦平 #POC590265；福建省龙岩市连城县莒溪镇百金山，20230206，李中阳、邱相东、张富帅 #POC591594。

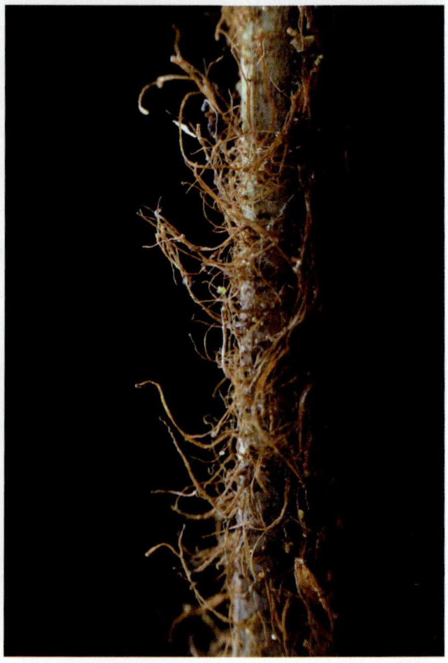

170. 直鳞肋毛蕨

Ctenitis eatonii (Baker) Ching

【形态】根状茎短而直立，先端密被棕色披针形鳞片。叶柄、叶轴密被短毛和平直钻状线形鳞片；叶片三角形，三回深羽裂；羽片 5~12 对，基部一对羽片最大，三角状披针形；叶脉羽状，小脉二叉，上面疏被短粗毛，下面密被细毛；叶坚纸质，干后褐棕色，羽轴和小羽轴两面密被棕色毛，背面疏被小鳞片。孢子囊群圆形，着生于上侧小脉基部近分叉处，近主脉；囊群盖同形，全缘，脱落。

【分布】在福建梅花山国家级自然保护区内分布于上杭县古田镇龙龟。生于山坡下阴暗处。在中国分布于浙江省、福建省、江西省、湖北省、湖南省、广东省、广西壮族自治区、重庆市、四川省、贵州省、台湾省；日本也有分布。

【凭证】福建省龙岩市上杭县古田镇龙龟，20230731，李中阳、卫然、孙久琼 #POC589637。

171. 三相蕨

Ctenitis sinii (Ching) Ohwi

【形态】植株高 80~100 cm。根状茎直立，先端及叶柄基部均密被锈棕色、狭线形开展且蓬松的鳞片。叶簇生；叶柄基部以上密被近紫色、披针形贴生的鳞片，有虹色光泽；叶片五角形，三回羽裂；羽片稍斜向上，基部一对最大，其下侧一小羽片明显伸长；小羽片椭圆状披针形，深羽裂达到有阔翅的羽轴；裂片镰状椭圆形，全缘；叶脉羽状，裂片下部的小脉往往连接，沿羽轴有 1 列狭长的网眼。叶坚纸质，叶轴、羽轴及小羽轴上面均密被有关节的淡棕色毛并疏被小鳞片。孢子囊群圆形，生于小脉中部，在主脉两侧各排列成不整齐的 2 列，无囊群盖。

【分布】在福建梅花山国家级自然保护区内分布于上杭县丘山背坑；连城县莒溪镇太平僚到池家山途中。生于海拔约 300 m 的山谷密林下。在中国分布于浙江省、福建省、江西省、湖南省、广东省、广西壮族自治区；日本也有分布。

【凭证】福建省龙岩市上杭县丘山背坑，20221116，刘彬彬、王慧、李中阳、吴锦平 #POC590260；福建省龙岩市连城县莒溪镇太平僚到池家山途中，20230207，李中阳、邱相东、张富帅 #POC591614。

贯众属 *Cyrtomium* C.Presl

172. 贯众

Cyrtomium fortunei J.Sm.

【形态】植株高 25~50 cm。根状茎直立，连同叶柄基部密被棕色、披针形鳞片。叶片长圆状披针形，奇数一回羽状；羽片近平展，具短柄，披针形或多少呈镰刀形，中部羽片基部偏斜、上侧近截形有时略有钝的耳状突起；顶生羽片窄卵形，下部有时具 1~2 枚浅裂片；叶纸质，叶轴疏被棕色、披针形鳞片；叶脉网状，在主脉两侧各有 2~3 行网眼，具内藏小脉。孢子囊群圆形，着生于内藏小脉近顶端，满布叶背；囊群盖圆形，全缘。

【分布】在福建梅花山国家级自然保护区内分布于连城县莒溪镇陈地村以及太平僚村。生于海拔 2 400 m 以下的空旷地石灰岩缝或林下。在中国分布于河北省、山西省、江苏省、浙江省、安徽省、福建省、江西省、山东省、河南省、湖北省、湖南省、广东省、广西壮族自治区、海南省、重庆市、四川省、贵州省、云南省、陕西省、甘肃省、台湾省；日本、朝鲜南部、越南北部、泰国也有分布。

【凭证】福建省龙岩市连城县莒溪镇陈地村，19881101，厦大梅花山采集队 #989（AU AU051686）；福建省龙岩市连城县莒溪镇太平僚村，20230512，刘彬彬、李福星、王慧、李小丫、张斌 #POC593473。

鳞毛蕨属 *Dryopteris* Adans.

173. 阔鳞鳞毛蕨

Dryopteris championii (Benth.) C.Chr.

【形态】植株高 50~80 cm。根状茎横卧或斜升，连同叶柄基部密被阔披针形、棕色鳞片。叶簇生；叶片卵状披针形，二回羽状；羽片卵状披针形；小羽片披针形，具短柄，顶端钝圆并具细尖齿，边缘羽状浅裂，基部上侧一裂片最大；裂片圆钝头，顶端具尖齿；叶轴密被阔披针形、边缘有细齿的棕色鳞片，羽轴密被泡状鳞片；侧脉羽状；叶草质，干后褐绿色。孢子囊群在中脉两侧各排列 1 行，略靠近边缘；囊群盖圆肾形，全缘。

【分布】在福建梅花山国家级自然保护区内分布于新罗区江山镇福坑村、蔡宝渡；上杭县古田镇桂和上村；连城县莒溪镇太平僚风水林，铁山罗地—青石坑—柳杉王，铁山罗地—赤家坪—王母点兵，以及庙前镇马家坪。在中国分布于上海市、江苏省、浙江省、福建省、江西省、山东省、河南省、湖北省、湖南省、广东省、广西壮族自治区、重庆市、四川省、贵州省、云南省、西藏自治区、香港特别行政区、澳门特别行政区、台湾省；日本、朝鲜也有分布。

【凭证】福建省龙岩市新罗区福坑村，19870802，陈恒彬 #1309（FJSI 019107）；福建省龙岩市新罗区蔡宝渡，20221115，刘彬彬、王慧、吴锦平 #POC590193；福建省龙岩市上杭县，19870916，厦大梅花山采集队 #608（AU AU051691）；福建省龙岩市上杭县桂和上村，20221117，刘彬彬、王慧、李中阳、吴锦平 #POC590304；福建省龙岩市连城县，19881104，厦大梅花山采集队 #1092（AU AU051692）；福建省龙岩市连城县莒溪镇太平僚风水林，20230203，李中阳、邱相东、张富帅 #POC591535；福建省龙岩市连城县莒溪镇铁山罗地—青石坑—柳杉王，20230511，李中阳、李福星、张斌 #POC591652；福建省龙岩市连城县莒溪镇铁山罗地—赤家坪—王母点兵，20230511，刘彬彬、卫然、王慧、李小丫 #POC593402；福建省龙岩市连城县庙前镇马家坪，20230510，刘彬彬、李福星、王慧、李小丫 #POC593362、POC593368。

174. 桫椤鳞毛蕨

Dryopteris cycadina (Franch. & Sav.) C.Chr.

【形态】植株高约 50 cm。根状茎直立，连同叶柄、叶轴密被黑褐色、边有疏缘毛的狭长披针形鳞片。叶簇生；叶片椭圆状披针形，一回羽状；羽片镰刀状披针形，几无柄，顶端长渐尖，边缘羽状半裂至深裂，下部的数对羽片略缩短；裂片近长方形，顶端圆截形；叶脉羽状，中肋下面疏被棕色小鳞片；叶薄纸质，无毛。孢子囊群圆形，着生于小脉中部，散布在中脉两侧；囊群盖圆肾形，全缘。

【分布】在福建梅花山国家级自然保护区内分布于连城县庙前镇马家坪，莒溪镇铁山罗地—青石坑—柳杉王，以及太平僚风水林。生于海拔 1 400~3 200 m 的杂木林下。在中国分布于浙江省、福建省、江西省、湖北省、湖南省、广东省、广西壮族自治区、重庆市、四川省、贵州省、云南省、西藏自治区、台湾省；日本也有分布。

【凭证】福建梅花山国家级自然保护区，20140407，商辉、顾钰峰 #SG067；福建省龙岩市连城县庙前镇马家坪，20230510，刘彬彬、李福星、王慧、李小丫 #POC593355、POC593359、POC593377、POC593384、POC593385、POC593388、POC593398；福建省龙岩市连城县莒溪镇铁山罗地—青石坑—柳杉王，20230511，李中阳、李福星、张斌 #POC591635；福建省龙岩市连城县莒溪镇太平僚风水林，20230513，刘彬彬、卫然、李福星、王慧、李小丫 #POC593562。

175. 迷人鳞毛蕨

Dryopteris decipiens (Hook.) Kuntze

【形态】植株高达 60 cm。根状茎斜升或直立，连同叶柄基部被栗棕色、狭披针形鳞片。叶片披针形，一回羽状，顶端渐尖并为羽裂；羽片有短柄，边缘波状浅裂或具浅锯齿；叶轴疏被泡状狭披针形鳞片；叶纸质，干后灰绿色，羽片背面具有淡棕色的泡状鳞片及稀疏的刺状毛。孢子囊群圆形，在羽片中脉两侧各排列成 1 行，靠近中脉；囊群盖圆肾形，边缘全缘。

【分布】在福建梅花山国家级自然保护区内分布于新罗区梯子岭；上杭县古田镇桂和上村、桂和到蛟潭；连城县庙前镇马家坪以及莒溪镇铁山罗地—赤家坪—王母点兵。生于林下。在中国分布于江苏省、浙江省、安徽省、福建省、江西省、湖北省、湖南省、广东省、广西壮族自治区、重庆市、四川省、贵州省、香港特别行政区、台湾省；日本也有分布。

【凭证】福建省龙岩市新罗区梯子岭，20221114，刘彬彬、王慧、吴锦平 # POC590135、POC590138、POC590164；福建省龙岩市上杭县桂和上村，20221117，刘彬彬、王慧、李中阳、吴锦平 #POC590301；福建省龙岩市上杭县桂和到蛟潭，20230509，刘彬彬、李福星、王慧、李小丫 #POC590766、POC590773、POC590779；福建省龙岩市连城县，19881104，厦大梅花山采集队 #1091（AU AU051717）、1092（AU AU051718）；福建省龙岩市连城县庙前镇马家坪，20230510，刘彬彬、李福星、王慧、李小丫 #POC593344；福建省龙岩市连城县莒溪镇铁山罗地—赤家坪—王母点兵，20230511，刘彬彬、卫然、王慧、李小丫 #POC593408、POC593442。

176. 深裂迷人鳞毛蕨

Dryopteris decipiens var. ***diplazioides*** (Christ) Ching

【形态】本变种与原变种迷人鳞毛蕨的区别在于羽片羽状半裂至羽状深裂，少数达全裂而呈二回羽状复叶。

【分布】在福建梅花山国家级自然保护区内分布于新罗区梯子岭。生于林下。在中国分布于江苏省、浙江省、安徽省、福建省、江西省、湖南省、广东省、广西壮族自治区、四川省、贵州省、台湾省；日本也有分布。

【凭证】福建省龙岩市新罗区梯子岭，20221114，刘彬彬、王慧、吴锦平 #POC590134、POC590139。

177. 德化鳞毛蕨

Dryopteris dehuaensis Ching & K.H.Shing

【形态】植株高 40~70 cm。根状茎横卧或斜升，顶端密被栗黑色、线状披针形鳞片。叶簇生；叶柄基部被根状茎上的鳞片，向上逐渐变小、变黑和伏贴；叶片卵状披针形，三回羽状，顶端羽裂渐尖；羽片披针形，叶柄长，基部一对最大；小羽片披针形，基部一对羽片下侧小羽片最大，羽状全裂；末回小羽片长圆形，顶端钝圆并具锯齿；叶轴和羽轴密被黑色、基部具睫毛鳞片；叶脉羽状，小脉单一或二叉，中脉下面密被棕色的泡状鳞片；叶厚纸质，干后褐绿色。孢子囊群着生于中脉与边缘之间；无囊群盖。

【分布】在福建梅花山国家级自然保护区内分布于新罗区梯子岭、蔡宝渡、江山镇福坑村；连城县莒溪镇太平僚七仙女瀑布河谷、太平僚风水林、太平僚七仙女瀑布以及庙前镇马家坪。生于林下。在中国分布于浙江省、安徽省、福建省、江西省、湖南省、广东省、广西壮族自治区、香港特别行政区。

【凭证】福建梅花山国家级自然保护区，20140407，商辉、顾钰峰 #SG077（CSH CSH0018463）；福建省龙岩市新罗区梯子岭，20221114，刘彬彬、王慧、吴锦平 #POC590123、POC590125、POC590136、POC590165、POC590166、POC590170；福建省龙岩市新罗区蔡宝渡，20221115，刘彬彬、王慧、吴锦平 #POC590206、POC590209、POC590212、POC590214、POC590226；福建省龙岩市新罗区江山镇福坑村，20230515，李中阳 #POC591743；福建省龙岩市连城县莒溪镇太平僚七仙女瀑布河谷，20230204，李中阳、邱相东、张富帅 #POC591553；福建省龙岩市连城县莒溪镇太平僚风水林，20230513，刘彬彬、卫然、李福星、王慧、李小丫 #POC593557；福建省龙岩市连城县莒溪镇太平僚七仙女瀑布，20230514，刘彬彬、卫然、李福星、王慧、李小丫 #POC593598；福建省龙岩市连城县庙前镇马家坪，20230510，刘彬彬、李福星、王慧、李小丫 #POC593328。

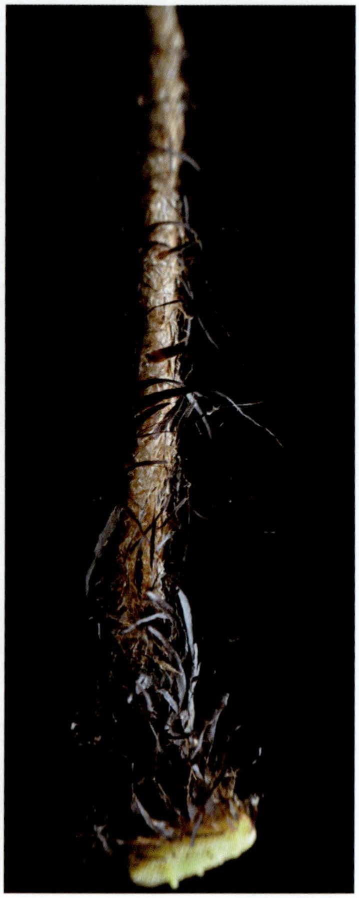

178. 红盖鳞毛蕨

Dryopteris erythrosora (D.C.Eaton) Kuntze

【形态】植株高 40~80 cm。叶簇生；叶柄基部密被栗黑色、披针形鳞片；叶片长圆状披针形，二回羽状；羽片披针形；小羽片披针形，边缘具细圆齿，基部一对羽片的基部下侧一对小羽片短缩；叶轴疏被狭暗棕色、披针形的小鳞片，羽轴和中肋密被棕色泡状鳞片；侧脉羽状，叶片下面疏被淡棕色毛状小鳞片。孢子囊群圆形，在中脉两侧各排列成 1 行至不规则多行，靠近中脉；囊群盖圆肾形，中央红色，干后常向上反卷而不脱落。

【分布】在福建梅花山国家级自然保护区内分布于新罗区结缘山；上杭县三坑口；连城县庙前镇马家坪以及莒溪镇池家山风水林。生于林下。在中国分布于上海市、江苏省、浙江省、安徽省、福建省、江西省、湖北省、湖南省、广东省、广西壮族自治区、重庆市、四川省、贵州省、云南省、甘肃省；日本、朝鲜也有分布。

【凭证】福建省龙岩市新罗区结缘山，20221114，刘彬彬、王慧、吴锦平 #POC590191；福建省龙岩市上杭县三坑口，20221118，刘彬彬、王慧、吴锦平 #POC590342；福建省龙岩市连城县庙前镇马家坪，20230510，刘彬彬、李福星、王慧、李小丫 #POC593353；福建省龙岩市连城县莒溪镇池家山风水林，20230513，刘彬彬、卫然、李福星、王慧、李小丫 #POC593524。

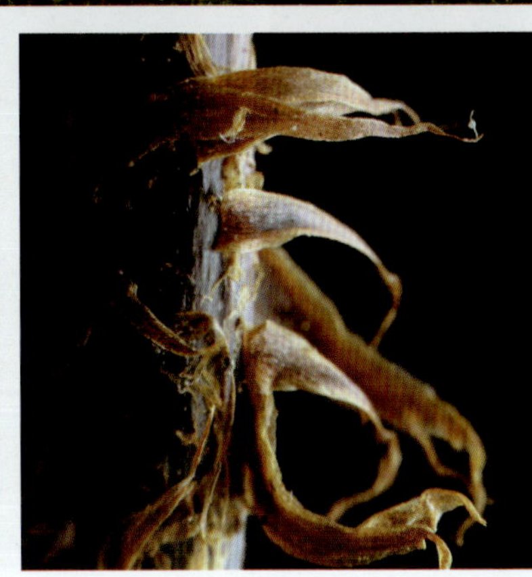

179. 黑足鳞毛蕨

Dryopteris fuscipes C.Chr.

【形态】植株高 40~92 cm。根状茎直立或斜升。叶簇生；叶柄基部为黑色，密被深棕色有光泽、披针形鳞片，向上稀疏；叶片卵状披针形或三角状卵形，二回羽状；羽片披针形，具短柄，中下部羽片几等大；小羽片三角状卵形，顶端钝圆，边缘具浅齿，基部羽片的中部下侧小羽片通常短缩；叶轴密被披针形鳞片，羽轴被较密的泡状鳞片；叶脉羽状。孢子囊群在主脉两侧各排列成 1 行，靠近主脉；囊群盖圆肾形，棕色，宿存。

【分布】在福建梅花山国家级自然保护区内分布于新罗区梯子岭、蔡宝渡；上杭县古田镇丘山背坑、桂和上村、大斜村、永安亭到油婆髻；连城县庙前镇马家坪、莒溪镇太平僚村、太平僚风水林以及太平僚七仙女瀑布。生于林下。在中国分布于上海市、江苏省、浙江省、安徽省、福建省、江西省、湖北省、湖南省、广东省、广西壮族自治区、海南省、重庆市、四川省、贵州省、云南省、香港特别行政区、台湾省；日本、朝鲜，以及中南半岛也有分布。

【凭证】福建梅花山国家级自然保护区，20140407，商辉、顾钰峰 #SG056（CSH CSH0018412）；福建省龙岩市新罗区梯子岭，20221114，刘彬彬、王慧、吴锦平 #POC590124、POC590169；福建省龙岩市新罗区蔡宝渡，20221115，刘彬彬、王慧、吴锦平 #POC590208、POC590213、POC590220、POC590222、POC590223、POC590230；福建省龙岩市上杭县丘山背坑，20221116，刘彬彬、王慧、李中阳、吴锦平 #POC590259；福建省龙岩市上杭县桂和上村，20221117，刘彬彬、王慧、李中阳、吴锦平 #POC590303；福建省龙岩市上杭县古田镇大斜村，20230506，刘彬彬、李福星、王慧、李小丫 #POC590447；福建省龙岩市上杭县永安亭到油婆髻，20230508，刘彬彬、李福星、王慧、李小丫 #POC590664；福建省龙岩市连城县庙前镇马家坪，20230510，刘彬彬、李福星、王慧、李小丫 #POC593322、POC593335、POC593338、POC593339、POC593370、POC593381、POC593382、POC593390、POC593399、POC593400；福建省龙岩市连城县莒溪镇太平僚七仙女瀑布河谷，20230204，李中阳、邱相东、张富帅 #POC591551；福建省龙岩市连城县莒溪镇太平僚村，20230512，刘彬彬、李福星、王慧、李小丫、张斌 #POC593492、POC593495；福建省龙岩市连城县莒溪镇太平僚风水林，20230513，刘彬彬、卫然、李福星、王慧、李小丫 #POC593556、POC593563；福建省龙岩市连城县莒溪镇太平僚七仙女瀑布，20230514，刘彬彬、卫然、李福星、王慧、李小丫 #POC593603。

180. 裸果鳞毛蕨

Dryopteris gymnosora (Makino) C.Chr.

【形态】植株高 40~60 cm。根状茎斜升，连同叶柄基部密被窄披针形黑色鳞片。叶簇生；叶柄基部黑色，向上禾秆色；叶片卵状披针形，二回羽状；羽片几无柄，基部通常覆盖叶轴；小羽片长圆形，顶端钝圆而有尖齿，羽片基部下侧的小羽片较大，羽状深裂；裂片边缘具尖齿侧脉羽状，小脉单一；叶纸质，干后灰绿色，下面在羽轴和小羽片中脉疏被泡状鳞片。孢子囊群着生在小羽片或裂片中脉两侧，无囊群盖。

【分布】在福建梅花山国家级自然保护区内分布于连城县庙前镇马家坪以及曲溪乡罗胜村。在中国分布于江苏省、浙江省、安徽省、福建省、江西省、湖北省、湖南省、广东省、广西壮族自治区、重庆市、四川省、贵州省、云南省；日本也有分布。

【凭证】福建省龙岩市连城县庙前镇马家坪，20230510，刘彬彬、李福星、王慧、李小丫 #POC593340；福建省龙岩市连城县曲溪乡罗胜村，20230801，李中阳、卫然、孙久琼、何丽娟 #POC589649。

181. 假异鳞毛蕨

Dryopteris immixta Ching

【形态】植株高 25~35 cm。根状茎横卧或斜升，连同叶柄基部密被黑棕色、线形鳞片。叶簇生；叶片卵状披针形，二回羽状；羽片卵状披针形，基部一对最大；基部一对小羽片羽状深裂，中上部的小羽片边缘羽状半裂或具浅齿；裂片短渐尖头，边缘有锯齿；叶轴具有棕色披针形鳞片，羽轴和小羽片中肋下面具有棕色泡状鳞片；叶脉羽状，小脉单一或二叉；叶近革质，干后黄绿色。孢子囊群靠近小羽片或裂片的边缘，囊群盖圆肾形，边缘啮蚀状。

【分布】在福建梅花山国家级自然保护区内分布于连城县莒溪镇太平僚村陈斜坑。在中国分布于江苏省、浙江省、福建省、江西省、山东省、河南省、湖北省、湖南省、重庆市、四川省、贵州省、云南省、陕西省、甘肃省。

【凭证】福建省龙岩市连城县莒溪镇太平僚村陈斜坑，20230514，刘彬彬、卫然、李福星、王慧、李小丫 #POC593636。

182. 平行鳞毛蕨

Dryopteris indusiata (Makino) Makino & Yamam.

【形态】植株高 40~60 cm。根状茎横卧或斜升。叶簇生；叶柄最基部密被黑色、狭披针形鳞片；叶片卵状披针形，二回羽状；羽片卵状披针形；小羽片长圆状披针形，基部羽片的最基部小羽片略缩短并平行叶轴；裂片顶端圆钝，具 1~2 枚齿；叶轴疏被黑色披针形鳞片，羽轴和小羽片中脉两侧具有棕色泡状鳞片；侧脉羽状，小脉单一或二叉。叶纸质，干后褐绿色。孢子囊群靠近小羽片中脉着生；囊群盖圆肾形，红棕色。

【分布】在福建梅花山国家级自然保护区内分布于上杭县古田镇桂和上村、大斜村、桂和村油婆髻；连城县莒溪镇铁山罗地—青石坑—柳杉王。在中国分布于浙江省、安徽省、福建省、江西省、湖北省、湖南省、广东省、广西壮族自治区、重庆市、四川省、贵州省、云南省；日本也有分布。

【凭证】福建省龙岩市上杭县桂和上村，20221117，刘彬彬、王慧、李中阳、吴锦平 #POC590299、POC590322；福建省龙岩市上杭县古田镇大斜村，20230506，刘彬彬、李福星、王慧、李小丫 #POC590441；福建省龙岩市上杭县古田镇桂和村油婆髻，20230802，李中阳、卫然、孙久琼、何丽娟 #POC589386；福建省龙岩市连城县莒溪镇铁山罗地—青石坑—柳杉王，20230511，李中阳、李福星、张斌 #POC591658。

183. 京鹤鳞毛蕨

Dryopteris kinkiensis Koidz. ex Tagawa

【形态】植株高 40~70 cm。根状茎直立，顶端密被暗棕色、线状披针形鳞片。叶簇生；叶柄最基部密被淡棕色阔披针形和狭披针形鳞片，边缘有疏锯齿；叶片卵状披针形，叶片顶端略急尖，二回羽状；小羽片披针形，羽状浅裂；裂片顶端前方具尖齿；叶轴和羽轴基部具有较密的披针形、淡棕色鳞片，羽轴中上部疏被泡状鳞片；侧脉羽状，下面明显；叶纸质，叶片下面具有少量的毛状小鳞片。孢子囊群在小羽片中脉两侧各排列成 1 行；囊群盖圆肾形，全缘。

【分布】在福建梅花山国家级自然保护区内分布于连城县莒溪镇铁山罗地—赤家坪—王母点兵。在中国分布于上海市、浙江省、福建省、江西省、湖南省、广东省、重庆市、四川省、贵州省；日本、朝鲜也有分布。

【凭证】福建省龙岩市连城县莒溪镇铁山罗地—赤家坪—王母点兵，20230511，刘彬彬、卫然、王慧、李小丫 #POC593403。

184. 齿头鳞毛蕨

Dryopteris labordei (Christ) C.Chr.

【形态】植株高 50~60 cm。根状茎横卧或斜升，顶端及叶柄基部密被黑色、披针形鳞片。叶簇生；叶片卵状披针形，二回羽状；羽片近对生，基部 1~2 对羽片最大并弯向叶尖；小羽片披针形，顶端钝圆，边缘羽状深裂，羽片基部下侧小羽片最大并弯向羽片顶端；裂片顶端圆，先端具 1~2 枚齿；羽轴和小羽片中脉的下面疏被棕色泡状鳞片；侧脉羽状，不达叶边；叶纸质，干后褐绿色。孢子囊群位于小羽片中脉两侧；囊群盖圆肾形，深棕色。

【分布】在福建梅花山国家级自然保护区内分布于连城县莒溪镇太平僚风水林以及铁山罗地—赤家坪—王母点兵。生于林下。在中国分布于上海市、江苏省、浙江省、安徽省、福建省、江西省、湖北省、湖南省、广东省、广西壮族自治区、重庆市、四川省、贵州省、云南省、台湾省；日本也有分布。

【凭证】福建省龙岩市连城县莒溪镇太平僚风水林，20230203，李中阳、邱相东、张富帅 #POC591533；福建省龙岩市连城县莒溪镇铁山罗地—赤家坪—王母点兵，20230511，刘彬彬、卫然、王慧、李小丫 #POC593409。

185. 轴鳞鳞毛蕨

Dryopteris lepidorachis C.Chr.

【形态】植株高 30~60 cm。根状茎横卧或斜升。叶簇生；叶柄密被暗棕色鳞片，基部的鳞片披针形，中部的鳞片卵形，边缘有尖齿；叶片卵状披针形，二回羽状；羽片披针形，彼此接近；小羽片长圆状披针形，边缘羽状浅裂，基部心形并有短柄；叶轴密被与叶柄中上部相同的鳞片，羽轴下面密被披针形鳞片和泡状鳞片；侧脉二叉或羽状；叶干后纸质，暗绿色，下面具有细鳞片。孢子囊群小，着生于小羽片边缘；囊群盖圆肾形，褐棕色。

【分布】在福建梅花山国家级自然保护区内分布于连城县莒溪镇铁山罗地—赤家坪—王母点兵。生于林下。在中国分布于上海市、江苏省、浙江省、安徽省、福建省、江西省、湖北省、湖南省、云南省。

【凭证】福建省龙岩市连城县莒溪镇铁山罗地—赤家坪—王母点兵，20230511，刘彬彬、卫然、王慧、李小丫 #POC593439。

186. 太平鳞毛蕨

Dryopteris pacifica (Nakai) Tagawa

【形态】植株高 60~80 cm。根状茎横卧或斜升，顶端密被黑色、披针形鳞片，先端毛状。叶簇生；叶柄基部密被与根状茎上同形鳞片，同时具短小的棕色伏贴鳞片；叶片五角状卵形，三回羽状；羽片互生，基部一对羽片最大；小羽片披针形，基部下侧最长小羽片向后伸长，羽状深裂；裂片披针形，顶端短渐尖并有尖锯齿；叶轴和羽轴密被上部黑色、基部棕色的小鳞片，中脉被棕色泡状鳞片；侧脉羽状，小脉二叉或单一；叶厚纸质，干后绿色。孢子囊群略靠近边缘着生；囊群盖圆肾形，边缘啮蚀状。

【分布】在福建梅花山国家级自然保护区内分布于新罗区蔡宝渡；上杭县古田镇桂和上村；连城县庙前镇马家坪、莒溪镇铁山罗地—青石坑—柳杉王以及太平僚村。在中国分布于上海市、江苏省、浙江省、安徽省、福建省、江西省、湖北省、湖南省、广东省、海南省、香港特别行政区；日本、朝鲜也有分布。

【凭证】福建梅花山国家级自然保护区，20140408，商辉、顾钰峰 #SG095（CSH CSH0018462）；福建省龙岩市新罗区蔡宝渡，20221115，刘彬彬、王慧、吴锦平 #POC590237；福建省龙岩市上杭县桂和上村，20221117，刘彬彬、王慧、李中阳、吴锦平 #POC590311；福建省龙岩市连城县庙前镇马家坪，20230510，刘彬彬、李福星、王慧、李小丫 #POC593347、POC593354、POC593386、POC593387；福建省龙岩市连城县莒溪镇铁山罗地—青石坑—柳杉王，20230511，李中阳、李福星、张斌 #POC591637；福建省龙岩市连城县莒溪镇太平僚村，20230512，刘彬彬、李福星、王慧、李小丫、张斌 #POC593468。

187. 鱼鳞蕨

Dryopteris paleolata (Pic.Serm.) Li Bing Zhang

【形态】根状茎直立或斜升，顶端密被深棕色卵形、披针形鳞片。叶簇生；叶柄基部密被与根状茎上相同鳞片；叶片卵形，四回全裂；羽片狭卵形，基部一对最大，基部稍包围轴；小羽片基部上侧缩短，下侧伸长；末回小羽片狭椭圆形，羽状分裂到最终轴；裂片狭椭圆形，边缘波状，先端圆形；叶轴和羽轴基部密被节状毛，具1枚心脏形棕色膜质鳞片；侧脉羽状，小脉单一，伸达叶边；叶纸质，干后棕绿色，中脉背面疏被节状毛。孢子囊群圆形，靠近叶边着生；囊群盖半圆形，仅基部一点着生。

【分布】在福建梅花山国家级自然保护区内分布于连城县莒溪镇太平僚到池家山途中。生于海拔500~3 300 m的林下溪边。在中国分布于浙江省、福建省、江西省、广东省、湖南省、广西壮族自治区、海南省、重庆市、四川省、贵州省、云南省、西藏自治区、台湾省；印度、不丹、尼泊尔、越南、菲律宾及日本南部（屋久岛）也有分布。

【凭证】福建省龙岩市连城县莒溪镇太平僚到池家山途中，20230207，李中阳、邱相东、张富帅 #POC591627。

188. 无盖鳞毛蕨

Dryopteris scottii (Bedd.) Ching

【形态】植株高 50~80 cm。根状茎粗短，直立，密生褐黑色、披针形具疏齿的鳞片。叶簇生；叶柄中部向上达叶轴疏生褐黑色、钻状披针形、下部边缘有刺状齿的小鳞片；叶片三角状卵形，先端羽裂渐尖，一回羽状；羽片长圆状披针形，基部圆截形，近无柄，渐尖头，边缘有前伸的波状圆齿；侧脉羽状；叶薄草质，干后褐绿色，背面沿羽轴及侧脉有 1~2 枚纤维状小鳞片。孢子囊群圆形，在中脉两侧各排列成不整齐的 2~3 行；无囊群盖。

【分布】在福建梅花山国家级自然保护区内分布于新罗区梯子岭；连城县莒溪镇太平僚村陈斜坑、太平僚到池家山途中、池家山风水林以及太平僚风水林。生于海拔 500~2 200 m 的林下。在中国分布于江苏省、浙江省、安徽省、福建省、江西省、湖南省、广东省、广西壮族自治区、海南省、重庆市、四川省、贵州省、云南省、西藏自治区、香港特别行政区、台湾省；印度、不丹、泰国、缅甸、越南、日本也有分布。

【凭证】福建省龙岩市新罗区梯子岭，20221114，刘彬彬、王慧、吴锦平 #POC590155；福建省龙岩市连城县莒溪镇太平僚村陈斜坑，20230202，李中阳、邱相东、张富帅 #POC591511；福建省龙岩市连城县莒溪镇太平僚到池家山途中，20230207，李中阳、邱相东、张富帅 #POC591618；福建省龙岩市连城县莒溪镇池家山风水林，20230513，刘彬彬、卫然、李福星、王慧、李小丫 #POC593552；福建省龙岩市连城县莒溪镇太平僚风水林，20230513，刘彬彬、卫然、李福星、王慧、李小丫 #POC593559。

189. 奇羽鳞毛蕨

Dryopteris sieboldii (van Houtte ex Mett.) Kuntze

【形态】植株高 0.5~1.0 m。根状茎粗短，直立，连同叶柄下部密生淡棕色、披针形鳞片。叶簇生；叶片三角状卵形，奇数一回羽状；羽片 1~4 对，阔披针形或长圆状披针形，基部为略不等的圆形或圆楔形，有短柄，顶生羽片和侧生羽片同形，具较长的柄，有时下侧羽片合生，全缘或有缺刻状浅锯齿；叶脉不明显，侧脉羽状；干后褐绿色，偶有纤维状小鳞片。孢子囊群圆形，沿中脉两侧各排列成不整齐的 3~4 行，近叶边处不育；囊群盖圆肾形，全缘。

【分布】在福建梅花山国家级自然保护区内分布于连城县莒溪镇太平僚村陈斜坑以及庙前镇马家坪。生于海拔 400~900 m 的林下。在中国分布于浙江省、安徽省、福建省、江西省、湖北省、湖南省、广东省、广西壮族自治区、重庆市、贵州省；日本也有分布。

【凭证】福建梅花山国家级自然保护区，20140407，商辉、顾钰峰 #SG042（CSH CSH0018444）；福建省龙岩市连城县莒溪镇太平僚村陈斜坑，20230202，李中阳、邱相东、张富帅 #POC591503；福建省龙岩市连城县庙前镇马家坪，202305010，刘彬彬、李福星、王慧、李小丫 #POC593349、POC593358。

190. 稀羽鳞毛蕨

Dryopteris sparsa (D.Don) Kuntze

【形态】植株高 50~100 cm。根状茎短粗，直立或斜升。叶柄光滑；叶片三角状卵形，先端羽裂长渐尖，三回羽裂；羽片具短柄，基部一对最大，三角状披针形，呈镰刀状，上侧羽片披针形；小羽片披针形或基部通常不对称，下侧一片小羽片较长；裂片长圆形，顶端钝圆并有几个尖齿；叶脉羽状，侧脉单一或分叉。孢子囊群着生于小脉中部；囊群盖圆肾形，全缘，宿存。

【分布】在福建梅花山国家级自然保护区内分布于新罗区梯子岭、蔡宝渡、江山镇大罗坂；上杭县古田镇龙龟、桂和上村、大斜村、永安亭到油婆髻；连城县莒溪镇太平僚到池家山途中、铁山罗地—赤家坪—王母点兵、太平僚村以及庙前镇马家坪。生于海拔 500~2 000 m 的林下溪边。在中国分布于上海市、浙江省、安徽省、福建省、江西省、河南省、湖北省、湖南省、广东省、广西壮族自治区、海南省、重庆市、四川省、贵州省、云南省、陕西省、西藏自治区、香港特别行政区、台湾省；印度、不丹、尼泊尔、缅甸、泰国、越南、印度尼西亚、日本也有分布。

【凭证】福建省龙岩市新罗区梯子岭，20221114，刘彬彬、王慧、吴锦平 #POC590130；福建省龙岩市新罗区蔡宝渡，20221115，刘彬彬、王慧、吴锦平 #POC590232、POC590234、POC590239；福建省龙岩市新罗区江山镇大罗坂，20230507，刘彬彬、李福星、王慧、李小丫 #；福建省龙岩市上杭县，19850730，陈恒彬 #591（FJSI 019139）；福建省龙岩市上杭县龙龟，20221116，刘彬彬、王慧、李中阳、吴锦平 #POC590264；福建省龙岩市上杭县桂和上村，20221117，刘彬彬、王慧、李中阳、吴锦平 #POC590289；福建省龙岩市上杭县古田镇大斜村，20230506，刘彬彬、李福星、王慧、李小丫 #POC590431、POC590432；福建省龙岩市上杭县永安亭到油婆髻，20230508，刘彬彬、李福星、王慧、李小丫 #POC590728、POC590729、POC590730、POC590736；福建省龙岩市连城县莒溪镇太平僚到池家山途中，20230207，李中阳、邱相东、张富帅 #POC591623；福建省龙岩市连城县莒溪镇铁山罗地—赤家坪—王母点兵，20230511，刘彬彬、卫然、王慧、李小丫 #POC593448；福建省龙岩市连城县莒溪镇太平僚村，20230512，刘彬彬、李福星、王慧、李小丫、张斌 #POC593506；福建省龙岩市连城县庙前镇马家坪，20230510，刘彬彬、李福星、王慧、李小丫 #POC593321。

191. 无柄鳞毛蕨

Dryopteris submarginata Rosenst.

【形态】植株高 60~80 cm。根状茎斜升。叶簇生；叶柄基部密被黑色、披针形鳞片，先端棕色毛状，向上叶轴疏被鳞片；叶片卵状披针形，三回羽状；羽片卵状披针形，几无柄，上侧小羽片覆盖叶轴，下侧小羽片呈八字形斜展；小羽片卵状披针形，上侧较小，下侧较大，边缘有羽状深裂；裂片先端圆钝具锯齿。侧脉羽状，小羽单一，羽轴、中脉两侧具有较多的棕色泡状鳞片；叶纸质，干后灰绿色。孢子囊着生于中肋两侧；囊群盖圆肾形，棕色，全缘。

【分布】在福建梅花山国家级自然保护区内分布于连城县莒溪镇池家山风水林。在中国分布于江苏省、浙江省、福建省、江西省、湖北省、湖南省、广西壮族自治区、重庆市、四川省、贵州省。

【凭证】福建省龙岩市连城县莒溪镇池家山风水林，20230513，刘彬彬、卫然、李福星、王慧、李小丫 #POC593519。

192. 变异鳞毛蕨

Dryopteris varia (L.) Kuntze

【形态】植株高 30~100 cm。根状茎横卧或斜升，顶端连同叶柄基部被基部和边缘棕色，中央或上部黑色鳞片。叶簇生；叶片五角状卵形或宽卵形，长尾状渐尖头，二回羽状或三回羽状全裂；羽片披针形，基部一对最大，基部下侧小羽片向后伸长呈燕尾状，羽状全裂；末回裂片或小羽片，边缘浅裂；叶轴和羽轴疏被黑色毛状小鳞片；叶脉羽状，小脉分叉或单一，小羽轴和裂片中脉背面疏被棕色泡状鳞片；叶近革质，干后绿色。孢子囊群着生于裂片边缘；囊群盖圆肾形，全缘。

【分布】在福建梅花山国家级自然保护区内分布于新罗区蔡宝渡；连城县庙前镇马家坪以及莒溪镇太平僚村。在中国分布于上海市、江苏省、浙江省、安徽省、福建省、江西省、河南省、湖北省、湖南省、广东省、广西壮族自治区、重庆市、四川省、贵州省、云南省、陕西省、甘肃省、香港特别行政区、台湾省；日本、朝鲜、菲律宾和印度等国也有分布。

【凭证】福建省龙岩市新罗区蔡宝渡，20221115，刘彬彬、王慧、吴锦平 #POC590210、POC590225；福建省龙岩市连城县，19431013，林镕 #3985（AU AU051739）；福建省龙岩市连城县庙前镇马家坪，20230510，刘彬彬、李福星、王慧、李小丫 #POC593373；福建省龙岩市连城县莒溪镇太平僚村，20230512，刘彬彬、李福星、王慧、李小丫、张斌 #POC593466。

舌蕨属 *Elaphoglossum* Schott. ex J.Sm.

193. 舌蕨

Elaphoglossum marginatum (Wall. ex Fée) T.Moore

【形态】植株高 15~40 cm。根状茎短，横卧或斜升，密被褐棕色披针形鳞片，边缘具疏睫毛。叶柄基部密被根状茎上相同鳞片；叶近生，二型；不育叶叶片披针形，叶柄长，基部楔形，有软骨质狭边；能育叶叶柄较不育叶长，叶片较不育叶短狭；叶脉可见，主脉上面有浅纵沟，下面隆起，侧脉 1~2 叉；叶革质，肥厚，两面伏生棕色或褐色星芒状小鳞片，背面较多。孢子囊沿侧脉着生，成熟时满布能育叶背面。

【分布】在福建梅花山国家级自然保护区内分布于上杭县古田镇桂和村油婆髻。生于海拔 480~2 600 m 的杂木林中，附生于潮湿的岩石上或树干上。在中国分布于福建省、江西省、广东省、广西壮族自治区、海南省、四川省、贵州省、云南省、西藏自治区、甘肃省、台湾省；印度也有分布。

【凭证】福建梅花山国家级自然保护区，20140407，商辉、顾钰峰 #SG074（CSH CSH0018408）；福建省龙岩市上杭县古田镇桂和村油婆髻，20230802，李中阳、卫然、孙久琼、何丽娟 #POC589657。

194. 华南舌蕨

Elaphoglossum yoshinagae (Yatabe) Makino

【形态】植株高 15~35 cm。根状茎短，横卧或斜升，密被鳞片。叶柄基部密被鳞片；叶二型；不育叶披针形，近无柄，基部下延几达叶柄基部，全缘，具软骨质窄边；能育叶与不育叶等高或略低，叶柄长 7~10 cm，叶片略窄短；叶脉明显，侧脉单一，几达叶边；叶革质，肥厚，干后棕色，两面伏生褐色星芒状小鳞片，主脉背面较多。孢子囊沿侧脉着生，成熟时满布能育叶背面。

【分布】在福建梅花山国家级自然保护区内分布于上杭县古田镇桂和村、三坑口、大吴地袁梦村；新罗区江山镇福坑村；连城县莒溪镇铁山罗地—青石坑—柳杉王、太平僚风水林以及庙前镇马家坪。生于海拔 370~1 700 m 的山谷岩石上或潮湿树干上。在中国分布于浙江省、福建省、江西省、湖南省、广东省、广西壮族自治区、海南省、贵州省、香港特别行政区、台湾省；日本南部也有分布。

【凭证】福建省龙岩市上杭县桂和村，19870811，陈恒彬 #s.n.（FJSI 019218）；福建省龙岩市上杭县三坑口，20221118，刘彬彬、王慧、吴锦平 #POC590352；福建省龙岩市上杭县大吴地袁梦村，20230514，李中阳、何丽娟 #POC591732；福建省龙岩市新罗区江山镇福坑村，20230515，李中阳 #POC591740；福建省龙岩市连城县莒溪镇铁山罗地—青石坑—柳杉王，20230511，李中阳、李福星、张斌 #POC591643；福建省龙岩市连城县莒溪镇太平僚风水林，20230513，刘彬彬、卫然、李福星、王慧、李小丫 #POC593578；福建省龙岩市连城县庙前镇马家坪，20230803，李中阳、卫然、孙久琼、何丽娟 #POC589392。

耳蕨属 *Polystichum* Roth

195. 镰羽耳蕨

Polystichum balansae Christ

【形态】植株高 25~61 cm。根状茎密被棕色披针形鳞片。叶柄禾秆色，基部鳞片边缘具小尖齿；叶片披针形或宽披针形，羽裂渐尖头，一回羽状；羽片镰刀状披针形，基部上侧尖三角形耳状，下侧楔形，具前倾钝齿或近全缘；叶脉羽状，小脉连成 2 行网眼，具内藏小脉；叶轴上面具纵沟，下面疏被披针形及线形卷曲棕色鳞片。孢子囊群着生于内藏小脉中上部或近顶端；囊群盖圆盾形，全缘。

【分布】在福建梅花山国家级自然保护区内分布于上杭县古田镇丘山村；新罗区梯子岭、江山镇福坑村；连城县莒溪镇太平僚到池家山途中、太平僚村七仙女瀑布以及曲溪乡罗胜村。在中国分布于浙江省、安徽省、福建省、江西省、河南省、山东省、湖南省、广东省、广西壮族自治区、海南省、重庆市、贵州省、香港特别行政区。

【凭证】福建梅花山国家级自然保护区，20140408，商辉、顾钰峰 #SG086（CSH CSH0018425）；福建省龙岩市上杭县丘山村，19870805，陈恒彬 #1429（FJSI 019080）；福建省龙岩市新罗区梯子岭，20221114，刘彬彬、王慧、吴锦平 #POC590153、POC590158；福建省龙岩市新罗区江山镇福坑村，20230515，李中阳 #POC591748；福建省龙岩市连城县莒溪镇太平僚到池家山途中，20230207，李中阳、邱相东、张富帅 #POC591624；福建省龙岩市连城县莒溪镇太平僚村七仙女瀑布，20230514，刘彬彬、卫然、李福星、王慧、李小丫 #POC593631；福建省龙岩市连城县曲溪乡罗胜村，20230801，李中阳、卫然、孙久琼、何丽娟

196. 鞭叶耳蕨

Polystichum craspedosorum (Maxim.) Diels

【形态】植株高 10~20 cm。根状茎短，直立，密被棕色披针形鳞片。叶簇生；叶柄、叶轴腹面有纵沟，密生棕色披针形鳞片，鳞片边缘有齿，下部纤毛状；叶片线状披针形，基部略狭，一回羽状；羽片矩圆形，近无柄，基部偏斜，上侧截形，呈耳状，下侧楔形，边缘有内弯的尖齿牙；叶脉羽状，侧脉单一，叶脉背面被叶轴上同样鳞片；叶纸质，先端延伸成鞭状，顶端有芽胞。孢子囊群着生于羽片上侧边缘；囊群盖圆盾形，全缘。

【分布】在福建梅花山国家级自然保护区内分布于连城县莒溪镇太平僚七仙女瀑布河谷。生于海拔 2 300 m 以下的阴面干燥的石灰岩上。在中国分布于北京市、天津市、河北省、山西省、辽宁省、吉林省、黑龙江省、浙江省、福建省、山东省、河南省、湖北省、湖南省、广东省、重庆市、四川省、贵州省、云南省、陕西省、甘肃省、宁夏回族自治区；俄罗斯远东地区、日本、朝鲜、韩国也有分布。

【凭证】福建省龙岩市连城县莒溪镇太平僚七仙女瀑布河谷，20230204，李中阳、邱相东、张富帅 #POC591566。

197. 草叶耳蕨

Polystichum herbaceum Ching & Z.Y.Liu

【形态】植株高 30~50 cm。根状茎直立，密被狭卵形深棕色鳞片。叶簇生，叶柄被线形鳞片，鳞片边缘睫毛状；叶薄革质，卵形至狭卵形，二回羽状，叶背疏生黄棕色毛状鳞片；羽片互生，彼此疏离，先端长渐尖；小羽片互生，彼此疏离，先端渐尖呈芒刺状，上侧具耳状突起，基部上侧第一片较大，常为羽状深裂；小羽片具羽状脉，侧脉常为二叉状。孢子囊群位于主脉两侧；囊群盖圆盾形，全缘。

【分布】在福建梅花山国家级自然保护区内分布于连城县莒溪镇太平僚村陈斜坑。生于海拔 1 100~1 700 m 的林下，在中国分布于安徽省、福建省、湖北省、湖南省、重庆市、四川省、贵州省。

【凭证】福建省龙岩市连城县莒溪镇太平僚村陈斜坑，20230514，刘彬彬、卫然、李福星、王慧、李小丫 #POC593635。

198. 假黑鳞耳蕨

Polystichum pseudomakinoi Tagawa

【形态】植株高 50~80 cm。根状茎直立，密生线形棕色鳞片。叶簇生；叶柄密生线形鳞片和较大的卵状披针形鳞片；叶片三角状披针形，基部略狭，二回羽状；羽片披针形，略上弯，基部不对称；小羽片矩圆形，先端钝圆，有小尖头，基部楔形，羽片基部上侧一片最大，具深缺刻；叶脉羽状，侧脉二叉；叶纸质，两面疏生短纤毛状小鳞片，叶轴和羽轴背面均被叶柄上相同鳞片。孢子囊群着生于小脉末端，在主脉两侧各 1 行或仅上侧 1 行；囊群盖圆形，盾状。

【分布】在福建梅花山国家级自然保护区内分布于连城县莒溪镇太平僚到池家山途中以及曲溪乡罗胜村。生于海拔 200~2 000 m 的山坡沟边、路旁林下以及林缘。在中国分布于江苏省、浙江省、安徽省、福建省、江西省、河南省、湖南省、广东省、广西壮族自治区、重庆市、四川省、贵州省、云南省；日本也有分布。

【凭证】福建省龙岩市连城县莒溪镇太平僚到池家山途中，20230207，李中阳、邱相东、张富帅 #POC591615；福建省龙岩市连城县曲溪乡罗胜村，20230801，李中阳、卫然、孙久琼、何丽娟 #POC589648。

199. 灰绿耳蕨

Polystichum scariosum (Roxb.) C.V.Morton

【形态】能育植株高 0.7~2 m。根状茎斜升，先端密被二型鳞片：大鳞片卵状披针形，棕色；小鳞片狭长披针形，棕色，边缘有疏齿。叶簇生；叶柄基部被根状茎上同样鳞片；叶片形态变化大，大型植株上叶片呈长三角形，基部不缩狭，几全株二回羽状；小型植株上叶片呈长圆状阔披针形，基部常明显缩狭，仅中部以下二回羽状，有时叶片一回羽状，基部羽片羽裂叶脉羽状，不明显。叶革质，灰绿色，叶轴两面被小鳞片，近顶部有 1~2 个芽胞。孢子囊群沿小羽片的中肋两侧各排列成 2 行或 1 行；囊群盖圆盾形，边缘浅裂，易脱落。

【分布】在福建梅花山国家级自然保护区内分布于连城县莒溪镇池家山以及太平僚到池家山途中。生于海拔 250~1 850 m 的山谷常绿阔叶林下溪沟边。在中国分布于浙江省、福建省、江西省、湖南省、广东省、广西壮族自治区、海南省、四川省、贵州省、云南省、西藏自治区、香港特别行政区、台湾省；斯里兰卡、泰国、越南、日本南部（屋久岛）也有分布。

【凭证】福建省龙岩市连城县莒溪镇池家山，20230205，李中阳、邱相东、张富帅 #POC591581；福建省龙岩市连城县太平僚到池家山途中，20230207，李中阳、邱相东、张富帅 #POC591619。

肾蕨科 Nephrolepidaceae

肾蕨属 *Nephrolepis* Schott

200. 肾蕨

Nephrolepis cordifolia (L.) C.Presl

【形态】根状茎直立，被蓬松的淡棕色狭长钻形鳞片，具粗铁丝状匍匐茎，被纤细的褐色须根；块茎着生于匍匐茎上，近圆形，密被鳞片。叶簇生；叶柄密被淡棕色线形鳞片；叶片线状披针形，一回羽状，叶轴两侧被纤维状鳞片；羽片披针形，覆瓦状排列，基部下侧为圆楔形，上侧为三角状耳形，边缘具钝锯齿；叶脉明显，侧脉分叉，顶端具纺锤形水囊；叶坚草质，干后棕绿色。孢子囊群在主脉两侧各排列成1行，肾形；囊群盖肾形，褐棕色。

【分布】在福建梅花山国家级自然保护区内分布于连城县莒溪镇太平僚村。生于海拔 30~1 500 m 的溪边林下。在中国分布于北京市、河北省、山西省、江苏省、浙江省、福建省、江西省、山东省、河南省、湖南省、广东省、广西壮族自治区、海南省、重庆市、四川省、贵州省、云南省、西藏自治区、香港特别行政区、澳门特别行政区、台湾省；广布于全世界热带及亚热带地区。

【凭证】福建省龙岩市连城县莒溪镇太平僚村，20230512，刘彬彬、李福星、王慧、李小丫、张斌 #POC593499。

骨碎补科 Davalliaceae

骨碎补属 *Davallia* Sm.

201. 大叶骨碎补

Davallia divaricata Blume

【形态】植株高达 1 m。根状茎长而横走，粗壮，连同叶柄基部密被蓬松的鳞片，鳞片阔披针形，红棕色，边缘有睫毛。叶远生；叶片卵状三角形，四回羽状至五回羽裂；羽片斜展，基部一对最大，长三角形，基部偏斜，先端长渐尖；末回小羽片椭圆形，钝头，基部下侧下延；裂片斜三角形，常二裂为不等长的尖齿；叶脉叉状分枝，几达叶边；叶坚草质，干后褐棕色，无毛。孢子囊群着生于小脉分叉处，每裂片有 1 枚；囊群盖管状，褐色并有金黄色光泽。

【分布】在福建梅花山国家级自然保护区内分布于上杭县。生于海拔 600~700 m 的低山山谷岩石上或树干上。在中国分布于福建省、湖南省、广东省、广西壮族自治区、海南省、云南省、香港特别行政区、台湾省；越南北部及柬埔寨也有分布。

【凭证】福建省龙岩市上杭县，19580826，s.n.#90356（PE 01048346）。

202. 鳞轴小膜盖蕨

Davallia perdurans Christ

【形态】植株高达 90 cm。根状茎长而横走，连同叶柄基部密被蓬松有光泽鳞片，鳞片阔披针形，棕褐色，盾状着生，边缘具小齿。叶远生；叶片卵形，四回羽状细裂；羽片无柄，基部数对近对生，长圆状披针形，其余向上各羽片渐缩短而为阔披针形，末回小羽片短披针形，顶部分裂为长短不等的锥形裂片；叶脉分叉，各裂片有小脉 1 条；叶薄草质，各回羽轴的分叉点下疏被小鳞片。孢子囊群半圆形，位于裂片的缺刻下，上方外侧有一长角状突起；囊群盖半圆形，基部黑褐色，边缘浅褐色，基部着生。

【分布】在福建梅花山国家级自然保护区内分布于上杭县古田镇桂和村、油婆髻；连城县莒溪镇铁山罗地—青石坑—柳杉王。生于海拔 1 900~3 400 m 的树干上。在中国分布于浙江省、江西省 、福建省、台湾省、广西壮族自治区、四川省 、贵州省、云南省 、西藏自治区。

【凭证】福建梅花山国家级自然保护区，20140407，商辉、顾钰峰 #SG072（CSH CSH0034635）；福建省龙岩市上杭县桂和村，19870811，陈恒彬 #1635（FJSI 019240）；福建省龙岩市上杭县古田镇桂和村油婆髻，20230802，李中阳、卫然、孙久琼、何丽娟 #POC589655；福建省龙岩市连城县莒溪镇铁山罗地—青石坑—柳杉王，20230511，李中阳、李福星、张斌 #POC591645。

203. 阴石蕨

Davallia repens (L.f.) Kuhn

【形态】植株高 10~20 cm。根状茎长而横走，密被红棕色披针形鳞片，盾状着生。叶远生；叶柄疏被鳞片，以关节着生于根状茎上；叶片三角状卵形，上部伸长，向先端渐尖，二回羽状深裂；羽片无柄，以狭翅与叶轴相连，基部一对最大，近三角形，基部不对称，下侧较宽，羽状深裂，上侧较狭，钝齿牙状，其余向上各羽片渐短，长圆形；叶脉羽状，正面不明显，背面粗而明显；叶革质，干后褐色，背面沿叶轴偶有少数鳞片。孢子囊群沿上部 3~5 对羽片的叶缘着生；囊群盖半圆形，棕色，基部着生。

【分布】在福建梅花山国家级自然保护区内分布于连城县莒溪镇太平僚风水林下游、太平僚七仙女瀑布河谷、太平僚村、太平僚七仙女瀑布。生于海拔 500~1 900 m 的溪边树上或阴处石上。在中国分布于浙江省、福建省、江西省、湖南省、广东省、广西壮族自治区、海南省、四川省、贵州省、云南省、香港特别行政区、台湾省；日本、印度、斯里兰卡、东南亚、波利尼西亚、澳大利亚至东非的马达加斯加也有分布。

【凭证】福建省龙岩市连城县莒溪镇太平僚风水林下游，20230203，李中阳、邱相东、张富帅 #POC591549；福建省龙岩市连城县莒溪镇太平僚七仙女瀑布河谷，20230204，李中阳、邱相东、张富帅 #POC591570；福建省龙岩市连城县莒溪镇太平僚村，20230512，刘彬彬、李福星、王慧、李小丫、张斌 #POC593488；福建省龙岩市连城县莒溪镇太平僚七仙女瀑布，20230514，刘彬彬、卫然、李福星、王慧、李小丫 #POC593627。

水龙骨科 Polypodiaceae

膜叶星蕨属 ***Bosmania*** Testo

204. 膜叶星蕨

Bosmania membranacea (D.Don) Testo

【形态】植株高 50~80 cm。根状茎横走，密被暗褐色鳞片，鳞片盾状着生。叶柄短，横切面近三角形，被鳞片；单叶，椭圆状披针形，中部最宽可达 14 cm，基部下延成狭翅，几达叶柄基部，顶端渐尖，略呈波状；叶膜质，干后绿色；主脉下面隆起，侧脉明显，近平展。中脉两侧各有 4~7 个近四边形的大网眼，小脉连接成小网眼，内藏小脉分叉。孢子囊群小，圆形，着生于小脉连接处，不规则地散布于侧脉间，有时合生。

【分布】在福建梅花山国家级自然保护区内分布于上杭县古田镇丘山村；新罗区万安镇张陈村水库尾。生于海拔 800~2 600 m 的荫蔽的山谷溪边或林下潮湿的岩石或树干上。在中国分布于福建省、广东省、广西壮族自治区、海南省、重庆市、四川省、贵州省、云南省、西藏自治区、台湾省；印度、不丹、尼泊尔、缅甸、泰国、老挝、越南、马来西亚、菲律宾也有分布。

【凭证】福建省龙岩市上杭县丘山村，19881108，陈恒彬 #2177（FJSI 019403）、19881115，陈恒彬 #2231（FJSI 019402）；福建省龙岩市新罗区万安镇张陈村水库尾，20230731，李中阳、卫然、孙久琼 #POC589592。

槲蕨属 *Drynaria* (Bory) J.Sm.

205. 槲蕨

Drynaria roosii Nakaike

【形态】植株高 25~50 cm。根状茎横生，密被金黄色鳞片，鳞片盾状着生，边缘有齿。叶二型；基生不育叶卵圆形，基部心形，边缘浅裂，干膜质，黄绿色，下面有疏被短毛；能育叶叶柄具窄翅，基部密被鳞片；叶片长圆形，羽状深裂，裂片披针形，有不明显疏钝齿，纸质，仅上面中脉被短毛；叶脉两面均明显，侧脉连接成多行网眼。孢子囊群圆形，着生于小脉连接处，沿裂片中脉两侧各排成 2~4 行，混生腺毛。

【分布】在福建梅花山国家级自然保护区内分布于连城县莒溪镇太平僚村、太平僚七仙女瀑布河谷以及太平僚七仙女瀑布。生于海拔 100~1 800 m 的树干或石上，偶墙缝。在中国分布于江苏省、浙江省、安徽省、福建省、江西省、湖北省、湖南省、广东省、广西壮族自治区、海南省、重庆市、四川省、贵州省、云南省、青海省、台湾省；越南、老挝、柬埔寨、泰国北部、印度（阿萨姆）也有分布。

【凭证】福建省龙岩市连城县莒溪镇太平僚村，19881105，厦大梅花山采集队 #1235（AU AU051843）；福建省龙岩市连城县莒溪镇太平僚七仙女瀑布河谷，20230204，李中阳、邱相东、张富帅 #POC591555；福建省龙岩市连城县莒溪镇太平僚七仙女瀑布，20230514，刘彬彬、卫然、李福星、王慧、李小丫 #POC593586。

棱脉蕨属 *Goniophlebium* (Blume) C.Presl

206. 友水龙骨

Goniophlebium amoenum (Wall. ex Mett.) Bedd.

【形态】附生。根状茎横走，密被棕色披针形鳞片。叶远生；叶柄长 30~40 cm，光滑无毛；叶片长 20~25 cm，卵状披针形，羽状全裂；裂片披针形，边缘具浅锯齿，基部 1~2 对裂片反折；叶脉网状，沿着叶轴、中脉两侧各具 1~2 行网眼，分离小脉几达裂片边缘；叶厚纸质，叶背面被褐色鳞片。孢子囊群圆形，着生于内藏小脉顶端，沿中脉两侧各排列成 1 行；无囊群盖。

【分布】广泛分布于福建梅花山国家级自然保护区各地。在中国分布于山西省、河南省、安徽省、浙江省、江西省、湖南省、湖北省、四川省、重庆市、贵州省、云南省、福建省、西藏自治区、台湾省、广东省、广西壮族自治区、海南省；越南、老挝、缅甸、泰国、不丹、尼泊尔、印度也有分布。

207. 日本水龙骨

Goniophlebium niponicum (Mett.) Bedd. ex Rödl-Linder

【形态】植株高 35~55 cm。根状茎长而横走，灰绿色，顶部疏被棕褐色鳞片，狭披针形，边缘有细齿。叶远生；叶柄较长，禾秆色，基部疏被鳞片，以关节着生于根状茎上；叶片长圆状披针形，顶端渐尖，具长尾，羽状深裂几达叶轴；裂片近平展，线状披针形，顶端钝，全缘，下部两对常向下反折，基部一对略缩短；叶脉网状，沿中脉两侧各有 1 行网眼；叶草质，灰绿色，两面密生灰白色短柔毛。孢子囊群圆形，着生于内藏小脉顶端，沿中脉两侧各排成 1 行。

【分布】在福建梅花山国家级自然保护区内分布于上杭县三坑口；连城县莒溪镇太平僚七仙女瀑布河谷、池家山以及太平僚风水林。生于海拔 1 000~1 600 m 的树干或石上。在中国分布于山西省、江苏省、浙江省、安徽省、福建省、江西省、河南省、湖北省、湖南省、广东省、广西壮族自治区、重庆市、四川省、贵州省、云南省、西藏自治区、甘肃省、台湾省；日本、越南和印度东北部也有分布。

【凭证】福建省龙岩市上杭县三坑口，20221118，刘彬彬、王慧、吴锦平 #POC590359、POC590370；福建省龙岩市连城县莒溪镇太平僚七仙女瀑布河谷，20230204，李中阳、邱相东、张富帅 #POC591558；福建省龙岩市连城县莒溪镇池家山，20230205，李中阳、邱相东、张富帅 #POC591585；福建省龙岩市连城县莒溪镇太平僚风水林，20230513，刘彬彬、卫然、李福星、王慧、李小丫 #POC593561、POC593566。

伏石蕨属 ***Lemmaphyllum*** C.Presl

208. 抱石莲

Lemmaphyllum carnosum var. ***drymoglossoides*** (Baker) X.P.Wei

【形态】植株高约 6 cm。根状茎细长横走，被棕色鳞片，钻状披针形，边缘有锯齿。叶远生；二型；不育叶几无柄，长圆形至卵形，先端钝圆，基部楔形，全缘；能育叶几无柄或具短柄，舌状或倒披针形，一般较不育叶长，基部狭缩；叶肉质，干后革质，叶背面疏被鳞片。孢子囊群圆形，沿中脉两侧各排成 1 行，位于主脉与叶边之间。

【分布】在福建梅花山国家级自然保护区内分布于上杭县古田镇桂和村；连城县莒溪镇太平僚风水林、太平僚七仙女瀑布河谷、太平僚村。生于海拔 200~1 400 m 的阴湿树干和岩石上。在中国分布于上海市、江苏省、浙江省、安徽省、福建省、江西省、河南省、湖北省、湖南省、广东省、广西壮族自治区、海南省、重庆市、四川省、贵州省、云南省、西藏自治区、陕西省、甘肃省、香港特别行政区、澳门特别行政区、台湾省。

【凭证】福建梅花山国家级自然保护区，20140408，商辉、顾钰峰 #SG078（CSH CSH0018417）；福建省龙岩市上杭县桂和村，19870811，陈恒彬 #1606（FJSI 019364）；福建省龙岩市连城县莒溪镇太平僚风水林，20230203，李中阳、邱相东、张富帅 #POC591522；20230513，刘彬彬、卫然、李福星、王慧、李小丫 #POC593564；福建省龙岩市连城县莒溪镇太平僚七仙女瀑布河谷，20230204，李中阳、邱相东、张富帅 #POC591562；福建省龙岩市连城县莒溪镇太平僚村，20230512，刘彬彬、李福星、王慧、李小丫、张斌 #POC593459。

209. 骨牌蕨

Lemmaphyllum rostratum (Bedd.) Tagawa

【形态】植株高 3~10 cm。根状茎细长而横走，被褐色鳞片，钻状披针形，边缘有锯齿。叶远生；近二型；不育叶的叶柄较短，叶片长圆形或狭到宽披针形，基部渐狭而下延，先端长渐尖；能育叶的叶柄较长，叶片较不育叶长而窄，狭长圆形，先端钝；叶革质，干后棕色，背面疏被鳞片。孢子囊群圆形，着生于叶片中部以上，在中脉两侧各排成 1 行，幼时有盾状隔丝覆盖，成熟时有时汇合。

【分布】在福建梅花山国家级自然保护区内分布于上杭县三坑口、古田镇大吴地袁梦村、桂和村油婆髻；连城县莒溪镇太平僚风水林。生于海拔 700~1 200 m 的林缘岩石上。在中国分布于山西省、浙江省、福建省、江西省、湖北省、湖南省、广东省、广西壮族自治区、重庆市、四川省、贵州省、云南省、甘肃省、香港特别行政区、台湾省。

【凭证】福建梅花山国家级自然保护区，20140407，商辉、顾钰峰 #SG071（CSH CSH0034634）；福建省龙岩市上杭县三坑口，20221118，刘彬彬、王慧、吴锦平 #POC590353、POC590358；福建省龙岩市上杭县大吴地袁梦村，20230514，李中阳、何丽娟 #POC591719、POC591728；福建省龙岩市上杭县古田镇桂和村油婆髻，20230802，李中阳、卫然、孙久琼、何丽娟 #POC589669；福建省龙岩市连城县莒溪镇太平僚风水林，20230203，李中阳、邱相东、张富帅 #POC591523。

瓦韦属 *Lepisorus* (J.Sm.) Ching

210. 鳞果星蕨

Lepisorus buergerianus (Miq.) C.F.Zhao, R.Wei & X.C.Zhang

【形态】攀缘植物。根状茎细长攀缘，密被深棕色披针形鳞片。叶疏生，近二型；不育叶较能育叶短，卵状三角形；能育叶披针形或三角状披针形，基部两侧通常扩大成戟形，略下延形成狭翅，全缘；中脉两面隆起，小脉不显；叶干后纸质，褐绿色，中脉背面疏被小鳞片。孢子囊群圆形，星散分布于主脉背面两侧，幼时被盾状隔丝覆盖。

【分布】在福建梅花山国家级自然保护区内分布于上杭县古田镇丘山村、桂和上村；连城县莒溪镇池家山风水林。生于海拔约 700 m 的林下攀缘树干和岩石上。在中国分布于浙江省、福建省、江西省、湖北省、湖南省、广西壮族自治区、重庆市、四川省、贵州省、云南省、甘肃省、台湾省；日本也有分布。

【凭证】福建省龙岩市上杭县，19870909，厦大梅花山采集队 #266（AU AU051878）；福建省龙岩市上杭县丘山村，19870805，陈恒彬 #1417（FJSI 019371）；福建省龙岩市上杭县桂和上村，19870812，陈恒彬 #1695（FJSI 019370、FJSI 007723）；福建省龙岩市连城县，19881104，厦大梅花山采集队 #1180（AU AU051881）；福建省龙岩市连城县莒溪镇池家山风水林，20230513，刘彬彬、卫然、李福星、王慧、李小丫 #POC593549。

211. 扭瓦韦

Lepisorus contortus (Christ) Ching

【形态】植株高 10~25 cm。根状茎长而横走，密生卵状披针形鳞片，中间深褐色，边缘具锯齿，筛孔细密。叶近生；叶柄禾秆色，基部被鳞片；叶片线状披针形，基部渐变狭并下延，先端渐尖短尾状，自然干后常反卷扭曲；叶近软革质，正面绿色，背面灰绿色；中脉隆起，小脉不显。孢子囊群圆形，着生于叶片中上部，沿中脉两侧各排列成 1 行，成熟后不密接；幼时被中部褐色圆形隔丝所覆盖。

【分布】生于海拔 700~3 000 m 的林下树干或岩石上。在中国分布于浙江省、安徽省、福建省、江西省、山东省、河南省、湖北省、湖南省、广西壮族自治区、重庆市、四川省、贵州省、云南省、西藏自治区、陕西省、甘肃省。

212. 江南星蕨

Lepisorus fortunei (T.Moore) C.M.Kuo

【形态】植株高 30~100 cm。根状茎长而横走，顶部被棕褐色鳞片，卵状三角形，边缘有疏齿，筛孔较密，盾状着生。叶柄基部疏被鳞片；叶片线状披针形，基部渐窄下延成窄翅，顶端长渐尖，全缘，具软骨质边；中脉隆起，小脉网状，内藏小脉分叉；叶厚纸质，两面无毛。孢子囊群大，圆形，沿中脉两侧排列成较整齐 1 行或不规则 2 行，近中脉。

【分布】在福建梅花山国家级自然保护区内分布于上杭县丘山背坑；新罗区梯子岭、江山镇大罗坂、福坑村；连城县莒溪镇太平僚村陈斜坑、太平僚风水林下游、太平僚村、池家山风水林、太平僚村七仙女瀑布以及庙前镇马家坪。生于海拔 300~1 800 m 的林下溪边岩石上或树干上。在中国分布于江苏省、浙江省、安徽省、福建省、江西省、山东省、河南省、湖北省、湖南省、广东省、广西壮族自治区、海南省、重庆市、四川省、贵州省、云南省、西藏自治区、陕西省、甘肃省、香港特别行政区、台湾省；马来西亚、不丹、缅甸、越南也有分布。

【凭证】福建省龙岩市上杭县，19870916，厦大梅花山采集队 #673（AU AU051903）；福建省龙岩市上杭县丘山背坑，20221116，刘彬彬、王慧、李中阳、吴锦平 #POC590257；福建省龙岩市新罗区梯子岭，20221114，刘彬彬、王慧、吴锦平 #POC590171；福建省龙岩市新罗区江山镇大罗坂，20230507，刘彬彬、李福星、王慧、李小丫 #POC590500；福建省龙岩市新罗区江山镇福坑村，20230515，李中阳 #POC591744；福建省龙岩市连城县，19881101，厦大采集队 #992（AU AU051899）；19881105，厦大梅花山采集队 #1182（AU AU051902）；福建省龙岩市连城县莒溪镇太平僚村陈斜坑，20230202，李中阳、邱相东、张富帅 #POC591502；20230514，刘彬彬、卫然、李福星、王慧、李小丫 #POC593641；福建省龙岩市连城县莒溪镇太平僚风水林下游，20230203，李中阳、邱相东、张富帅 #POC591545；福建省龙岩市连城县莒溪镇太平僚村，20230512，刘彬彬、李福星、王慧、李小丫、张斌 #POC593458、POC593470；福建省龙岩市连城县莒溪镇池家山风水林，20230513，刘彬彬、卫然、李福星、王慧、李小丫 #POC593532、POC593548；福建省龙岩市连城县莒溪镇太平僚村七仙女瀑布，20230514，刘彬彬、卫然、李福星、王慧、李小丫 #POC593592；福建省龙岩市连城县庙前镇马家坪，20230510，刘彬彬、李福星、王慧、李小丫 #POC593389、POC593393。

213. 丝带蕨

Lepisorus miyoshianus (Makino) Fraser-Jenk. & Subh.Chandra

【形态】植株高 15~50 cm。叶近生；叶柄以关节着生于根状茎上；叶片线形，基部几不缩狭，先端锐尖，边缘强度向下反卷在中脉两侧形成 2 并行的纵沟；中脉在上面下陷，在下面隆起，侧脉不明显；叶革质，幼小时多少带肉质，无毛。孢子囊群着生于叶片上半部靠近中脉的两侧沟中。

【分布】在福建梅花山国家级自然保护区内分布于上杭县古田镇桂和村；连城县曲溪乡罗胜村。生于林下树干上。在中国分布于浙江省、安徽省、福建省、江西省、湖北省、湖南省、广东省、重庆市、四川省、贵州省、云南省、西藏自治区、陕西省、甘肃省、台湾省。

【凭证】福建梅花山国家级自然保护区，20140407，商辉、顾钰峰 #SG058（CSH CSH0034611）；福建省龙岩市上杭县桂和村，19870811，陈恒彬 #1629（FJSI 019321）；福建省龙岩市连城县曲溪乡罗胜村，20230801，李中阳、卫然、孙久琼、何丽娟 #POC589651。

214. 粤瓦韦

Lepisorus obscurevenulosus (Hayata) Ching

【形态】植株高 10~30 cm。根状茎横走，密被阔披针形鳞片，鳞片网眼大部分透明，中部具一褐色不透明的狭带。叶远生；叶柄栗褐色，基部被鳞片；叶片披针形，通常在下部 1/3 处为最宽，宽 1~3.5 cm，向基部渐变狭并下延，先端长尾状；叶近革质，干后淡黄绿色，背面沿主脉疏被贴生鳞片；中脉隆起，小脉不明显。孢子囊群大，圆形，在中脉两侧各排成 1 行，成熟后彼此近密接，幼时被中央褐色圆形盾状隔丝覆盖。

【分布】在福建梅花山国家级自然保护区内分布于上杭县古田镇桂和村，桂和村到狗子脑沿途，桂和村油婆髻；连城县莒溪镇铁山罗地—青石坑—柳杉王，以及太平僚村陈斜坑。生于海拔 400~1 700 m 的林下树干或岩石上。在中国分布于浙江省、安徽省、福建省、江西省、湖南省、广东省、广西壮族自治区、重庆市、四川省、贵州省、云南省、台湾省；日本也有分布。

【凭证】福建梅花山国家级自然保护区，20140407，商辉、顾钰峰 #SG073（CSH CSH0034564）；福建省龙岩市上杭县桂和村，19870811，陈恒彬 #1625（FJSI 019348）；福建省龙岩市上杭县桂和村到狗子脑沿途，20220906，刘彬彬、徐超、李福星、王慧 #POC589219；福建省龙岩市上杭县古田镇桂和村油婆髻，20230802，李中阳、卫然、孙久琼、何丽娟 #POC589661；福建省龙岩市连城县莒溪镇铁山罗地—青石坑—柳杉王，20230511，李中阳、李福星、张斌 #POC591641；福建省龙岩市连城县莒溪镇太平僚村陈斜坑，20230514，刘彬彬、卫然、李福星、王慧、李小丫 #POC593640。

215. 盾蕨

Lepisorus ovatus (C.Presl) C.F.Zhao, R.Wei & X.C.Zhang

【形态】植株高 20~40 cm。根状茎横走，密生卵状披针形鳞片，边缘有疏锯齿，盾状着生。叶远生；叶柄密被鳞片；叶片卵状长圆形，基部或基部稍上处为最宽，基部圆形，向上渐变狭，全缘或下部多少分裂；叶干后厚纸质，正面光滑，背面多少被小鳞片；中脉隆起，侧脉明显，直达叶边，小脉网状，内藏小脉分叉。孢子囊群圆形，沿主脉两侧排成不整齐的 4~5 行，幼时被盾状隔丝覆盖。

【分布】在福建梅花山国家级自然保护区内分布于连城县莒溪镇太平僚村陈斜坑、太平僚村七仙女瀑布、庙前镇马家坪；新罗区江山镇福坑村。生于海拔 200~1 100 m 的混交林下湿地上。在中国分布于江苏省、浙江省、安徽省、福建省、江西省、湖北省、湖南省、广东省、广西壮族自治区、重庆市、四川省、贵州省、云南省。

【凭证】福建省龙岩市连城县，19881105，厦大梅花山采集队 #1237（AU AU051931）；福建省龙岩市连城县莒溪镇太平僚村陈斜坑，20230202，李中阳、邱相东、张富帅 #POC591504；福建省龙岩市连城县莒溪镇太平僚村七仙女瀑布，20230514，刘彬彬、卫然、李福星、王慧、李小丫 #POC593624；福建省龙岩市连城县庙前镇马家坪，20230510，刘彬彬、李福星、王慧、李小丫 #POC593397；福建省龙岩市新罗区江山镇福坑村，20230515，李中阳 #POC591745。

216. 表面星蕨

Lepisorus superficialis (Blume) C.F.Zhao, R.Wei & X.C.Zhang

【形态】攀缘蕨类。根状茎略扁平，疏被淡棕褐色阔披针形鳞片，边缘有疏齿，粗筛孔状。叶远生；叶柄两侧具狭翅，基部疏生鳞片；叶片披针形或狭长披针形，基部楔形并下延，叶缘全缘或略呈波状；中脉两面明显，侧脉不明显，小脉网状，内藏小脉分叉；叶厚纸质，两面光滑。孢子囊群圆形，小而密，散生叶片背面，呈不整齐多行。

【分布】在福建梅花山国家级自然保护区内分布于上杭县丘山背坑、古田镇桂和上村；连城县莒溪镇太平僚风水林。生于海拔 200~2 000 m 的林中树干上或附生岩石上。在中国分布于浙江省、安徽省、福建省、江西省、湖北省、湖南省、广东省、广西壮族自治区、四川省、贵州省、云南省、西藏自治区、台湾省；日本、越南也有分布。

【凭证】福建梅花山国家级自然保护区，20140407，商辉、顾钰峰 #SG050（CSH CSH0034568）；福建省龙岩市上杭县丘山背坑，20221116，刘彬彬、王慧、李中阳、吴锦平 #POC590247；福建省龙岩市上杭县桂和上村，20221117，刘彬彬、王慧、李中阳、吴锦平 #POC590335；福建省龙岩市连城县莒溪镇太平僚风水林，20230203，李中阳、邱相东、张富帅 #POC591524。

217. 瓦韦

Lepisorus thunbergianus (Kaulf.) Ching

【形态】植株高 8~18 cm。根状茎横走，须根多，密被黑色鳞片，披针状钻形，仅叶边 1~2 行网眼透明，具疏锯齿。叶近生；具短柄或近无柄，基部具鳞片；叶片线状披针形，中部或中部以上最宽，基部渐变狭并下延，渐尖头；中脉上下均隆起，小脉不明显；叶干后纸质，黄绿色，或淡绿色至褐色。孢子囊群圆形，沿中脉两侧各排列成 1 行，幼时被圆形褐棕色的隔丝覆盖。

【分布】在福建梅花山国家级自然保护区内分布于连城县；上杭县古田镇桂和上村。生于海拔 400~3 800 m 的山坡林下树干或岩石上。在中国分布于北京市、山西省、上海市、江苏省、浙江省、安徽省、福建省、江西省、山东省、河南省、湖北省、湖南省、广东省、广西壮族自治区、海南省、重庆市、四川省、贵州省、云南省、西藏自治区、甘肃省、香港特别行政区、澳门特别行政区、台湾省；朝鲜、日本和菲律宾也有分布。

【凭证】福建梅花山国家级自然保护区，20140407，商辉、顾钰峰 #SG054（CSH CSH0018429）；福建省龙岩市连城县，19321020，林镕 #4146（AU AU051873）；19881104，厦大梅花山采集队 #965（AU AU051859）、1137（AU AU051858）；福建省龙岩市上杭县桂和上村，20221117，刘彬彬、王慧、李中阳、吴锦平 #POC590294、POC590317。

218. 阔叶瓦韦

Lepisorus tosaensis (Makino) H.Itô

【形态】植株高 18~30 cm。根状茎短，密被深棕色卵状披针形鳞片，大部分不透明。叶簇生或近生；叶柄基部被鳞片；叶片披针形，基部渐窄并下延，向两端渐窄，先端渐尖；中脉两面均隆起，小脉不明显；叶干后革质，淡棕色或灰绿色，两面近无毛。孢子囊群圆形，沿中脉两侧各排列成 1 行，聚生叶片上半部，幼时被淡棕色圆形隔丝覆盖。

【分布】在福建梅花山国家级自然保护区内分布于新罗区梯子岭；连城县莒溪镇铁山罗地—青石坑—柳杉王、太平僚村、池家山风水林、太平僚风水林、太平僚村七仙女瀑布以及太平僚村陈斜坑。生于海拔 650~1 700 m 的溪边林下树干、岩石上及石灰墙缝中。在中国分布于江苏省、浙江省、安徽省、福建省、江西省、湖北省、湖南省、广东省、广西壮族自治区、海南省、重庆市、四川省、贵州省、云南省、西藏自治区、新疆维吾尔自治区、香港特别行政区、台湾省；日本也有分布。

【凭证】福建省龙岩市新罗区梯子岭，20221114，刘彬彬、王慧、吴锦平 #POC590150；福建省龙岩市连城县莒溪镇铁山罗地—青石坑—柳杉王，20230511，李中阳、李福星、张斌 #POC591638；福建省龙岩市连城县莒溪镇太平僚村，20230512，刘彬彬、李福星、王慧、李小丫、张斌 #POC593478；福建省龙岩市连城县莒溪镇池家山风水林，20230513，刘彬彬、卫然、李福星、王慧、李小丫 #POC593521；福建省龙岩市连城县莒溪镇太平僚风水林，20230513，刘彬彬、卫然、李福星、王慧、李小丫 #POC593571；福建省龙岩市连城县莒溪镇太平僚村七仙女瀑布，20230514，刘彬彬、卫然、李福星、王慧、李小丫 #POC593582；福建省龙岩市连城县莒溪镇太平僚村陈斜坑，20230514，刘彬彬、卫然、李福星、王慧、李小丫 #POC593654。

薄唇蕨属 *Leptochilus* Kaulf.

219. 线蕨

Leptochilus ellipticus (Thunb. ex Murray) Noot.

【形态】植株高 20~60 cm。根状茎长而横走，密被褐棕色卵状披针形鳞片，边缘有疏锯齿。叶近二型；不育叶叶柄基部密被鳞片，叶片卵状披针形，一回深羽裂达叶轴；羽片窄长披针形，基部窄楔形并下延，在叶轴两侧成窄翅；能育叶和不育叶近同形，但叶柄较长，羽片远较狭；叶纸质，干后呈褐棕色，两面均无毛。孢子囊群线形，在每对侧脉间各成 1 行。

【分布】在福建梅花山国家级自然保护区内分布于新罗区梯子岭、江山镇福坑村；连城县莒溪镇太平僚村陈斜坑、太平僚风水林以及池家山风水林。生于海拔 100~2 500 m 的山坡林下或溪边岩石上。在中国分布于江苏省、浙江省、安徽省、福建省、江西省、湖南省、广东省、广西壮族自治区、海南省、重庆市、四川省、贵州省、云南省、西藏自治区、甘肃省、香港特别行政区、澳门特别行政区、台湾省；日本、越南也有分布。

【凭证】福建梅花山国家级自然保护区，20140408，商辉、顾钰峰 #SG090（CSH CSH0018427）；福建省龙岩市新罗区梯子岭，20221114，刘彬彬、王慧、吴锦平 #POC590151、POC590162；福建省龙岩市新罗区江山镇福坑村，20230515，李中阳 #POC591750；福建省龙岩市连城县莒溪镇太平僚村陈斜坑，20230202，李中阳、邱相东、张富帅 #POC591512；20230514，刘彬彬、卫然、李福星、王慧、李小丫 #POC593642；福建省龙岩市连城县莒溪镇太平僚风水林，20230203，李中阳、邱相东、张富帅 #POC591519；福建省龙岩市连城县莒溪镇池家山风水林，20230513，刘彬彬、卫然、李福星、王慧、李小丫 #POC593537。

220. 断线蕨

Leptochilus hemionitideus (C.Presl) Noot.

【形态】植株高 30~60 cm。根状茎长而横走，红棕色，疏被红棕色卵状披针形鳞片，边缘有小齿，盾状着生。叶远生；叶柄棕色，基部疏被鳞片，具狭翅；叶片单叶，宽披针形或倒披针形，基部下延几达叶柄基部；侧脉明显，不伸达叶边，小脉网状；叶纸质，无毛。孢子囊群近圆形、长圆形或短线形，分离，在每对侧脉间成不整齐 1 行，通常仅叶上半部能育。

【分布】在福建梅花山国家级自然保护区内分布于连城县莒溪镇百金山；新罗区万安镇张陈村水库尾。生于海拔 300~2 000 m 的溪边或林下岩石上。在中国分布于安徽省、福建省、江西省、湖南省、广东省、广西壮族自治区、海南省、四川省、贵州省、云南省、西藏自治区、香港特别行政区、台湾省；日本、尼泊尔、印度、泰国、不丹、缅甸、越南和菲律宾也有分布。

【凭证】福建省龙岩市连城县莒溪镇百金山，20230206，李中阳、邱相东、张富帅 #POC591596；福建省龙岩市新罗区万安镇张陈村水库尾，20230731，李中阳、卫然、孙久琼 #POC589586。

221. 胄叶线蕨

Leptochilus* × *hemitomus (Hance) Noot.

【形态】植株高 25~60 cm。根状茎长而横走，密生黑褐色卵状披针形鳞片，边缘具小齿。叶远生；叶柄上部有狭翅，疏生鳞片；叶片阔三角状披针形或戟形，基部常有 1 对近平展的披针形裂片或边缘分裂为 2~6 对不规则的裂片，不分裂时基部阔楔形，全缘或呈波状；侧脉间有 2 行网眼，内藏小脉分叉或单一；叶纸质或草质，幼时沿叶脉和叶轴背面疏生小鳞片。孢子囊群线形，在每对侧脉间排列成 1 行，幼时有盾状隔丝覆盖。

【分布】在福建梅花山国家级自然保护区内分布于连城县莒溪镇太平僚七仙女瀑布河谷、百金山以及太平僚村七仙女瀑布。生于山谷疏林下。在中国分布于浙江省、福建省、江西省、湖南省、广东省、广西壮族自治区、海南省、四川省、贵州省；日本、越南、马来西亚、印度尼西亚等地也有分布。

【凭证】福建省龙岩市连城县莒溪镇太平僚七仙女瀑布河谷，20230204，李中阳、邱相东、张富帅 #POC591567、POC591571；福建省龙岩市连城县莒溪镇百金山，20230206，李中阳、邱相东、张富帅 #POC591601；福建省龙岩市连城县莒溪镇太平僚村七仙女瀑布，20230514，刘彬彬、卫然、李福星、王慧、李小丫 #POC593620、POC593622。

222. 绿叶线蕨

Leptochilus leveillei (Christ) X.C.Zhang & Noot.

【形态】植株高 25~40 cm。根状茎长而横走，密被褐棕色卵状披针形鳞片，具细锯齿，粗筛孔状。叶通常一型，近无柄；叶片线状披针形或线形，中部以下渐窄沿叶柄下延几达基部，先端呈长尾状，边缘浅波状；叶脉略明显，侧脉斜展，稍明显，小脉网状；叶薄草质，干后绿色。孢子囊群线形，在每对侧脉间成 1 行，伸达叶边。

【分布】在福建梅花山国家级自然保护区内分布于连城县莒溪镇太平僚风水林。生于海拔 450~1 250 m 阴湿的林下。在中国分布于福建省、江西省、湖南省、广东省、广西壮族自治区、贵州省。

【凭证】福建省龙岩市连城县莒溪镇太平僚风水林，20230203，李中阳、邱相东、张富帅 #POC591527。

223. 宽羽线蕨

Leptochilus pothifolius (D.Don) Fraser-Jenk.

【形态】植株高达 1.2 m。根状茎横走，较厚，密被棕色卵状披针形鳞片。叶疏生，近一型；营养叶叶柄禾秆色，基部密被鳞片；叶片长圆状卵形，一回深羽裂；裂片线状披针形，基部下延成翅，全缘或浅波状；孢子叶与营养叶近同形，叶柄较长，羽片较窄；叶脉网状，不明显。叶纸质，干后稍褐棕色。孢子囊群线形，斜展，在中脉两侧各排列成 1 行；无囊群盖。

【分布】广泛分布于福建梅花山国家级自然保护区各地。在中国分布于浙江省、江西省、湖南省、湖北省、重庆、贵州省、云南省、福建省、台湾省、广东省、广西壮族自治区、海南省、香港特别行政区；日本、菲律宾、越南、缅甸、泰国、不丹、尼泊尔、印度也有分布。

224. 褐叶线蕨

Leptochilus wrightii (Hook. & Baker) X.C.Zhang

【形态】植株高 20~50 cm。根状茎长而横走，密被褐棕色卵状披针形鳞片，质薄，边缘疏生细锯齿。叶远生；叶片倒披针形，基部渐变狭并下延成狭翅，先端渐尖呈尾状，边缘浅波状；叶脉明显，侧脉斜展，小脉网状；叶薄草质，干后褐棕色。孢子囊群线形，在每对侧脉之间排成 1 行，伸达叶边。

【分布】在福建梅花山国家级自然保护区内分布于连城县莒溪镇太平僚村七仙女瀑布。土生或附生于海拔 150~1 000 m 的阴湿岩石上。在中国分布于浙江省、福建省、江西省、湖南省、广东省、广西壮族自治区、贵州省、云南省、香港特别行政区、台湾省；日本、越南也有分布。

【凭证】福建省龙岩市连城县莒溪镇太平僚村七仙女瀑布，20230514，刘彬彬、卫然、李福星、王慧、李小丫 #POC593623。

剑蕨属 *Loxogramme* (Blume) C.Presl

225. 匙叶剑蕨

Loxogramme grammitoides (Baker) C.Chr.

【形态】植株高 5~8 cm。根状茎长而横走，密被褐棕色披针形鳞片，边缘具微齿。叶柄短，基部被鳞片；叶片匙形，基部渐缩狭并下延至叶柄基部，中部以上最宽，先端急短尖或钝，全缘；中脉两面稍隆起，小脉网状，不明显，网眼狭长，无内藏小脉；叶纸质，两面近光滑。孢子囊群长圆形，2~5 对，斜向上，多少下陷于叶肉中，沿中脉两侧各排列成 1 行，通常仅分布于叶片上部。

【分布】在福建梅花山国家级自然保护区内分布于上杭县古田镇桂和村油婆髻。附生于常绿阔叶林下岩石上或树干上。在中国分布于浙江省、安徽省、福建省、江西省、河南省、湖北省、湖南省、重庆市、四川省、贵州省、云南省、西藏自治区、陕西省、甘肃省、台湾省；日本也有分布。

【凭证】福建省龙岩市上杭县古田镇桂和村油婆髻，20230802，李中阳、卫然、孙久琼、何丽娟 #POC589667。

226. 柳叶剑蕨

Loxogramme salicifolia (Makino) Makino

【形态】植株高 15~35 cm。根状茎横走，被棕褐色、卵状披针形鳞片。叶远生；叶柄基部被鳞片；叶片披针形，基部渐缩狭并下延，先端长渐尖，全缘，干后稍反折；中肋正面明显，平坦，背面隆起，小脉网状，网眼斜向上，无内藏小脉；叶稍肉质，干后革质，表面皱缩。孢子囊群线形，通常在 10 对以上，与中肋斜交，稍密接，多少下陷于叶肉中，分布于叶片上部。

【分布】在福建梅花山国家级自然保护区内分布于连城县莒溪镇太平僚风水林以及池家山风水林。生于海拔 200~1 200 m 树干或岩石上。在中国分布于浙江省、安徽省、福建省、江西省、河南省、湖北省、湖南省、广东省、广西壮族自治区、重庆市、四川省、贵州省、云南省、西藏自治区、陕西省、甘肃省、香港特别行政区、台湾省；韩国、日本也有分布。

【凭证】福建省龙岩市连城县莒溪镇太平僚风水林，20230203，李中阳、邱相东、张富帅 #POC591537；20230513，刘彬彬、卫然、李福星、王慧、李小丫 #POC593560；福建省龙岩市连城县莒溪镇池家山风水林，20230515，刘彬彬、卫然、李福星、王慧、李小丫 #POC593528。

柳叶剑蕨

Loxogramme salicifolia (Makino) Makino

锯蕨属 *Micropolypodium* Hayata

227. 锯蕨

Micropolypodium okuboi (Yatabe) Hayata

【形态】植株高 2~25 cm。根状茎短而直立，被棕色披针形鳞片。叶簇生；叶柄极短，疏被暗棕色长刚毛；叶片线形，基部渐狭而下延成翅，顶端锐尖，羽状深裂几达中肋；裂片近平展，卵状长圆形，稍呈镰刀状，先端钝；中肋明显，正面有浅沟，背面隆起；侧脉不明显，透射光下可见，每裂片上有 1 条，单一或分叉；叶近革质，稍厚，两面被暗棕色长刚毛。孢子囊群圆形，锈棕色，贴近中肋两侧各排成 1 行。

【分布】在福建梅花山国家级自然保护区内分布于上杭县古田镇桂和村。生于海拔 1 100~1 900 m 的林中树干上。在中国分布于浙江省、福建省、江西省、湖南省、广东省、广西壮族自治区、海南省、贵州省、台湾省；日本南部也有分布。

【凭证】福建省龙岩市上杭县桂和村，19870811，陈恒彬 #s.n.（FJSI 019552）。

滨禾蕨属 *Oreogrammitis* Copel.

228. 短柄滨禾蕨

Oreogrammitis dorsipila (Christ) Parris

【形态】植株高 1.5~6 cm。根状茎短，近直立，顶部密生亮棕色鳞片，卵状披针形。叶簇生；近无柄，叶片条形或条状披针形，基部狭楔形，下延，先端圆钝，全缘；中脉棕色，上面平坦，下面稍突起，侧脉不明显，分叉，不伸达叶边；叶片革质，两面连同叶柄有暗红棕色长硬毛。孢子囊群圆形，位于叶片中上部，靠近主脉；孢子囊上常有 1~3 根针毛。

【分布】在福建梅花山国家级自然保护区内分布于新罗区江山镇福坑村；上杭县三坑口、古田镇大吴地袁梦村；连城县庙前镇马家坪。生于海拔 400~800 m 的林下或溪边岩石上。在中国分布于浙江省、福建省、江西省、湖南省、广东省、广西壮族自治区、海南省、贵州省、云南省、香港特别行政区、台湾省；日本以及中南半岛也有分布。

【凭证】福建梅花山国家级自然保护区，20140407，商辉、顾钰峰 #SG044（CSH CSH0018446）；福建省龙岩市新罗区福坑村，19870802，陈恒彬 #s.n.（FJSI 019538）；福建省龙岩市上杭县三坑口，20221118，刘彬彬、王慧、吴锦平 #POC590367；福建省龙岩市上杭县大吴地袁梦村，20230514，李中阳、何丽娟 #POC591733；福建省龙岩市连城县庙前镇马家坪，20230803，李中阳、卫然、孙久琼、何丽娟 #POC589393。

石韦属 *Pyrrosia* Mirb.

229. 贴生石韦

Pyrrosia adnascens (Sw.) Ching

【形态】植株高 5~12 cm。根状茎细长攀缘，密生淡棕色披针形鳞片，边缘具睫毛。叶远生，二型；能育叶叶柄较不育叶的长，以关节与根状茎相连，基部被鳞片；不育叶叶片倒卵状椭圆形，全缘而稍反卷；能育叶远较不育叶狭长，线状舌形，仅上半部能育并较下半部稍狭；主脉背面隆起，正面下凹，小脉网状，内藏小脉单一；叶厚革质，正面疏被星状毛，背面密被星状毛。孢子囊群着生于内藏小脉顶端，幼时被星状毛覆盖，淡棕色，成熟时汇合，砖红色。

【分布】生于海拔 100~1 300 m 的树干或岩石上。在中国分布于福建省、湖南省、广东省、广西壮族自治区、海南省、云南省、香港特别行政区、澳门特别行政区、台湾省；亚洲热带其他地区也有分布。

230. 光石韦

Pyrrosia calvata (Baker) Ching

【形态】植株高 25~70 cm。根状茎粗短，横生或斜升，顶部密被棕色窄披针形鳞片，边缘有锯齿。叶近生；叶柄以关节着生于根状茎；叶片窄长披针形，向基部变狭成楔形下延，渐尖头；主脉粗，侧脉略可见；叶片革质，幼时被星状毛，老时多脱落。孢子囊群近圆形，散生于叶片背面中部以上，幼时被星状毛。

【分布】在福建梅花山国家级自然保护区内分布于连城县莒溪镇太平僚七仙女瀑布及瀑布河谷。生于海拔 400~1 750 m 的林下树干或岩石上。在中国分布于浙江省、安徽省、福建省、江西省、河南省、湖北省、湖南省、广东省、广西壮族自治区、海南省、重庆市、四川省、贵州省、云南省、陕西省、甘肃省。

【凭证】福建省龙岩市连城县莒溪镇太平僚七仙女瀑布河谷，20230204，李中阳、邱相东、张富帅 #POC591557；福建省龙岩市连城县莒溪镇太平僚七仙女瀑布，20230514，刘彬彬、卫然、李福星、王慧、李小丫 #POC593607。

231. 石韦

Pyrrosia lingua (Thunb.) Farw.

【形态】植株高 10~30 cm。根状茎长而横走，密被淡棕色披针形鳞片，边缘有睫毛。叶远生，近二型；能育叶通常较不育叶长而狭窄；不育叶片长圆状披针形，基部楔形，下部 1/3 处为最宽，向上渐狭，短渐尖头；主脉下面稍隆起，侧脉在下面明显隆起，小脉不明显；叶干后革质。孢子囊群近椭圆形，在侧脉间排列成整齐的多行，布满整个叶片背面，或聚生于叶片背面的上半部，初时为星状毛覆盖而呈淡棕色，孢子囊成熟后呈砖红色。

【分布】在福建梅花山国家级自然保护区内分布于新罗区江山镇福坑村；上杭县古田镇桂和村、634 县道桂和村上村至石门、桂和村到狗子脑沿途、桂和上村、三坑口、桂和到蛟潭；连城县庙前镇马家坪、莒溪镇铁山罗地—青石坑—柳杉王、铁山罗地—赤家坪—王母点兵、太平僚村、太平僚风水林以及曲溪乡罗胜村。生于海拔 100~1 800 m 的林下树干上或稍干的岩石上。在中国分布于辽宁省、江苏省、浙江省、安徽省、福建省、江西省、河南省、湖北省、湖南省、广东省、广西壮族自治区、海南省、重庆市、四川省、贵州省、云南省、西藏自治区、陕西省、甘肃省、香港特别行政区、澳门特别行政区、台湾省；印度（阿萨姆）、越南、朝鲜和日本也有分布。

【凭证】福建省龙岩市新罗区福坑村，19870802，陈恒彬 #1313（FJSI 019487）；福建省龙岩市上杭县，19321024，王大顺 #1083（PE 01266799）；19870909，厦大梅花山采集队 #198（AU AU051974）、263（AU AU051971）；福建省龙岩市上杭县桂和村，19870810，陈恒彬 #1540（FJSI 019486）；福建省龙岩市上杭县 634 县道桂和村上村至石门，20220905，刘彬彬、徐超、李福星、王慧 #POC589100；福建省龙岩市上杭县桂和村到狗子脑沿途，20220906，刘彬彬、徐超、李福星、王慧 #POC589220；福建省龙岩市上杭县桂和上村，20221117，刘彬彬、王慧、李中阳、吴锦平 #POC590315、POC590316；福建省龙岩市上杭县三坑口，20221118，刘彬彬、王慧、吴锦平 #POC590369；福建省龙岩市上杭县桂和到蛟潭，20230509，刘彬彬、李福星、王慧、李小丫 #POC590767、POC590801；福建省龙岩市连城县，19881101，厦大梅花山采集队 #925（AU AU051972）；福建省龙岩市连城县庙前镇马家坪，20230510，刘彬彬、李福星、王慧、李小丫 #POC593352、POC593366、POC593394；福建省龙岩市连城县莒溪镇铁山罗地—青石坑—柳杉王，20230511，李中阳、李福星、张斌 #POC591639；福建省龙岩市连城县莒溪镇铁山罗地—赤家坪—王母点兵，20230511，刘彬彬、卫然、王慧、李小丫 #POC593401、POC593417；福建省龙岩市连城县莒溪镇太平僚村，20230512，刘彬彬、李福星、王慧、李小丫、张斌 #POC593457、POC593489；福建省龙岩市连城县莒溪镇太平僚风水林，20230513，刘彬彬、卫然、李福星、王慧、李小丫 #POC593572；福建省龙岩市连城县曲溪乡罗胜村，20230801，李中阳、卫然、孙久琼、何丽娟 #POC589654。

石韦
Pyrrosia lingua (Thunb.) Farw.

232. 庐山石韦

Pyrrosia sheareri (Baker) Ching

【形态】植株高 20~65 cm。根状茎粗壮，横卧，密被线状棕色鳞片。叶柄基部密被鳞片；叶片椭圆状披针形，基部近圆截形或心形，先端渐尖；叶干后软革质，几无毛，密被洼点，下面被厚层星状毛；主脉粗，两面均隆起，侧脉明显，小脉不显。孢子囊群布满基部以上的叶片背面，不规则点状排列于侧脉间，幼时被星状毛，成熟时孢子囊开裂，呈砖红色。

【分布】在福建梅花山国家级自然保护区内分布于上杭县古田镇桂和村以及油婆髻。在中国分布于江苏省、浙江省、安徽省、福建省、江西省、河南省、湖北省、湖南省、广东省、广西壮族自治区、重庆市、四川省、贵州省、云南省、台湾省。

【凭证】福建梅花山国家级自然保护区，20140407，商辉、顾钰峰 #SG069（CSH CSH0018416）；福建省龙岩市上杭县桂和村，19870811，陈恒彬 #s.n.（FJSI 019502）；福建省龙岩市上杭县古田镇桂和村油婆髻，20230802，李中阳、卫然、孙久琼、何丽娟 #POC589663。

修蕨属 *Selliguea* Bory

233. 灰鳞假瘤蕨

Selliguea albipes (C.Chr. & Ching)

【形态】植株高可达 30 cm。根状茎长而横走，密被狭披针形鳞片，鳞片盾状着生处深棕色。叶远生；叶柄基部密被鳞片；叶片羽状深裂达叶轴两侧的阔翅，卵状长圆形；裂片披针形，边缘具缺刻，基部一对较大。叶纸质，两面光滑无毛；中脉在叶片两面突起，侧脉不明显，小脉网状，隐约可见。孢子囊群圆形，着生于近叶边的网脉交接点上，沿中脉两侧各排成 1 行，在叶表面突起。

【分布】生于树干上。在中国分布于福建省、江西省、湖南省、广东省、广西壮族自治区、云南省。

234. 金鸡脚假瘤蕨

Selliguea hastata (Thunb.) Fraser-Jenk.

【形态】植株高 12~35 cm。根状茎长而横走，密被棕色披针形鳞片。叶远生；叶柄基部被鳞片，以关节着生于根状茎上。叶片通常为指状 3 裂，或有时单叶与指状 3 裂共存，少有 5 裂，基部圆楔形；裂片披针形，先端渐尖，边缘有软骨质狭边，通直或略呈波状；中脉和侧脉两面明显，小脉网状，具内藏小脉。叶纸质或草质，背面通常灰白色。孢子囊群圆形，在叶片中脉或裂片中脉两侧各排列成 1 行。

【分布】在福建梅花山国家级自然保护区内分布于连城县莒溪镇太平僚七仙女瀑布；上杭县古田镇步云保护站途中。生于林缘土坎上。在中国分布于辽宁省、江苏省、浙江省、安徽省、福建省、江西省、山东省、河南省、湖北省、湖南省、广东省、广西壮族自治区、重庆市、四川省、贵州省、云南省、西藏自治区、陕西省、甘肃省、台湾省；日本、朝鲜和俄罗斯远东地区等也有分布。

【凭证】福建省龙岩市连城县莒溪镇太平僚七仙女瀑布，20230514，刘彬彬、卫然、李福星、王慧、李小丫 #POC593595；福建省龙岩市上杭县古田镇步云保护站途中，20230804，李中阳、卫然、孙久琼、何丽娟 #POC589402。

235. 龙头节肢蕨

Selliguea lungtauensis (Ching) Christenh.

【形态】植株高 20~50 cm。根状茎长而横走，粉绿白色，密被卵状披针形鳞片，鳞片盾状着生处深棕色，其余部分淡棕色。叶远生；叶柄基部密被鳞片，并有关节；叶片长圆状卵形，奇数一回羽状；羽片披针形，基部圆形或浅心形，下侧耳片常抱盖叶轴，先端长尾状渐尖；侧脉明显，小脉网状，内藏小脉分叉；叶纸质，两面密被柔毛，背面中脉和侧脉的毛较长。孢子囊群在羽片中脉两侧各排多行。

【分布】在福建梅花山国家级自然保护区内分布于上杭县古田镇桂和上村、桂和村油婆髻；连城县莒溪镇铁山罗地—青石坑—柳杉王以及曲溪乡罗胜村。生于海拔 500~2 500 m 的树干上或石上。在中国分布于浙江省、福建省、江西省、湖北省、湖南省、广东省、广西壮族自治区、重庆市、四川省、贵州省、云南省；尼泊尔、越南和老挝等也有分布。

【凭证】福建省龙岩市上杭县桂和上村，19870812，陈恒彬 #1663（FJSI 019275）；福建省龙岩市上杭县古田镇桂和村油婆髻，20230802，李中阳、卫然、孙久琼、何丽娟 #POC589662；福建省龙岩市连城县莒溪镇铁山罗地—青石坑—柳杉王，20230511，李中阳、李福星、张斌 #POC591660；福建省龙岩市连城县曲溪乡罗胜村，20230801，李中阳、卫然、孙久琼、何丽娟 #POC589641。

龙头节肢蕨

Selliguea lungtauensis (Ching) Christenh.

236. 喙叶假瘤蕨

Selliguea rhynchophylla (Hook.) Fraser-Jenk.

【形态】植株高 4~20 cm。根状茎长而横走，密被棕色披针形鳞片，鳞片边缘有疏齿。叶远生，二型；叶柄基部被鳞片，能育叶较不育叶长；不育叶卵圆形，基部圆楔形，先端圆钝；能育叶披针形，基部楔形，近顶部紧缩成喙状，边缘具软骨质边和缺刻；侧脉两面明显，不达叶边，小脉网状，内藏小脉单一；叶草质，正面绿色，背面通常淡红色。孢子囊群圆形，着生于能育叶的中上部，在中脉两侧各排列成 1 行。

【分布】在福建梅花山国家级自然保护区内分布于上杭县三坑口以及古田镇大吴地袁梦村。生于海拔 1 200~2 700 m 的树干上。在中国分布于福建省、江西省、湖北省、湖南省、广东省、广西壮族自治区、重庆市、四川省、贵州省、云南省、西藏自治区、甘肃省、台湾省；越南、柬埔寨、老挝、泰国、缅甸、印度北部、尼泊尔、菲律宾和印度尼西亚等也有分布。

【凭证】福建省龙岩市上杭县三坑口，20221118，刘彬彬、王慧、吴锦平 #POC590364；福建省龙岩市上杭县大吴地袁梦村，20230514，李中阳、何丽娟 #POC591715。

237. 屋久假瘤蕨

Selliguea yakushimensis (Makino) Fraser-Jenk.

【形态】植株高 10~30 cm。根状茎长而横走，被棕色卵状披针形鳞片；叶柄禾秆色，光滑无毛；单叶，叶片卵状披针形，基部楔形，先端渐尖，边缘具缺刻。中脉在叶片正面凹陷呈沟槽状，侧脉两面明显，不达叶边，小脉不明显；叶纸质，正面绿色，背面有白霜。孢子囊群圆形，在中脉两侧各排列成 1 行，在叶片背面凹陷，在叶片正面呈乳状突起。

【分布】在福建梅花山国家级自然保护区内分布于上杭县古田镇大吴地袁梦村；连城县莒溪镇太平僚村七仙女瀑布。生于海拔 250~800 m 的林下溪边石上。在中国分布于浙江省、安徽省、福建省、江西省、湖南省、广西壮族自治区、四川省、贵州省、台湾省；日本、朝鲜也有。

【凭证】福建梅花山国家级自然保护区，20140407，商辉、顾钰峰 #SG065（CSH CSH0018411）；福建省龙岩市上杭县大吴地袁梦村，20230514，李中阳、何丽娟 #POC591717；福建省龙岩市连城县莒溪镇太平僚村七仙女瀑布，20230514，刘彬彬、卫然、李福星、王慧、李小丫 #POC593615、POC593626。

裂禾蕨属 *Tomophyllum* (E.Fourn.) Parris

238. 裂禾蕨

Tomophyllum donianum (Spreng.) Fraser-Jenk. & Parris

【形态】植株高 5~30 cm。根状茎呈辐射状，被鳞片，鳞片的边缘具棕色毛。叶柄螺旋状着生，长 1~2 cm，密被红棕色或黄棕色单毛，毛长可达 2.4 mm。叶片线形或狭椭圆形，羽状深裂，基部具狭翅，先端渐狭；裂片边缘具缺刻状锯齿或圆锯齿；中肋模糊，侧脉在透射光下可见；叶片各部分均被红棕色或黄棕色单毛，偶有分叉，毛长可达 2.2 mm。孢子囊群圆形，着生于中肋与叶缘之间，在中肋两侧各排列成 1 行，每行 2~4 个。

【分布】在福建梅花山国家级自然保护区内分布于连城县莒溪镇太平僚村七仙女瀑布。在中国分布于安徽省、福建省、江西省、湖南省、四川省、贵州省、云南省、西藏自治区、台湾省；不丹、印度、尼泊尔也有分布。

【凭证】福建省龙岩市连城县莒溪镇太平僚村七仙女瀑布，20230514，刘彬彬、卫然、李福星、王慧、李小丫 #POC593599。

剑羽蕨属 *Xiphopterella* Parris

239. 剑羽蕨

Xiphopterella devolii S.J.Moore, Parris & W.L.Chiou

【形态】植株高2~7 cm。叶片线形或线状倒披针形，羽状深裂，近无柄，基部具翅，先端锐尖；裂片狭三角形，呈镰刀状，全缘或具小钝齿；中肋在背面突出，正面有凹槽，浅黄棕色；侧脉不明显，在透射光下不可见，在不育羽片中单一，在可育羽片中分叉，不伸达叶缘。幼时叶轴背面和叶片基部疏被毛，单一或分叉。孢子囊群圆形。

【分布】在福建梅花山国家级自然保护区内分布于龙岩市。在中国分布于浙江省、福建省、广东省、广西壮族自治区、台湾省。

【凭证】福建梅花山国家级自然保护区，20140407，商辉、顾钰峰#SG075（CSH CSH0034612）

中文名索引

A

安蕨属 182

B

半边旗 128
薄唇蕨属 270
薄盖短肠蕨 198
薄叶卷柏 42
薄叶双盖蕨 202
抱石莲 259
笔管草 58
边生短肠蕨 193、194
边缘鳞盖蕨 137
鞭叶耳蕨 247
扁枝石松 28
扁枝石松属 28
变异鳞毛蕨 243
表面星蕨 267
滨禾蕨属 280

C

菜蕨 197
草叶耳蕨 248
长柄蕗蕨 76
长柄蕗蕨 77
长柄石杉 29
长江蹄盖蕨 184
长尾复叶耳蕨 217
长尾铁线蕨 110
长叶巢蕨 147
长叶铁角蕨 148
齿头鳞毛蕨 235
齿牙毛蕨 160
翅柄假脉蕨 70、72
崇澍蕨 207
垂穗石松 33、34
垂穗石松属 33
刺齿半边旗 121
粗齿黑桫椤 101
粗毛鳞盖蕨 139
翠绿针毛蕨 169
翠云草 53

D

大片复叶耳蕨 213
大叶短肠蕨 200
大叶骨碎补 252
单叶双盖蕨 189
淡绿短肠蕨 204
倒挂铁角蕨 146
德化鳞毛蕨 228
短柄滨禾蕨 280
断线蕨 271
对囊蕨属 188
钝角栗金星蕨 156
盾蕨 266
多羽复叶耳蕨 212

E

峨眉茯蕨 166
耳蕨属 246
耳状紫柄蕨 178
二型肋毛蕨 220

F

粉背蕨 112
粉背蕨属 112
凤了蕨 116
凤了蕨属 114
凤尾蕨科 110
凤尾蕨属 119
伏地卷柏 50
伏石蕨属 259
茯蕨属 166
福建观音座莲 63、64
福建毛蕨 161
福氏马尾杉 36
复叶耳蕨属 211
傅氏凤尾蕨 124

G

钩毛蕨属 158
狗脊 208
狗脊属 207
骨牌蕨 260
骨碎补科 252
骨碎补属 252
观音座莲属 64
贯众 223
贯众属 223

光脚栗金星蕨 157
光里白 87
光石韦 282
光蹄盖蕨 185
桂皮紫萁 67
桂皮紫萁属 67

H
海金沙 88、89
海金沙科 89
海金沙属 89
合囊蕨科 64
合囊蕨目 63
褐叶线蕨 275
黑桫椤属 101
黑叶角蕨 187
黑足鳞毛蕨 230
红盖鳞毛蕨 229
红色新月蕨 163
厚叶双盖蕨 195
厚叶铁角蕨 144
槲蕨 256
槲蕨属 256
虎克鳞盖蕨 136
华东安蕨 182
华东瘤足蕨 99
华东膜蕨 75
华南复叶耳蕨 215
华南鳞盖蕨 135
华南马尾杉 35
华南毛蕨 164
华南舌蕨 245
华南实蕨 219
华南羽节紫萁 69
华中介蕨 190
华中瘤足蕨 97
华中铁角蕨 150
槐叶蘋 93
槐叶蘋科 92
槐叶蘋目 90
槐叶蘋属 93
灰鳞假瘤蕨 287
灰绿耳蕨 250
喙叶假瘤蕨 291

J
姬蕨 134
姬蕨属 134
奇羽鳞毛蕨 240
假粗毛鳞盖蕨 138
假大羽铁角蕨 149
假黑鳞耳蕨 249
假江南短肠蕨 205
假脉蕨属 72
假毛蕨属 176
假蹄盖蕨 188
假斜方复叶耳蕨 216
假异鳞毛蕨 232
尖头蹄盖蕨 186
剑蕨属 276
剑叶凤尾蕨 122
剑羽蕨 294
剑羽蕨属 294
渐尖毛蕨 159
江南短肠蕨 201
江南卷柏 48、49
江南星蕨 263
角蕨属 187
节节草 57
金粉蕨属 118
金鸡脚假瘤蕨 288
金毛狗 103
金毛狗科 103
金毛狗属 103
金星蕨 173
金星蕨科 156
金星蕨属 173
京鹤鳞毛蕨 234
井栏边草 126
景烈假毛蕨 177
具边卷柏 47
锯蕨 279
锯蕨属 279
卷柏 52
卷柏科 42
卷柏目 41
卷柏属 42
蕨 141
蕨属 141

K
宽羽线蕨 274
阔鳞鳞毛蕨 224
阔片短肠蕨 199
阔叶凤尾蕨 123
阔叶瓦韦 269

L
肋毛蕨属 220
棱脉蕨属 257
冷蕨科 142
里白 86
里白科 82
里白目 81
里白属 83
栗金星蕨属 156
栗蕨 133
栗蕨属 133

镰羽耳蕨 246
镰羽瘤足蕨 98
亮毛蕨 142
亮毛蕨属 142
裂禾蕨 293
裂禾蕨属 293
裂羽崇澍蕨 209
林下凸轴蕨 171
鳞盖蕨属 135
鳞果星蕨 261
鳞毛蕨科 211
鳞毛蕨属 224
鳞始蕨科 106
鳞始蕨属 106
鳞轴小膜盖蕨 253
瘤足蕨 96
瘤足蕨科 96
瘤足蕨属 96
柳叶剑蕨 277
龙头节肢蕨 289、290
庐山石韦 286
蕗蕨 74
卵果蕨属 175
裸果鳞毛蕨 231
绿叶线蕨 273

M
马尾杉属 35
满江红 92
满江红属 92
芒萁 82
芒萁属 82
毛柄短肠蕨 196
毛蕨属 159
毛轴假蹄盖蕨 191
毛轴碎米蕨 113
毛轴铁角蕨 143
毛轴线盖蕨 203
美丽复叶耳蕨 218
迷人鳞毛蕨 226
闽台毛蕨 162
闽浙马尾杉 37
闽浙圣蕨 180
闽浙铁角蕨 152
膜蕨科 72
膜蕨目 71
膜蕨属 74
膜叶铁角蕨属 155
膜叶星蕨 255
膜叶星蕨属 255
木贼科 56
木贼目 55
木贼属 56

N
南海瓶蕨 79
拟小石松 39
拟小石松属 39
扭瓦韦 262

O
欧洲凤尾蕨 120

P
披散问荆 54、56
平行鳞毛蕨 233
瓶尔小草 61、62
瓶尔小草科 62
瓶尔小草目 61
瓶尔小草属 62
瓶蕨 78
瓶蕨属 78
蘋 90、91
蘋科 91
蘋属 91
普通凤了蕨 114
普通假毛蕨 176

Q
钱氏鳞始蕨 106
全缘凤尾蕨 125

R
日本金星蕨 174
日本水龙骨 258

S
三相蕨 222
莎草蕨目 88
扇叶铁线蕨 111
舌蕨 244
舌蕨属 244
深裂迷人鳞毛蕨 227
深绿卷柏 40、43
肾蕨 251
肾蕨科 251
肾蕨属 251
湿生蹄盖蕨 183
石杉属 29
石松 32
石松科 28
石松目 27
石松属 32
石韦 283、284
石韦属 281
实蕨属 219
匙叶剑蕨 276
书带蕨 117

书带蕨属 117
疏叶卷柏 51
疏羽凸轴蕨 172
双盖蕨属 192
水龙骨科 255
水龙骨目 105
丝带蕨 264
四川石杉 30
松叶蕨 59、60
松叶蕨科 60
松叶蕨目 59
松叶蕨属 60
碎米蕨属 113
桫椤 94、100
桫椤科 100
桫椤鳞毛蕨 225
桫椤目 95
桫椤属 100

T
胎生铁角蕨 145
台湾毛蕨 165
太平鳞毛蕨 237
藤石松 31
藤石松属 31
蹄盖蕨科 182
蹄盖蕨属 183
条纹凤尾蕨 119
贴生石韦 281
铁角蕨 151
铁角蕨科 143
铁角蕨属 143
铁线蕨属 110
凸轴蕨属 170
团扇蕨 73
团叶鳞始蕨 107

W
瓦韦 268
瓦韦属 261
碗蕨 132
碗蕨科 132
碗蕨属 132
微毛凸轴蕨 170
乌蕨 108
乌蕨属 108
乌毛蕨 206
乌毛蕨科 206
乌毛蕨属 206
屋久假瘤蕨 292
无柄鳞毛蕨 242
无盖鳞毛蕨 239
无毛凤了蕨 115
蜈蚣凤尾蕨 130

X
西南凤尾蕨 131
稀羽鳞毛蕨 241
溪边凤尾蕨 129
溪边蕨属 180
细叶卷柏 46
狭翅铁角蕨 153
狭基钩毛蕨 158
线蕨 270
香鳞始蕨 109
香鳞始蕨属 109
小黑桫椤 102
小叶茯蕨 167
斜方复叶耳蕨 211
斜羽凤尾蕨 127
修蕨属 287

Y
延羽卵果蕨 175
兖州卷柏 45
野雉尾金粉蕨 118
异穗卷柏 44
阴石蕨 254
友水龙骨 257
有柄马尾杉 38
鱼鳞蕨 238
羽节紫萁 68
羽节紫萁属 68
羽裂圣蕨 181
粤瓦韦 265

Z
针毛蕨 168
针毛蕨属 168
针毛鳞盖蕨 140
直鳞肋毛蕨 221
中华短肠蕨 192
中华复叶耳蕨 214
中华里白 80、83
中华膜叶铁角蕨 155
轴鳞鳞毛蕨 236
胄叶线蕨 272
珠芽狗脊 210
紫柄蕨 179
紫柄蕨属 178
紫萁 65、66
紫萁科 66
紫萁目 65
紫萁属 66
棕鳞铁角蕨 154

拉丁名索引

A

Acystopteris 142

japonica 142

Adiantum 110

diaphanum 110

flabellulatum 111

Aleuritopteris 112

anceps 112

Alsophila 100

spinulosa 100

Angiopteris 64

fokiensis 64

Anisocampium 182

sheareri 182

Arachniodes 211

amabilis 211

amoena 212

cavalerii 213

chinensis 214

festina 215

hekiana 216

simplicior 217

speciosa 218

Aspleniaceae 143

Asplenium 143

crinicaule 143

griffithianum 144

indicum 145

normale 146

phyllitidis 147

prolongatum 148

pseudolaser-pitiifolium 149

sarelii 150

trichomanes 151

wilfordii 152

wrightii 153

yoshinagae 154

Athyriaceae 182

Athyrium 183

devolii 183

iseanum 184

otophorum 185

vidalii 186

Azolla 92

pinnata subsp. *asiatica* 92

B

Blechnaceae 206

Blechnopsis 206

orientalis 206

Bolbitis 219

subcordata 219

Bosmania 255

membranacea 255

C

Cheilanthes 113

chusana 113

Cibotiaceae 103

Cibotium 103

barometz 103

Coniogramme 114

intermedia 114

var. *glabra* 115

japonica 116

Cornopteris 187

opaca 187

Coryphopteris 156

angulariloba 156

japonica 157

Crepidomanes 72

latealatum 72

minutum 73

Ctenitis 220

dingnanensis 220

eatonii 221

sinii 222

Cyatheaceae 100

Cyatheales 95

Cyclogramma 158

leveillei 158

Cyclosorus 159

acuminatus 159

dentatus 160

fukienensis 161

jaculosus 162

lakhimpurensis 163

parasiticus 164

taiwanensis 165

Cyrtomium 223

fortunei 223

Cystopteridaceae 142

D

Davallia 252
divaricata 252
perdurans 253
repens 254
Davalliaceae 252
Dennstaedtia 132
scabra 132
Dennstaedtiaceae 132
Deparia 188
japonica 188
lancea 189
okuboana 190
petersenii 191
Dicranopteris 82
pedata 82
Diphasiastrum 28
complanatum 28
Diplazium 192
chinense 192
conterminum 194
crassiusculum 195
dilatatum 196
esculentum 197
hachijoense 198
matthewii 199
maximum 200
mettenianum 201
pin-faense 202
pullingeri 203
virescens 204
yaoshanense 205
Diplopterygium 83
chinensis 83
glaucum 86
laevissimum 87
Drynaria 256
roosii 256
Dryopteridaceae 211
Dryopteris 224
championii 224
cycadina 225
decipiens 226
var. *diplazioides* 227
dehuaensis 228
erythrosora 229
fuscipes 230
gymnosora 231
immixta 232
indusiata 233
kinkiensis 234
labordei 235
lepidorachis 236
pacifica 237
paleolata 238
scottii 239
sieboldii 240
sparsa 241
submarginata 242
varia 243

E

Elaphoglossum 244
marginatum 244
yoshinagae 245
Equisetaceae 56
Equisetales 55
Equisetum 56
diffusum 56
ramosissimum 57
subsp. *debile* 58

G

Gleicheniaceae 82
Gleicheniales 81
Goniophlebium 257
amoenum 257
niponicum 258
Gymnosphaera 101
denticulata 101
metteniana 102

H

Haplopteris 117
flexuosa 117
Histiopteris 133
incisa 133
Huperzia 29
javanica 29
sutchueniana 30
Hymenasplenium 155
sinense 155
Hymenophyllaceae 72
Hymenophyllales 71
Hymenophyllum 74
badium 74
barbatum 75
polyanthos 76
Hypolepis 134
punctata 134

L

Lemmaphyllum 259
carnosum
var. *drymoglossoides* 259
rostratum 260
Lepisorus 261
buergerianus 261
contortus 262

fortunei 263
miyoshianus 264
obscurevenulosus 265
ovatus 266
superficialis 267
thunbergianus 268
tosaensis 269
Leptochilus 270
ellipticus 270
× *hemitomus* 272
hemionitideus 271
leveillei 273
pothifolius 274
wrightii 275
Leptogramma 166
scallanii 166
tottoides 167
Lindsaea 106
chienii 106
orbiculata 107
Lindsaeaceae 106
Loxogramme 276
grammitoides 276
salicifolia 277
Lycopodiaceae 28
Lycopodiales 27
Lycopodiastrum 31
casuarinoides 31
Lycopodium 32
japonicum 32
Lygodiaceae 89
Lygodium 89
japonicum 89

M
Macrothelypteris 168
oligophlebia 168
viridifrons 169
Marattiaceae 64
Marattiales 63
Marsilea 91
quadrifolia 91
Marsileaceae 91
Metathelypteris 170
adscendens 170
hattorii 171
laxa 172
Microlepia 135
hancei 135
hookeriana 136
marginata 137
pseudostrigosa 138
strigosa 139
trapeziformis 140
Micropolypodium 279
okuboi 279

N
Nephrolepidaceae 251
Nephrolepis 251
cordifolia 251

O
Odontosoria 108
chinensis 108
Onychium 118
japonicum 118
Ophioglossaceae 62
Ophioglossales 61
Ophioglossum 62
vulgatum 62
Oreogrammitis 280
dorsipila 280
Osmolindsaea 109
odorata 109
Osmunda 66
japonica 66
Osmundaceae 66
Osmundales 65
Osmundastrum 67
cinnamomeum 67

P
Palhinhaea 33
cernua 33
Parathelypteris 173
glanduligera 173
japonica 174
Phegopteris 175
decursive-pinnata 175
Phlegmariurus 35
austrosinicus 35
fordii 36
mingcheensis 37
petiolatus 38
Plagiogyria 96
adnata 96
euphlebia 97
falcata 98
japonica 99
Plagiogyriaceae 96
Plenasium 68
banksiifolium 68
vachellii 69
Polypodiaceae 255
Polypodiales 105
Polystichum 246
balansae 246
craspedosorum 247
herbaceum 248
pseudomakinoi 249

scariosum 250
Pseudocyclosorus 176
subochthodes 176
tsoi 177
Pseudolycopodiella 39
caroliniana 39
Pseudophegopteris 178
aurita 178
pyrrhorhachis 179
Psilotaceae 60
Psilotales 59
Psilotum 60
nudum 60
Pteridaceae 110
Pteridium 141
aquilinum var. *latiusculum* 141
Pteris 119
cadieri 119
cretica 120
dispar 121
ensiformis 122
esquirolii 123
fauriei 124
insignis 125
multifida 126
oshimensis 127
semipinnata 128
terminalis 129
vittata 130
wallichiana 131
Pyrrosia 281
adnascens 281
calvata 282
lingua 283
sheareri 286

S

Salvinia 93
natans 93
Salviniaceae 92
Salviniales 90
Schizaeales 88
Selaginella 42
delicatula 42
heterostachys 44
involvens 45
labordei 46
limbata 47
moellendorffii 49
nipponica 50
remotifolia 51
tamariscina 52
uncinata 53
Selaginellaceae 42
Selaginellales 41
Selliguea 287
albipes 287
hastata 288
lungtauensis 289
rhynchophylla 291
yakushimensis 292
Stegnogramma 180
mingchegensis 180
wilfordii 181

T

Thelypteridaceae 156
Tomophyllum 293
donianum 293

V

Vandenboschia 78
auriculata 78
striata 79

W

Woodwardia 207
harlandii 207
japonica 208
kempii 209
prolifera 210

X

Xiphopterella 294
devolii 294